MATLAB 语言及应用案例

张贤明　编著

东南大学出版社
·南京·

内 容 提 要

本教材按照通选课学时少、专业广的要求,努力反映 MATLAB 的全貌,并对可视化、编程、用户界面设计等内容进行重点介绍。主要内容包括 MATLAB 简介,MATLAB 矩阵创建,MATLAB 数值运算,MATLAB 数据的可视化,MATLAB 符号运算,MATLAB 程序设计,MATLAB 文件操作,MATLAB 图形句柄,MATLAB 用户界面设计及应用案例。

本书不仅适用于计算机编程的初学者,对已有较多开发经验的编程人员同样有较大的帮助。可作为大专院校计算机语言教材,亦可供相关设计、科研和教学人员参考。

图书在版编目(CIP)数据

MATLAB 语言及应用案例/张贤明编著.—南京:东南大学出版社,2010.9(2020.1 重印)
ISBN 978-7-5641-2424-3

Ⅰ.①M… Ⅱ.①张… Ⅲ.①计算机辅助计算—软件包,MATLAB Ⅳ.①TP391.75

中国版本图书馆 CIP 数据核字(2010)第 171516 号

MATLAB 语言及应用案例

出版发行	东南大学出版社(南京市四牌楼 2 号 邮编 210096)
电 话	(025)83793191(发行);57711295(传真)
出 版 人	江建中
责任编辑	莫凌燕
经 销	全国新华书店
印 刷	南京玉河印刷厂
版 次	2010 年 9 月第 1 版 2020 年 1 月第 7 次印刷
开 本	787mm×1092mm 1/16
印 张	19
字 数	456 千字
印 数	8001—10500 册
书 号	ISBN 978-7-5641-2424-3
定 价	34.80 元

(凡东大版图书因印装质量问题,请直接向读者服务部调换。电话:025-83792328)

前　言

　　本教材是在东南大学本科生公选课"第二计算机语言 MATLAB"同名讲义的基础上,补充部分内容及应用案例后,重新改写的。教材适用于全校性通识选修课程"MATLAB 语言",完全不必具备其他计算机语言的基础和专业知识,各年级各专业的同学都可选修。通过本课程的学习,使学生了解 MATLAB,能够熟练掌握数学(矩阵)运算、程序编写、科学数据处理及图形绘制,并能进行程序开发及自制用户界面设计等,帮助学生解决学习或工作中的数值计算、数据处理、图形绘制等问题,并达到计算机语言素养的训练。

　　MATLAB 语言是由美国的 Clever Moler 博士于 1980 年开发的,设计者的初衷是为解决"线性代数"课程的矩阵运算问题,取名 MATLAB,即 Matrix Laboratory 矩阵实验室的意思。MATLAB 是一种演算式语言。MATLAB 的基本数据单元是既不需要指定维数,也不需要说明数据类型的矩阵(向量和标量为矩阵的特例),而且数学表达式和运算规则与通常的习惯相同。因此 MATLAB 语言编程简单,使用方便。

　　例如,考虑两个矩阵 A 和 B 的乘积问题,在 C/C++、FORTRAN、BASIC 等语言中要实现两个矩阵的乘积并不仅仅是一组双重循环的问题。双重循环当然是矩阵乘积所必需的,除此之外还要考虑的问题很多。例如:A 和 B 都是复数矩阵时怎么考虑;其中一个是复数矩阵时怎么考虑;全部是实系数矩阵时又怎样处理;其中一个若为标量时应如何处理等,这样就要在一个程序中有多个分支,分别考虑各种情况。然后还得判断这两个矩阵是否可乘。考虑两个矩阵是否可乘也并不仅仅是判断 A 的列数是否等于 B 的行数这么简单。其中一个若为标量,则它们可以无条件相乘。其中有标量时又得考虑实数与复数问题等。所以说,没有几十分钟的时间,用 C 语言等传统语言不可能编写出考虑各种情况的子程序。有了 MATLAB 这样的工具,A 和 B 矩阵乘积计算用 A×B 这样简单的算式就行了。

　　计算机语言正向"智能化"方向发展,而 MATLAB 被称为第四代编程语言,也正朝这个方向发展。它已经不仅仅是一个"矩阵实验室"了,集科学计算、图形绘制、图像处理、多媒体处理于一身,并提供了丰富的 Windows 图形界面设计方法。它以超群的风格与性能风靡全世界,成功地应用于各工程学科的研究领域。近年来,MATLAB 语言已在我国推广使用,现在已应用于各类学科研究部门和许多高等院校。

　　另外,C/C++ 是编译类语言,使用过程不方便,因此对一些简单问题,反而使用解释类语言比较灵活,它可以动态地调整(可不使用程序文件)、修改应用程序。MATLAB

是一种解释类语言,它将一个优秀软件的易用性与可靠性、通用性与专业性、一般目的的应用与高深的科学技术应用有机地结合,是一种直译式的高级语言,比其他程序设计语言容易掌握。

本教材提供了大量例题和应用案例,每章后附有练习题,便于学生上机训练。其中应用案例选题范围广,能满足不同专业学生的需求。同时,还能启发学生的程序开发思路,最终达到有所创新。本书提供程序代码下载,请关注东南大学课程中心;更多应用案例请关注东南大学虎踞龙蟠 SBBS-Blog-迈特莱博。

本教材由东南大学交通学院张贤明副教授编著。

本教材能如期顺利出版,得到了东南大学教务处和东南大学出版社的大力支持,在此表示感谢。

MATLAB 是一个十分庞大复杂的软件系统,由于作者水平有限,书中难免存在一些错误或不足之处,恳请读者批评指正。

张贤明

chhsm@seu.edu.cn

2010 年 3 月于东南大学

目 录

第一章　MATLAB 概述 ··· 1
　第一节　计算机语言与 MATLAB ·· 1
　第二节　MATLAB 集成环境 ·· 4
　第三节　初识 MATLAB ·· 6
　第四节　MATLAB 常用命令 ··· 12
　练习题 ·· 16

第二章　MATLAB 矩阵创建 ··· 17
　第一节　数值矩阵创建 ·· 17
　第二节　矩阵运算符 ··· 29
　第三节　字符串数组的创建与运算 ··· 32
　第四节　程序设计常用运算函数 ·· 38
　第五节　单元数组与结构数组 ··· 42
　练习题 ·· 44

第三章　MATLAB 数值运算 ·· 46
　第一节　多项式运算 ··· 46
　第二节　数值方程组求解 ··· 48
　第三节　数据分析与统计 ··· 50
　第四节　插值与拟合 ··· 55
　第五节　数值梯度运算 ·· 61
　练习题 ·· 64

第四章　MATLAB 数据的可视化 ··· 66
　第一节　二维数据曲线图 ··· 66
　第二节　三维图形 ··· 82
　第三节　图形修饰处理 ·· 93
　第四节　图像处理与动画制作 ··· 95
　练习题 ·· 99

第五章　MATLAB 符号运算 ·· 101
　第一节　符号运算的基本操作 ·· 101
　第二节　因式分解、展开和简化 ··· 103

1

第三节　符号微积分 ·· 104
　　第四节　符号变量替换及计算精度 ·· 108
　　第五节　符号方程求解 ·· 110
　　第六节　符号函数的可视化 ·· 112
　　练习题 ·· 116

第六章　MATLAB 程序设计 ·· 118
　　第一节　M 文件及程序运算符 ·· 118
　　第二节　程序控制结构 ·· 121
　　第三节　函数文件 ·· 127
　　第四节　程序调试及优化 ··· 130
　　第五节　程序的编译 ··· 131
　　第六节　函数句柄和匿名函数 ··· 133
　　练习题 ·· 140

第七章　MATLAB 文件操作 ·· 141
　　第一节　文件的打开与关闭 ·· 141
　　第二节　文件的读写操作 ··· 141
　　第三节　数据文件定位 ·· 148
　　练习题 ·· 150

第八章　MATLAB 图形句柄 ·· 151
　　第一节　图形对象及其句柄 ·· 151
　　第二节　图形对象属性及其设置 ··· 156
　　第三节　图形对象的创建 ··· 162
　　练习题 ·· 168

第九章　MATLAB 用户界面设计 ··· 169
　　第一节　菜单设计 ·· 169
　　第二节　用户控件 ·· 174
　　第三节　预定义对话框 ·· 183
　　第四节　采用 GUIDE 创建 GUI ··· 188
　　练习题 ·· 195

第十章　MATLAB 应用案例 ·· 198
　　第一节　用迭代法解方程和方程组 ·· 198
　　第二节　辅助设计与优化 ··· 203
　　第三节　数据分析与统计 ··· 228
　　第四节　频率分析与简谐运动 ··· 242

第五节　Hill 密码与蒲丰投针实验……………………………………………… 251
第六节　游戏设计……………………………………………………………… 262

附录　MATLAB 指令和函数……………………………………………………… 279

参考文献……………………………………………………………………………… 294

第一章 MATLAB 概述

第一节 计算机语言与 MATLAB

一、计算机语言综述

计算机语言大概经历了三个阶段:低级语言、高级语言和人工智能语言。

第一代计算机语言属机器语言,由 0、1 组成的二进制码;第二代计算机语言属汇编语言,用指令来代替二进制码,它可以直接对计算机硬件进行操作,以上为第一阶段低级语言,或称专业语言。

第三代计算机语言属算法语言,源程序可以用解释、编译两种方式执行,影响较大、使用较普遍的有 FORTRAN、ALGOL、COBOL、BASIC、LISP、SNOBOL、PL/1、Pascal、C、PROLOG、Ada、C++、Delphi、JAVA 等。其中:

FORTRAN(FORmula TRANslation 公式翻译),适用于数值计算;

C/C++(Basic Combined Programming Language 基础混合编程语言),适用于编写系统软件;

BASIC(Beginner's All-purpose Symbolic Instruction Code 初学者通用符号指令代码),适用于初学者。

第四代计算机语言属非过程化语言,是交互式程序设计环境,由计算机自动生成程序,提高了软件的生产效率,常用的有 VC、VB、VF、MATLAB 等。其中:

MATLAB(Matrix Laboratory 矩阵实验室),是一种演算式语言,使用方便,应用广泛。

以上为第二阶段高级语言,或称大众语言。

第五代计算机语言属人工智能语言,能够用它来编写程序求解非数值计算、知识处理、推理、规划、决策等具有智能的各种复杂问题,为第三阶段人工智能(AI)语言。

一般来说,人工智能语言应具备如下特点:①具有符号处理能力(即非数值处理能力);②适合于结构化程序设计,编程容易;③具有递归功能和回溯功能;④具有人机交互能力;⑤适合于推理;⑥既有把过程与说明式数据结构混合起来的能力,又有辨别数据、确定控制的模式匹配机制。MATLAB 适合于人的思维方式,编程容易,属人性化语言,也具有一些人工智能语言的特点。

二、MATLAB 语言综述

1. MATLAB 的由来

MATLAB 语言是由美国新墨西哥大学计算机科学系主任 Clever Moler 博士于 1980 年开发的,设计者的初衷是为解决"线性代数"课程的矩阵运算问题,用 FORTRAN 编写了最早的程序代码,取名 MATLAB 即 Matrix Laboratory(矩阵实验室的意思)。1984 年由 Little、Moler、Steve Bangert 合作成立的 MathWorks 公司正式把 MATLAB 推向市场,即 MATLAB 1.0。到 20 世纪 90 年代,MATLAB 已成为国际控制界的标准计算软件。2010 年 3 月 5 日 MathWorks 公司推出了 MATLAB 最新版本 R2010a,即 MATLAB 7.10。

MATLAB 是一种演算式语言。MATLAB 的基本数据单元是既不需要指定维数,也不需要说明数据类型的矩阵(向量和标量为矩阵的特例),而且数学表达式和运算规则与通常的习惯相同。因此 MATLAB 语言编程简单,使用方便。

2. MATLAB 应用领域

C/C++ 支持面向对象的程序设计方法,特别适合于中型和大型的软件开发项目(Windows、UNIX、MATLAB),从开发时间、费用到软件的重用性、可扩充性、可维护性和可靠性等方面,C/C++ 均具有很大的优越性。但 C/C++ 是编译类语言,使用过程不方便,对一些简单问题,解释类语言比较灵活,可以动态地调整(可不使用程序文件)、修改应用程序。MATLAB 是一种解释类语言,它将一个优秀软件的易用性与可靠性、通用性与专业性、一般目的的应用与高深的科学技术应用有机地相结合,是一种直译式的高级语言,比其他程序设计语言容易使用。计算机语言正向"智能化"方向发展,MATLAB 被称为第四代编程语言,也正在朝这个方向发展。MATLAB 已经不仅仅是一个"矩阵实验室"了,而是集科学计算、符号处理、图形处理、图像处理、多媒体处理于一身,并提供了丰富的 Windows 图形界面设计方法。它以超群的风格与性能风靡全世界,成功地应用于各工程学科的研究领域。近年来,MATLAB 语言已在我国推广使用,应用于各学科研究部门和许多高等院校。MATLAB 已成功应用于以下领域:

(1) 工业研究与开发;

(2) 数学教学,特别是线性代数;

(3) 数值分析和科学计算方面的教学与研究;

(4) 电子学、控制理论和物理学等工程和科学学科方面的教学与研究;

(5) 经济学、化学和生物学等计算问题领域中的教学与研究;

(6) 数字图像信号处理,建模、仿真;

(7) 图形用户界面设计。

3. MATLAB 产品构成

MATLAB 集成环境

所有 MathWorks 公司产品的数值分析和图形基础环境。MATLAB 将 2D 和 3D 图形、MATLAB 语言能力集成到一个单一的、易学易用的环境之中。

MATLAB Toolbox

一系列专用的 MATLAB 函数库,解决特定领域的问题。工具箱是开放的可扩展的,可以查看其中的算法,或开发自己的算法。

MATLAB Compiler

将 MATLAB 语言编写的 M 文件自动转换成 C 或 C++ 文件,支持用户进行独立应用开发。结合 MathWorks 提供的 C/C++ 数学库和图形库,用户可以利用 MATLAB 快速地开发出功能强大的独立应用程序。

Simulink

是结合了框图界面和交互仿真能力的非线性动态系统仿真工具。它以 MATLAB 的核心数学、图形和语言为基础。

Stateflow

与 Simulink 框图模型相结合,描述复杂事件驱动系统的逻辑行为,驱动系统可以在不同的模式之间进行切换。

Real-TimeWorkshop

直接从 Simulink 框图自动生成 C/C++或 Ada 代码,用于快速控制原型和硬件的回路仿真,整个代码生成可以根据需要完全定制。

SimulinkBlockset

专门为特定领域设计的 Simulink 功能块的集合,用户也可以利用已有的块或自编写的 C 和 MATLAB 程序建立自己的块。

三、MATLAB 语言特点

MATLAB 语言有不同于其他高级语言的特点,它被称为第四代计算机语言。正如第三代计算机语言如 FORTRAN 语言与 C/C++语言等使人们摆脱了对计算机硬件的操作一样,MATLAB 语言使人们从繁琐的程序代码中解放出来。它的丰富的函数使开发者无需重复编程,只要简单地调用和使用即可。MATLAB 语言最大的特点是简单和直接。MATLAB 语言的主要特点有:

1. 编程效率高

MATLAB 是一种面向科学与工程计算的高级语言,允许用数学形式的语言编写程序,且比 BASIC、FORTRAN 和 C 等语言更加接近我们书写计算公式的思维方式,用 MATLAB 编写程序犹如在演算纸上排列公式与求解问题。因此,也可通俗地称 MATLAB 语言为演算纸式科学算法语言。由于它编写简单,所以编程效率高,易学易懂。

2. 用户使用方便

MATLAB 语言是一种解释执行的语言(在没被专门的工具编译之前),它灵活、方便,其调试程序手段丰富,调试速度快,需要学习时间少。人们用任何一种语言编写程序和调试程序一般都要经过四个步骤:编辑、编译、连接,以及执行和调试。各个步骤之间是顺序关系,编程的过程就是在它们之间做循环。MATLAB 语言与其他语言相比,较好地解决了上述问题,把编辑、编译、连接及执行和调试融为一体。它能在同一画面上进行灵活操作,快速排除输入程序中的书写错误、语法错误甚至语意错误,从而加快了用户编写、修改和调试程序的速度,可以说在编程和调试过程中它是一种比 VB 还要简单的语言。

具体地说,MATLAB 运行时,如直接在命令行输入 MATLAB 语句(命令),包括调用 M 文件的语句,每输入一条语句,就立即对其进行处理,完成编译、连接和运行的全过程。又如,将 MATLAB 源程序编辑为 M 文件,由于 MATLAB 磁盘文件也是 M 文件,所以编辑后的源文件就可直接运行,而不需进行编译和连接。在运行 M 文件时,如果有错,计算机屏幕上会给出详细的出错信息,用户经修改后再执行,直到正确为止。所以可以说,MATLAB 语言不仅是一种语言,广义上讲更是一种语言开发系统,即语言调试系统。

3. 扩充能力强,交互性好

高版本的 MATLAB 语言有丰富的库函数,在进行复杂的数学运算时可以直接调用,而且 MATLAB 的库函数同用户文件在形式上一样,所以用户文件也可作为 MATLAB 的库函数来调用。因而,用户可以根据自己的需要方便地建立和扩充新的库函数,提高 MATLAB 使用效率和扩充它的功能。另外,为了充分利用 FORTRAN、C/C++等语言的资源,包括用户已编好的 FORTRAN、C 语言程序,通过建立 M 文件的形式,混合编程,方便地调用有关的 FORTRAN、C/C++语言的子程序,还可以在 C/C++语言和 FORTRAN 语言中方便地使用 MATLAB 的数值计算功能。良好的交互性使程序员可以使用以前编写过的程序,减少重复性工作,也使现在编写的程序具有重复利用的价值。

4. 移植性好,开放性好

MATLAB 是用 C/C++语言编写的,而 C/C++语言的可移植性很好。于是 MATLAB 可以很方便地移植到能运行 C/C++语言的操作平台上。MATLAB 适合的工作平台有:Windows 系列、UNIX、Linux、VMS6.1、PowerMac。除了内部函数外,MATLAB 所有的核心文件和工具箱文件都是公开的,都是可读可写的源文件,用户可以通过对源文件的修改自己编程构成新的工具箱。

5. 语句简单,内涵丰富

MATLAB 语言中最基本最重要的成分是函数,其一般形式为 $[a,b,c,\cdots] = \text{fun}(x,y,z,\cdots)$,即一个函数由函数名、输入变量 $x,y,z,\cdots$ 和输出变量 $a,b,c,\cdots$ 组成。同一函数名 fun,不同数目的输入变量(包括无输入变量)及不同数目的输出变量,代表着不同的含义(有点像面向对象中的多态性)。这不仅使 MATLAB 的库函数功能更丰富,而且大大减少了需要的磁盘空间,使得 MATLAB 编写的 M 文件简单、短小而高效。

6. 高效方便的矩阵和数组运算

MATLAB 语言像 BASIC、FORTRAN 和 C/C++语言一样规定了矩阵的算术运算符、关系运算符、逻辑运算符、条件运算符及赋值运算符,而且这些运算符大部分可以毫无改变地照搬到数组间的运算中,有些如算术运算符只要增加"."就可用于数组间的运算。另外,它不需定义数组的维数,并给出矩阵函数、特殊矩阵专门的库函数,使之在求解诸如信号处理、建模、系统识别、控制、优化等领域的问题时,显得大为简捷、高效、方便,这是其他高级语言所不能相比的。在此基础上,高版本的 MATLAB 已逐步扩展到科学及工程计算的其他领域。因此,不久的将来,它一定能名副其实地成为"万能演算纸式的"科学算法语言。

7. 方便的绘图功能

MATLAB 的绘图功能是十分方便的,它有一系列绘图函数(命令),例如线性坐标、对数坐标、半对数坐标及极坐标。只需调用不同的绘图函数(命令),即可在图上标出图题、XY 轴标注,格(栅)绘制也只需调用相应的命令,简单易行。另外,在调用绘图函数时调整参数选项可绘出不同颜色的点、线、复线或多重线。这种为科学研究着想的设计是通用的编程语言所不及的。

第二节 MATLAB 集成环境

启动 MATLAB 后,将进入 MATLAB 集成环境。MATLAB 集成环境主要包括 MATLAB 主窗口、命令窗口(Command Window)、工作空间窗口(Workspace)、命令历史窗口(Command History)、当前目录窗口(Current Directory),如图 1-1 所示。

第一章　MATLAB 概述

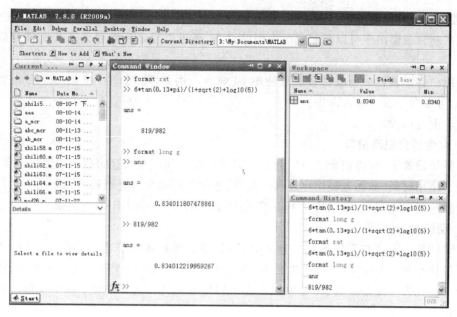

图 1-1　MATLAB 主窗口

1. 菜单栏

在 MATLAB 主窗口的菜单栏，共包含 File、Edit、Debug、Parallel、Desktop、Window 和 Help 7 个菜单项，可进行文件打开和关闭、程序文件编辑、各窗口的查看等操作。

2. 工具栏

MATLAB 主窗口的工具栏共提供了 11 个命令按钮。这些命令按钮均有对应的菜单命令，但比菜单命令使用起来更快捷、方便。

3. 命令窗口

命令窗口是 MATLAB 的主要交互窗口，用于输入命令并显示除图形以外的所有执行结果。

MATLAB 命令窗口中的">>"为命令提示符，表示 MATLAB 正在处于准备状态。在命令提示符后键入命令并按下回车键后，MATLAB 就会解释执行所输入的命令，并在命令后面给出计算结果。

一般来说，一个命令行输入一条命令，命令行以回车结束。但一个命令行也可以输入若干条命令，各命令之间以逗号分隔，若前一命令后带有分号，则逗号可以省略。

如果一个命令行很长，一个物理行之内写不下，可以在第一个物理行之后加上 3 个小黑点并按下回车键，然后接着下一个物理行继续写命令的其他部分。3 个小黑点称为续行符，即把下面的物理行看作该行的逻辑继续。

在 MATLAB 里，有很多的控制键和方向键可用于命令行的编辑。

4. 工作空间窗口

工作空间是 MATLAB 用于存储各种变量和结果的内存空间。在该窗口中显示工作空间中所有变量的名称、大小、字节数和变量类型说明，可对变量进行观察、编辑、保存和删除。

5. 当前目录窗口和搜索路径

当前目录是指 MATLAB 运行文件时的工作目录，只有在当前目录或搜索路径下的文

5

件、函数可以被运行或调用。

在当前目录窗口中可以显示或改变当前目录,还可以显示当前目录下的文件并提供搜索功能。

将用户目录设置成当前目录也可使用 cd 命令。例如,将用户目录 c:\mydir 设置为当前目录,可在命令窗口输入命令:

>> cd c:\mydir

6. 命令历史记录窗口

在默认设置下,历史记录窗口中会自动保留自安装起所有用过的命令的历史记录,并且还标明了使用时间,从而方便用户查询。而且,通过双击命令可进行历史命令的再运行。如果要清除这些历史记录,可以选择 Edit 菜单中的 Clear Command History 命令。

7. 启动 Start 按钮

MATLAB 主窗口左下角还有一个 Start 按钮,单击该按钮会弹出一个菜单,选择其中的命令可以执行 MATLAB 产品的各种工具,并且可以查阅 MATLAB 包含的各种资源,所有工具箱均可在此弹出菜单中找到(如果在安装 MATLAB 软件时选择安装了该工具箱),而不必记住其指令。

8. 演示系统

在帮助窗口中选择演示系统(Demos)选项卡,然后在其中选择相应的演示模块,或者在命令窗口输入 Demos,或者选择主窗口 Help 菜单中的 Demos 子菜单,均可打开演示系统。

第三节 初识 MATLAB

1. 演算纸功能

在 MATLAB 命令窗口中直接输入算术表达式,即可得到运算结果,如果没有指定赋值变量,则结果中显示"ans"作为默认的变量名,是英文"answer"的缩写。

【例 1-1】 求 $[12 + 2 \times (7 - 4)] \div 3^2$ 的算术运算结果。

(1) 用键盘在 MATLAB 指令窗中输入以下内容:

>> (12+2*(7-4))/3^2

(2) 在上述表达式输入完成后,按 Enter 键(回车键),该指令被执行。

(3) 在指令执行后,MATLAB 指令窗中将显示以下结果:

ans =

    2

【例 1-2】 简单矩阵 $A = \begin{bmatrix} 1 & 2 & 3 \\ 4 & 5 & 6 \\ 7 & 8 & 9 \end{bmatrix}$ 的输入步骤。

(1) 在键盘上输入下列内容:

>> A=[1,2,3;4,5,6;7,8,9]

(2) 按 Enter 键,指令被执行。

(3) 在指令执行后,MATLAB 指令窗中将显示以下结果。

A =

    1   2   3
    4   5   6
    7   8   9

【例1-3】 指令的续行输入。
>> S = 1 - 1/2 + 1/3 - 1/4 + ...
1/5 - 1/6 + 1/7 - 1/8
S =
    0.6345

矩阵的详细创建方法见第二章,例1-2中A为3×3矩阵。

2. 矩阵乘积问题

考虑两个矩阵A和B的乘积问题,在C/C++语言中要实现两个矩阵的乘积并不仅仅是一组双重循环的问题。双重循环当然是矩阵乘积所必需的,除此之外要考虑的问题很多。例如:A和B是复数矩阵怎么考虑;其中一个是复数矩阵时怎么考虑;全部是实系数矩阵时又怎样处理,这样就要在一个程序中有多个分支,分别考虑各种情况。然而还得判断这两个矩阵是否可乘。所以说,没有几十分钟的时间,用C/C++语言并不可能编写出考虑各种情况的子程序。有了MATLAB这样的工具,A和B矩阵乘积用A*B这样简单的算式就行了。

【例1-4】 用magic函数生成3×3魔方矩阵,并进行矩阵乘运算。
>> A = magic(3)
A =
    8   1   6
    3   5   7
    4   9   2
>> A * A′
ans =
    101 71   53
    71   83   71
    53   71   101
>> A * A
ans =
    91 67 67
    67 91 67
    67 67 91

magic为MATLAB标准数组生成函数,产生魔方阵,本书第二章将作专门介绍。A′为矩阵A的转置。

3. 求解线性方程组(对于线性系统有 $Ax = b$)

【例1-5】 用左除方法解方程组。
$$\begin{cases} 3x_1 + x_2 - x_3 = 3.6 \\ x_1 + 2x_2 + 4x_3 = 2.1 \\ -x_1 + 4x_2 + 5x_3 = -1.4 \end{cases}$$

```
>> A = [3 1 -1;1 2 4;-1 4 5]; b = [3.6;2.1;-1.4];
>> x = A\b
x =
    1.4818
   -0.4606
    0.3848
```

【例1-6】 用求逆方法解方程组。

$$\begin{cases} 2x_1 - 3x_2 + x_3 = 4 \\ 8x_1 + 3x_2 + 2x_3 = 2 \\ 45x_1 + x_2 - 9x_3 = 17 \end{cases}$$

```
>> A = [2,-3,1;8,3,2;45,1,-9]; b = [4;2;17];
>> x = inv(A)*b
x =
    0.4784
   -0.8793
    0.4054
```

【例1-7】 用linsolve函数求解方程组。

$$\begin{cases} 3x_1 + 2x_2 + x_3 = 1 \\ 4x_1 + 6x_2 + 5x_3 = 2 \\ 7x_1 + 8x_2 + 9x_3 = 30 \end{cases}$$

```
>> a = [3,2,1;4,6,5;7,8,9];
>> b = [1;2;30];
>> x = linsolve(a,b)
x =
    3.8000
   -9.7000
    9.0000
```

有关解线性方程组的详细内容,将在第三章中进行讨论。

4. 取模

模除求余,mod(x,y)得 $x - n*y$,其中 $n = floor(x/y)$,floor为向负无穷取整函数。

【例1-8】 求矩阵a的模。

```
>> a = [1 2 3;4 5 6];
>> b = mod(a,4)
b =
    1  2  3
    0  1  2
```

mod及floor为数值运算函数,将在第三章中详细介绍。

5. 绘图

【例 1-9】 绘制正弦曲线和余弦曲线,如图 1-2。

```
>> x = [0: 0.5: 360] * pi/180;
>> plot(x, sin(x), x, cos(x));
>> legend('sin', 'cos')
```

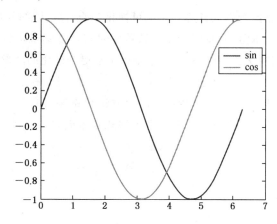

图 1-2 用 MATLAB 绘制二维曲线图

【例 1-10】 考虑一个二元函数

$$z = f(x, y) = 3(1-x)^2 e^{-x^2/2-(y+1)^2} - 10\left(\frac{x}{5} - x^3 - y^5\right)e^{-x^2-y^2} - \frac{1}{3}e^{-(x+1)^2-y^2}$$

如何用三维图形的方式表现出这个曲面?

用 C/C++ 这类语言,绘制三维图形是一个难点,且从一个机器移植程序到另一个机器,大部分时间花在调试程序上。但使用 MATLAB 这类高级语言,完成这样的工作就是几个直观语句的事。且得出图形美观准确,可以将语句不变化地移植到另外的机器上,得出完全一致的结果,见图 1-3。

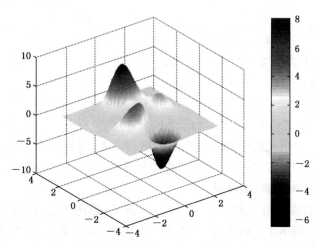

图 1-3 用 MATLAB 绘制三维图形

```
>> [x, y] = meshgrid(-3: 1/8: 3)
```

```
>> z = 3. * (1 - x). ^2. * exp( - (x. ^2). /2 - (y + 1). ^2) - 10. * (x/5 - x. ^3 - y. ^5)...
. * exp( - x. ^2 - y. ^2) - 1/3. * exp( - (x + 1). ^2 - y. ^2)
>> Surf(x, y, z)
>> Shading interp
>> Colorbar
```

MATLAB 提供了丰富的绘图与计算结果的可视化功能,包括两部分功能:一是高层绘图功能,绘制二维、三维曲线和曲面,如使用 plot 函数可随时将计算结果可视化,详见第四章;二是具有底层绘图功能,即句柄绘图,可绘制出更精细更生动更个性化的图形,详见第八章。

6. 数学分析

【例 1-11】 求方程 $3x^4 + 7x^3 + 9x^2 - 23 = 0$ 的全部根。

```
>> p = [3, 7, 9, 0, -23];        % 建立多项式系数向量
>> x = roots(p)                   % 求根
x =
    -1.8857
    -0.7604 + 1.7916i
    -0.7604 - 1.7916i
     1.0732
```

在 MATLAB 中,% 是注释语句标志,计算机并不执行,但通过 help 命令可以把语句内容显示出来。

【例 1-12】 求积分 $\int_0^1 x\log(1 + x)\,dx$。

```
>> quad('x. * log(1 + x)', 0, 1)
ans =
    0.2500
```

【例 1-13】 求积分 $\int_0^2 \dfrac{1}{x^3 - 2x - 5}dx$。

```
>> F = inline('1./(x.^3 - 2. * x - 5)');
>> Q = quad(F, 0, 2)
Q =
    -0.4605
```

MATLAB 可用于多项式运算、解代数方程、微分方程、求微积分、复合导数、二重积分、有理函数、泰乐级数展开、寻优等等,可求得解析解或符号解,在第五章中作详细介绍。

7. 图形化程序编制功能(工具箱)

在 MATLAB 中有许多用于不同应用领域的工具箱,即用于动态建模、仿真和分析的软件包,用结构图编程,而不用代码编程,只需拖几个方块、连几条线,即可实现编程功能。以下列出部分工具箱名称:

Matlab Main Toolbox —— matlab 主工具箱
Control System Toolbox —— 控制系统工具箱

Communication Toolbox —— 通讯工具箱

Financial Toolbox —— 财政金融工具箱

System Identification Toolbox —— 系统辨识工具箱

Fuzzy Logic Toolbox —— 模糊逻辑工具箱

Higher-Order Spectral Analysis Toolbox —— 高阶谱分析工具箱

Image Processing Toolbox —— 图像处理工具箱

LMI Control Toolbox —— 线性矩阵不等式工具箱

Model predictive Control Toolbox —— 模型预测控制工具箱

μ-Analysis and Synthesis Toolbox —— μ 分析工具箱

Neural Network Toolbox —— 神经网络工具箱

Optimization Toolbox —— 优化工具箱

Partial Differential Equation Toolbox —— 偏微分方程工具箱

Robust Control Toolbox —— 鲁棒控制工具箱

Signal Processing Toolbox —— 信号处理工具箱

Spline Toolbox —— 样条工具箱

Statistics Toolbox —— 统计工具箱

Symbolic Math Toolbox —— 符号数学工具箱

Simulink Toolbox —— 动态仿真工具箱

Wavele Toolbox —— 小波工具箱

如图 1-4,作为一个例子给出 PDE 工具箱某一计算结果界面。这个工具箱通过使用有

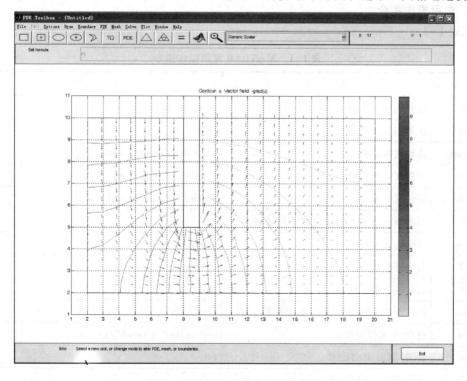

图 1-4　PDE 工具箱分析计算界面

限元方法(the Finite Element Method)解椭圆方程、抛物线方程和双曲线方程。区域要分成大量三角形子区域,对每个三角形,其解由一个简单函数估计。所用的三角形越多,其偏差就越小。本教材将在第三章中详细介绍曲线拟合工具箱的使用方法。

第四节 MATLAB 常用命令

1. 命令操作方式

(1) 大量磁盘操作命令与 DOS 命令操作方式一致,例如,cd 命令可改变当前工作目录:

\>> cd c:\matlab\mydir —— 将当前工作路径设置为 c:\matlab\mydir

\>> cd .. —— 退出当前子目录到上一级目录

\>> cd \ —— 回到根目录

(2) M 文件执行方式与 DOS 命令执行方式一致。例如,将如下两行语句用程序编辑软件编辑,以 exam.m 为文件名存盘,则在 MATLAB 命令窗口中输入 exam 命令执行,即可得到运行结果。

F = inline('1./(x.^3 - 2.*x - 5)');

Q = quad(F, 0, 2)

\>> exam

Q =

   -0.4605

有关 M 文件的创建方法将在第六章"MATLAB 程序设计"中重点介绍。

2. 常用操作指令

见表 1-1。

表 1-1 MATLAB 常用操作指令

指令	含义	举例
cd	设置当前工作目录	cd c:\mydir
path	显示当前工作路径	path
addpath	添加工作路径	addpath c:\matlab\work
md	新建文件夹(DOS 命令)	! md c:\matlab\work
mkdir	新建文件夹	mkdir('c:\matlab\work')
dir	列出指定目录下的文件和子目录清单	dir
delete	删除指定文件	delete exam.m
clf	清除图形窗	clf
clc	清除指令窗口中显示的内容	clc
clear	清除 MATLAB 工作空间中保存的变量	clear
edit	打开 M 文件编辑器	edit c:\matlab\wook\exam.m
exit	关闭/退出 MATLAB	exit
quit	关闭/退出 MATLAB	quit

续表 1-1

指　令	含　义	举　例
who	显示内存变量	who
whos	显示内存变量大小	whos
which	指出其后文件所在的目录	which sin
what	列出指定目录下的 M 文件	what
length	求变量长度	length(x)，其中 x 为某一变量
hold	保持当前图形不进行刷新	hold on/ hold off
linspace	生成等间距向量	linspace(x_1, x_2, n)，其中 x_1 是初值，x_2 是终值，n 为向量个数
meshgrid	产生平面区域内的网格坐标矩阵	[x, y] = meshgrid($x_1 : (x_2 - x_1)/n : x_2$)，其中 x_1 是下限，x_2 是上限，$(x_2 - x_1)/n$ 为步长

【例 1-14】　常用操作指令举例。

假如当前的工作路径是 MATLAB 缺省工作目录 C:\我的文档\MATLAB，该目录下有一个 a.m 的 M 文件，执行下列命令，结果如下：

```
>> pwd          % 显示当前工作路径
ans =
    C:\我的文档\MATLAB
>> exist('a')   % 检查指定变量名或文件名是否存在
ans =
    2           % 结果表明 a.m 是一个 MATLAB 搜索路径下的 M 文件
>> which a      % 指出其后文件所在的目录
    C:\我的文档\MATLAB\a.m
```

如果在命令窗口中输入变量 a

```
>> a = 2
a =
    2
```

则

```
>> exist('a')
ans =
    1           % 表示 a 是工作空间中的变量
>> which a
a is a variable.
>> who
Your variables are:
a    ans
>> whos
  Name    Size    Bytes  Class    Attributes
```

```
            a         1x1        8 double
            ans       1x1        8 double
>> exist('sin')
ans =
            5            % 表示 sin 是 MATLAB 内置函数。用户在定义变量或创建自定义函
                          数时,非常有用
```

以上为 pwd,exist,which,who,whos 和 exist 的功能和用法,其中 exist('a') 的返回值有下列 9 种情况中的一种:

(1) 0 —— 表示 a 不存在;

(2) 1 —— 表示 a 是工作空间中的变量;

(3) 2 —— 表示 a 是一个 MATLAB 搜索路径下的 M 文件;

(4) 3 —— 表示 a 是 MATLAB 搜索路径下的 MEX 文件;

(5) 4 —— 表示 a 是 MATLAB 搜索路径下的 MDL 文件;

(6) 5 —— 表示 a 是 MATLAB 内置函数;

(7) 6 —— 表示 a 是 MATLAB 搜索路径下的 P 码文件;

(8) 7 —— 表示 a 是目录;

(9) 8 —— 表示 a 是 java 类。

3. 数据显示格式控制指令

见表 1-2。

表 1-2 数据显示格式控制指令

指 令	含 义	举 例 说 明
format short	通常保证小数点后 4 位有效数字,最多不超过 7 位;对于大于 1000 的实数,用 5 位有效数字的科学记数形式显示	314.159 被显示为 314.1590;3141.59 被显示为 3.1416e+003
format long	15 位数字表示	3.14159265358979
format short e	5 位科学记数表示	3.1416e+00
format long e	15 位科学记数表示	3.14159265358979e+00
format short g	从 format short 和 format short e 中自动选择最佳记述方式(缺省设置)	3.1416
format long g	从 format long 和 format long e 中自动选择最佳记述方式	3.14159265358979
format rat	近似有理数表示	355/113
format hex	十六进制表示	4009211h54442d18
format +	显示大矩阵用;正数、负数、零分别用 +、-、空格表示	+
format bank	(金融)元、角、分表示	3.14
format compact	显示变量之间没有空行	
format loose	在显示变量之间有空行	

注:format short g 显示格式是缺省默认的显示格式;

该表中实现的所有格式设置仅在 MATLAB 的当前执行过程中有效。

4. 联机帮助

help 功能提供 MATLAB 大部分主题的在线帮助信息,如:

help plot3 —— 显示有关三维绘图指令 plot3 的帮助信息;

help [—— 显示特殊字符与符号帮助信息;

help help —— 显示 help 的帮助信息。

以下给出二维绘图指令 plot 的帮助内容,特别注意帮助信息最后给出的相关指令"See also"项,以及具体操作实例,它是学习 MATLAB 的好帮手。

```
>> help plot
```

PLOT Linear plot.

PLOT(X, Y) plots vector Y versus vector X. If X or Y is a matrix, then the vector is plotted versus the rows or columns of the matrix, whichever line up. If X is a scalar and Y is a vector, disconnected line objects are created and plotted as discrete points vertically at X.

PLOT(Y) plots the columns of Y versus their index.

If Y is complex, PLOT(Y) is equivalent to PLOT(real(Y), imag(Y)).

In all other uses of PLOT, the imaginary part is ignored.

Various line types, plot symbols and colors may be obtained with PLOT(X, Y, S) where S is a character string made from one element from any or all the following 3 columns:

b	blue	.	point	−	solid
g	green	o	circle	:	dotted
r	red	x	x-mark	−.	dashdot
c	cyan	+	plus	− −	dashed
m	magenta	*	star	(none)	no line
y	yellow	s	square		
k	black	d	diamond		
w	white	v	triangle (down)		
		^	triangle (up)		
		<	triangle (left)		
		>	triangle (right)		
		p	pentagram		
		h	hexagram		

For example, PLOT(X, Y, 'c+:') plots a cyan dotted line with a plus at each data point; PLOT(X, Y, 'bd') plots blue diamond at each data point but does not draw any line.

PLOT(X1, Y1, S1, X2, Y2, S2, X3, Y3, S3, ...) combines the plots defined by the (X, Y, S) triples, where the X's and Y's are vectors or matrices and the S's are strings.

For example, PLOT(X, Y, 'y−', X, Y, 'go') plots the data twice, with a solid yellow line interpolating green circles at the data points.

The PLOT command, if no color is specified, makes automatic use of the colors specified by the axes ColorOrder property. The default ColorOrder is listed in the table above for color systems where the default is blue for one line, and for multiple lines, to cycle through the first six colors in the table. For monochrome systems, PLOT cycles over the axes LineStyleOrder property.

If you do not specify a marker type, PLOT uses no marker.

If you do not specify a line style, PLOT uses a solid line.

PLOT(AX,...) plots into the axes with handle AX.

PLOT returns a column vector of handles to lineseries objects, one handle per plotted line.

The X, Y pairs, or X, Y, S triples, can be followed by parameter/value pairs to specify additional properties of the lines. For example, PLOT(X, Y, 'LineWidth', 2, 'Color', [.6 0 0]) will create a plot with a dark red line width of 2 points.

Example

x = -pi:pi/10:pi;

y = tan(sin(x)) - sin(tan(x));

plot(x, y, '--rs', 'LineWidth', 2, ...
    'MarkerEdgeColor', 'k', ...
    'MarkerFaceColor', 'g', ...
    'MarkerSize', 10)

See also plottools, semilogx, semilogy, loglog, plotyy, plot3, grid, title, xlabel, ylabel, axis, axes, hold, legend, subplot, scatter.

MATLAB 是区分大小写的。虽然给出的帮助信息中函数是大写的,但用户在使用过程中应当全部使用小写,正如 Example 中的指令一样。

练 习 题

1. 计算下列各式的值：

 (1) $(5*2+1.3-0.8)*10/25$；

 (2) $(5*2+1.3-0.8)*10\wedge 2/25$；

 (3) $\sin(10)*\exp(-0.3*4\wedge 2)$。

2. 计算 $\dfrac{6\tan(0.13\pi)}{1+\sqrt{2}+\lg 5}$ 的值。

3. 在电脑 D 盘上建立"mydir"文件夹,并把"D:\mydir"文件夹作为 MATLAB 工作路径。

4. 用 format short, format long, format rat 分别显示 π 值。

第二章 MATLAB 矩阵创建

第一节 数值矩阵创建

一、MATLAB 语言中的变量

数组(Array)是相同类型变量的集合,可以使用共同的名字引用它。数组可被定义为任何类型,可以是一维或多维。数组中的一个特别要素是通过下标来访问它。在 MATLAB 中,数组可通称为矩阵,即使是只有一个元素的数组变量或一个常量,MATLAB 也看做是一个 1×1 的矩阵。

1. 基本变量

程序中,为了方便操作内存中的值,需要给内存中的值设定一个标签,这个标签称之为变量。在 MATLAB 语言中,变量不需要事先声明,MATLAB 在遇到新的变量名时,会自动建立变量并分配内存。给变量赋值时,如果变量不存在,会创建它;如果变量存在,会更新它的值;赋值时,右边的表达式必须有一个值(即使值为空也行)。

变量命名规则如下:
(1) 始于字母,由字母、数字或下划线组成。
(2) 区分大小写。
(3) 可任意长,但使用前 N 个字符。N 与硬件有关,由函数 namelengthmax 返回,一般 N = 63。
(4) 不能使用关键字作为变量名(关键字在后面给出)。
(5) 避免使用函数名作为变量名。如果变量采用函数名,该函数失效。例如:
>> clear = 3
>> clear
clear =
    3
clear 函数失效,不能清除基本工作空间中的变量。
与变量有关的函数见表 2-1。

表 2-1 与变量有关的函数

函数名	函数说明	函数名	函数说明
clear	清除工作空间里的数据项,释放内存	namelengthmax	返回最大的标识符长度
isvarname	检查输入的字符串是否为有效的变量名	computer	计算机类型
genvarname	采用字符串构建有效的变量名	version	MATLAB 版本信息

MATLAB 存储变量在一块内存区域中,该区域称为基本工作空间。脚本文件或命令行创建的变量都存在基本工作空间中。函数不使用基本工作空间,每个函数都有自己的函数空间。

变量有三种基本类型:

① 局部变量。每个函数都有自己的局部变量,这些变量只能在定义它的函数内部使用。当函数运行时,局部变量保存在函数的工作空间中,一旦函数退出,这些局部变量将不复存在。

脚本(没有输入输出参数,由一系列 MATLAB 命令组成的 M 文件)没有单独的工作空间,只能共享调用者的工作空间。当从命令行调用,脚本变量存在基本工作空间中;当从函数调用,脚本变量存在函数空间中。

② 全局变量。在函数或基本工作空间内,用 global 声明的变量为全局变量。例如声明 a 为全局变量:

>> global a

声明了全局变量的函数或基本工作空间,共享该全局变量,都可以给它赋值。

如果函数的子函数也要使用全局变量,也必须用 global 声明。

③ 永久变量。永久变量用 persistent 声明,只能在 M 文件函数中定义和使用,只允许声明它的函数存取。当声明它的函数退出时,MATLAB 不会从内存中清除它,例如声明 a 为永久变量:

>> persistent a

2. 特殊变量

一些函数返回重要的特殊值,这些值可以在 M 文件中使用,见表 2-2。

表 2-2 MATLAB 特殊变量

变量	说明
eps	浮点数相对精度;MATLAB 计算时的容许误差
intmax	本计算机能表示的 8 位、16 位、32 位、64 位的最大整数
intmin	本计算机能表示的 8 位、16 位、32 位、64 位的最小整数
realmax	本计算机能表示的最大浮点数
realmin	本计算机能表示的最小浮点数
pi	圆周率,3.1415926535897……
i, j	虚数单位
inf	无穷大。当 $n>0$ 时,$n/0$ 的结果是 inf;当 $n<0$ 时,$n/0$ 的结果是 $-$inf
nan 或 NaN	非数,无效数值。比如 0/0 或 inf/inf,结果为 NaN
ans	当没指定输出变量时,临时存储最近的答案

3. 关键字

MATLAB 为程序语言保留的一些字称为关键字。变量名不能为关键字,否则会出错。查看 MATLAB 所有的关键字,用 iskeyword 命令。

```
>> iskeyword
ans =
    break
    case
    catch
    continue
    else
    elseif
    end
    for
    function
    global
    if
    otherwise
    persistent
    return
    switch
    try
    while
```

二、创建数值矩阵的方法

1. 直接输入法

【例 2-1】 创建一个 2×3 的数值矩阵,变量名为 a,并显示结果。

```
>> a = [1 2 3;4 5 6]
a =
    1    2    3
    4    5    6
```

矩阵创建规则:

(1) 全部矩阵元素必须用[ ]括住;

(2) 矩阵元素必须用逗号或空格分隔;

(3) 在[ ]内矩阵的行与行之间必须用分号分隔。

2. 矩阵元素

矩阵元素可以是任何 MATLAB 表达式,可以是实数,也可以是复数,复数可用特殊函数 i 或 j 输入。

【例 2-2】 创建一个有复数元素的矩阵。

```
>> x = [2 pi/2;sqrt(3) 3+5i]
x =
    2.0000    1.5708
    1.7321    3.0000 + 5.0000i
```

3. 符号的作用

（1）逗号和分号可作为指令间的分隔符，MATLAB允许多条语句在同一行出现。

（2）分号如果出现在指令后，屏幕上将不显示结果。

4. 冒号的作用

（1）用于生成等间隔的向量，默认间隔为1。

>> i = 0 : 2 : 10

i =

    0   2   4   6   8   10

（2）用于选出矩阵指定行、列及元素（创建子矩阵）。

>> b = a(1 : 2, 2 : 3)

b =

    2   3

    5   6

（3）使矩阵中所有元素变为一列。

>> c = b(:)

c =

    2

    5

    3

    6

5. 说明

（1）只要是赋过值的变量，不管是否在屏幕上显示过，都存储在工作空间中，以后可随时显示或调用。

（2）变量名尽可能不要重复，否则会覆盖。

（3）当一个指令或矩阵太长时，可用续行符"…"续行。

6. 数组元素的标识

MATLAB采用"全下标"标识法，即指出是"第几行，第几列"的元素。这种标识方法的优点是：几何概念清楚，引用简单。它在MATLAB的寻访和赋值中最为常用。对于一维行向量或列向量，只用一个下标标识元素在数组中的位置；对于二维数组来说，"全下标"由两个下标组成：行下标和列下标。如a(2, 2)就表示在二维数组a的"第2行，第2列"的元素。

>> a(2, 2)

ans =

    5

三、矩阵的修改

1. 直接修改

MATLAB将运行过的命令都存储在命令历史窗口（Command History）中，如果想修改已运行过的指令，只要将该指令调出即可，所以，可用上方向键找到所要修改的矩阵，用左右键移动到要修改的矩阵元素上即可修改，并重新运行。

2. 指令修改

可以用 A(*,*) = * 来修改。

【例2-3】 创建一个 3×3 矩阵,并将其中某个元素进行修改。

>> A = [1 2 0;3 0 5;7 8 9]

A =

  1 2 0
  3 0 5
  7 8 9

>> A(3,3) = 0

A =

  1 2 0
  3 0 5
  7 8 0

四、用 MATLAB 函数创建矩阵

1. 空阵

[ ] —— 空阵,MATLAB 允许输入空阵,当一项操作无结果时,返回空阵。

2. 等间距线性向量

linspace —— 线性等分函数生成向量,可以在首尾两端元素之间,等分建立向量,其中 linspace(n1, n2) 包括 n1、n2 元素,生成 100 维向量;linspace(n1, n2, n) 包括 n1、n2 元素,生成 n 维向量,n 由用户指定。

>> linspace(0, 10, 6)

ans =

  0 2 4 6 8 10

3. 随机数或随机矩阵

rand —— [0, 1] 区间的均匀分布随机数或随机矩阵;randn —— 服从 N(0, 1) 分布的正态随机数或随机矩阵。

【例2-4】 分别生成一个 2×3 均匀分布随机矩阵和一个 1×5 正态分布随机矩阵。

>> rand(2, 3)

ans =

  0.6405 0.3798 0.6808
  0.2091 0.7833 0.4611

>> randn(1, 5)

ans =

  -0.4326 -1.6656 0.1253 0.2877 -1.1465

4. 单位矩阵

eye —— 单位矩阵。

>> eye(3)

ans =

```
     1    0    0
     0    1    0
     0    0    1
```

5. 全部元素都为 0 的矩阵

zeros —— 全部元素都为 0 的矩阵。

```
>> zeros(2)
ans =
     0    0
     0    0
```

6. 全部元素都为 1 的矩阵

ones —— 全部元素都为 1 的矩阵。

```
>> ones(3,3)
ans =
     1    1    1
     1    1    1
     1    1    1
```

7. 伴随矩阵

compan —— 伴随矩阵。矩阵 A 中的元素都用它们在行列式 A 中的代数余子式替换后得到的矩阵再转置,这个矩阵叫 A 的伴随矩阵。A 与 A 的伴随矩阵左乘、右乘结果都是主对角线上的元素全为 A 的行列式的对角阵。

【例 2-5】 求向量 p = [1,2,3,4] 的伴随矩阵。

```
>> p = [1,2,3,4];
>> compan(p)
ans =
    -2   -3   -4
     1    0    0
     0    1    0
```

8. 魔方矩阵

magic —— 魔方矩阵。魔方矩阵是由一个 $n \times n$(n 为奇数)的整数矩阵构成,矩阵中的整数值是从 $1 \sim n^2$(n 的平方)。每一行,每一列和两个对角线上数值之和是一样的。

【例 2-6】 生成一个 5×5 魔方矩阵,并求每一行、每一列和两个对角线上数值之和。

```
>> A = magic(5)
A =
    17   24    1    8   15
    23    5    7   14   16
     4    6   13   20   22
    10   12   19   21    3
    11   18   25    2    9
>> sum(A)                    % 对 A 按列求和
```

```
    ans =
         65    65    65    65    65
>> sum(A')                    % 对 A 按行求和,A'为 A 的转置
    ans =
         65    65    65    65    65
>> sum(diag(A))               % 对角线之和,diag(A)为取 A 的对角向量
    ans =
         65
>> trace(A)                   % 主对角线元素之和函数
    ans =
         65
>> sum(diag(fliplr(A)))       % 反对角线之和,fliplr(A)是将 A 水平翻转,然后取对角
                                线向量之和
    ans =
         65
```

其中 sum 是求和函数,将在第三章第三节中详细介绍。

```
>> norm(A)                    % 矩阵或向量范数
    ans =
         65
>> normest(A)                 % 矩阵 2 范数估值
    ans =
         65
```

五、利用数据文件创建矩阵

对于已知随机变量,如表 2-3 所示 Excel 表格,表中数据为 2006 年某水文站逐日平均水位资料,数据已录入计算机,现利用 M 文件创建 31×12 二维数组(矩阵),并通过读取子矩阵的方法建立 365×1 一维数组,绘出水位过程线。

表 2-3　2006 年某水文站逐日平均水位资料表

日期	一月	二月	三月	四月	五月	六月	七月	八月	九月	十月	十一月	十二月
1	62.52	63.02	63.85	65.72	63.96	63.81	63.61	64.69	64.65	64.12	64	64.22
2	62.57	63.32	63.38	66.4	64.24	64.21	63.89	64.94	65.89	64.2	63.64	64.11
3	62.87	64.06	63.29	66.55	64.75	63.99	63.93	66.06	66.05	64.25	63.34	63.82
4	63.66	63.92	63.39	66.28	64.17	64.35	64.55	66.24	65.29	64.51	63.3	63.32
5	63.64	64.34	63.48	65.2	63.75	64.95	66.54	66.67	64.73	64.2	62.99	63.34
6	63.25	63.84	63.34	64.54	63.99	64.72	66.77	66.68	64.69	64.09	63.17	63.43
7	63.09	64.22	63.16	64.69	64.06	64.63	67.05	65.41	64.71	64.11	62.93	63.74
8	62.96	64.1	62.89	64.17	64.26	64.61	66.62	65.33	64.77	63.82	62.99	63.48

续表 2-3

日期	一月	二月	三月	四月	五月	六月	七月	八月	九月	十月	十一月	十二月
9	63	63.88	63.05	64.69	65.03	64.67	66.71	66.02	64.79	63.91	63.11	63.16
10	62.96	64.19	63.46	64.7	64.54	65.31	67.88	66.24	64.77	64.11	62.95	63.56
11	62.5	64.41	63.34	64.74	64.75	66.58	69.03	66.7	65.2	64.12	63.49	63.61
12	62.36	64.67	63.43	65.08	64.72	66.03	69.28	68.37	65.25	64.41	63.38	63.52
13	62.31	64.85	63.18	64.87	64.52	65.19	69.23	68.48	64.61	64.65	63.34	63.2
14	62.31	64.81	63.35	64.44	64.6	64.65	68.2	67.42	64.42	64.84	63.29	63.24
15	62.43	64.75	63.12	64.56	64.4	65.02	66.46	67.49	64.6	64.92	63.24	63.33
16	62.41	64.13	62.97	65.01	64.59	64.81	66.09	66.59	64.77	64.7	63.31	63.42
17	62.47	64.13	62.74	65.15	64.65	64.76	65.58	65.54	64.55	64.41	63.46	63.27
18	62.77	64.34	62.84	64.86	65.12	64.68	65.89	65.11	64.83	64.4	63.96	63.16
19	62.95	64.52	63.11	65.38	65.47	64.09	64.91	65.43	64.62	64.29	63.72	63.14
20	62.8	64.45	63.19	64.95	65.51	64.3	65.96	65.27	64.76	64.38	63.77	63.46
21	62.77	64	63.88	65.24	65.27	64.22	64.94	64.91	63.84	63.9	63.33	64.08
22	62.73	63.68	64.74	64.82	65.23	64.71	64.96	65.01	64	63.69	62.89	65.43
23	63.11	63.58	65.15	65.2	65.35	65.32	64.8	65.27	63.81	63.53	62.95	64.93
24	63.37	63.7	64.82	64.8	64.64	65.84	64.75	65.98	64.12	63.6	63.32	64.66
25	63.06	63.62	64.98	64.03	65.15	66.26	64.89	66.18	63.87	63.55	63.64	64.52
26	62.83	63.52	64.93	64.57	64.98	65.5	64.7	65.56	63.79	63.67	63.74	63.87
27	62.65	63.71	64.86	64.03	64.74	65.45	64.76	65.09	63.74	63.61	63.8	63.66
28	63.16	63.57	65.07	63.92	63.98	65.43	64.53	65.06	63.87	63.66	64.23	63.43
29	62.63		65.25	63.98	63.74	65.07	64.62	65.14	64.01	63.88	64.1	63.7
30	62.61		65.58	64.09	63.88	64.14	64.93	65.2	64.06	63.88	64.64	63.48
31	62.69		65.4		64.2		65.02	64.73		63.86		63.21
平 均	62.83	64.05	63.85	64.89	64.59	64.91	65.84	65.90	64.57	64.11	63.47	63.69
年统计	最高水位	69.28	7月12日		最低水位	62.31	1月3日			平均水位	64.39	
保证率水位	最高	69.28	15 天	66.67	30 天	66.05	90 天	64.95	180 天	64.30	270 天	63.61
	最低	62.31										

1. 文件名即为数组名

将 Excel 表格中需要的数据区域选中,通过快捷键 Ctrl + C 或在应用软件中选择相应按钮或菜单选项,将数据拷贝到 Windows 剪贴板,然后粘贴在新建的记事本或 M 文件编辑窗口中,存盘,并把文件名命名为 sw2006.m,如图 2-1 所示。

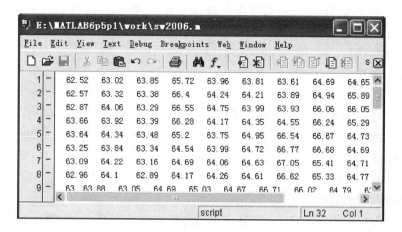

图 2-1　数据 M 文件编辑窗口

然后在命令窗口中执行如下命令：

>> load sw2006.m

则 MATLAB 会自动用文件名作为数组变量名，即数组名为 sw2006，生成新的变量，大小为 31×12。这种形式的创建方式还支持文本文件（*.txt）。

2. 同时生成多个数组

将以上 sw2006.m 文件转换为如下的形式，即 sw2006 = [31×12]，其中 31×12 为全部数据，保存文件名为 sw.m，如图 2-2 所示。用这种方法可一次创建若干个数组，用同样的方法顺序排列在文件中即可，也不必要求数组一样大，这是此方法的优点。

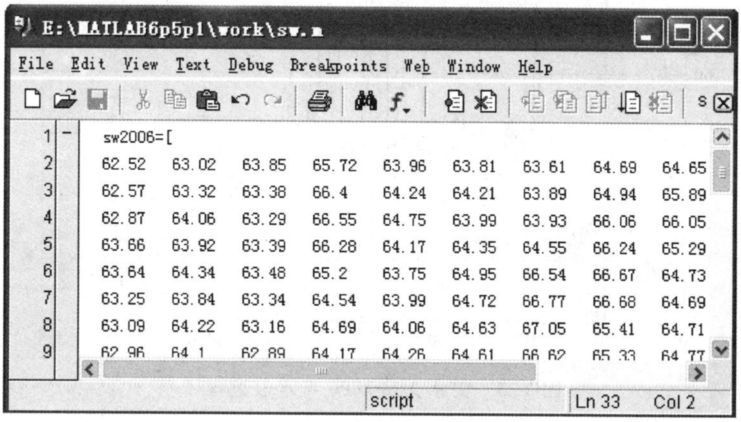

图 2-2　指令 M 文件编辑窗口

然后在命令窗口中执行如下命令：

>> sw

则名为 sw2006 的数组会生成在工作空间中，大小同样为 31×12。注意，另一半中括号放在最后面一行即可，只要将全部数据放在括号中即可。

3. 直接读取 Excel 文件

如果将 Windows 剪贴板中的数据直接粘贴到新建的 Excel 文件中，数据内容不变，并将新文件存盘,文件名取为 sw.xls,则用以下命令可直接将 Excel 文件读取到指定的数组变量中。

>> sw2006 = xlsread('E:\matlab6p5p1\work\sw.xls');

4. 生成一维数组

由以上三种方法均可产生一个二维数组变量 sw2006,用以下取子矩阵的方法,可将其变为一维数组变量,且数据按日期顺序排列。

swx = [sw2006(1:31, 1); sw2006(1:28, 2); sw2006(1:31, 3); sw2006(1:30, 4); sw2006(1:31, 5); sw2006(1:30, 6); sw2006(1:31, 7); sw2006(1:31, 8); sw2006(1:30, 9); sw2006(1:31, 10); sw2006(1:30, 11); sw2006(1:31, 12)];

5. 画制水位过程线

因为本例所提供资料为 2006 年某水文站逐日平均水位资料,为输入和查看方便,在 Excel 文件中是按月份存放的,现通过变换,已将其变为一个连续的序列,所以直接用绘图命令画出其水位过程线,查看其一年内的变化情况,用于分析水文特点,如图 2-3 所示。图中纵坐标为水位(米,即高程),横坐标为日期(天,即一年 365 天),在绘图指令中省略横坐标,缺省单位长度为 1(天),起始值为 1。

>> plot(swx)

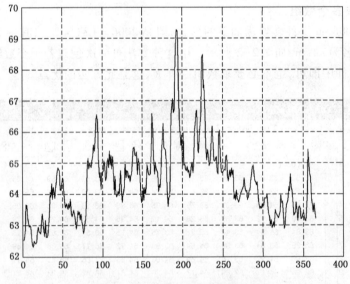

图 2-3 某水文站 2006 年水位过程线

六、矩阵的其他操作

1. 矩阵的变维

b = reshape(a, m, n)可将任意行列的 a 矩阵变成 m×n 的 b 矩阵,但元素总数是不变的。如:

>> a = [1:12]; b = reshape(a, 3, 4)
b =

```
1   4   7  10
2   5   8  11
3   6   9  12
```

2. 矩阵的变向

```
>> b'              % 转置
ans =
   1   2   3
   4   5   6
   7   8   9
  10  11  12

>> rot90(b)        % 旋转
ans =
  10  11  12
   7   8   9
   4   5   6
   1   2   3

>> fliplr(b)       % 左右翻转
ans =
  10   7   1
  11   8   2
  12   9   3

>> flipud(b)       % 上下翻转
ans =
   3   6   9  12
   2   5   8  11
   1   4   7  10
```

3. 矩阵的抽取

（1）diag —— 抽取主对角线；

（2）tril —— 抽取下三角；

（3）triu —— 抽取上三角。

【例2-7】 对于任一 3×3 矩阵 a，生成为一矩阵 b，使其对称元素相乘为1。

```
>> a = [1, 2, 3; -4, -5, -6; 7, 8, 9];   % 任意生成一个矩阵
>> v = tril(a, -1);                      % 抽取下三角,不包括对角线元素
>> u = tril(a);                          % 抽取下三角,包括对角线元素
>> b = u + triu((1./v)', 1);             % 不包括对角线元素矩阵求倒数后转
                                         置,再取上三角,并包括对角线元素,
                                         再和原包括对角线的下三角矩阵相
                                         加,得到新的矩阵,对称元素相乘
                                         为1
```

27

```
a =
    1    2    3
   -4   -5   -6
    7    8    9
b =
    1.0000   -0.2500    0.1429
   -4.0000   -5.0000    0.1250
    7.0000    8.0000    9.0000
```

另外还有交换垂直或水平对称轴对称位置上的数组元素的函数 fliplr 和 flipud,以及按指定的次序,对矩阵进行重组的函数 permute 等等。

七、数组的保存与获取

在工作空间已生成的变量或数组,可以保存为磁盘文件,并在需要的时候重新调入工作空间。MATLAB 提供一种特殊的数据格式文件来保存工作空间中的变量:MAT 文件。MAT 文件是一种双精度、二进制的 MATLAB 格式文件,扩展名为". mat"。

MAT 文件具有可移植性。在某台计算机上生成的 MAT 文件,在另一台装有 MATLAB 软件的机器上可以正确读取,而且还保留不同格式允许的最高精度和最大数值范围。它们也能被 MATLAB 之外的其他程序(如 C/C++或 Fortran 程序)读写。

MAT 文件分为两部分:文件头部和数据。文件头部主要包括一些描述性文字和相应的版本标识;数据依次按数据类型、数据长度及数据内容三部分来保存。

将数据输出到 MAT 文件使用 save 函数;从 MAT 文件中加载数据到工作空间使用 load 函数。

1. 生成 MAT 数据文件

把 MATLAB 工作空间中一些有用的数据长久保存下来的方法是生成 MAT 数据文件。

save —— 将工作空间中所有的数组存到 matlab. mat 文件中。

save data —— 将工作空间中所有的数组存到 data. mat 文件中。

save data a b —— 将工作空间中 a 和 b 数组存到 data. mat 文件中。

MAT 文件是标准的二进制文件,还可以 ASCII 码形式保存,加 - ascii 选项即可,如:

save data. dat c - ascii —— 将工作空间中数组 c 以文本的方式保存到 data. dat 文件中,文件类型也可以是 TXT 文件。

2. 调用已生成的 MAT 文件

再次运行 MATLAB 时即可用 load 指令调用已生成的 MAT 文件。

load —— 打开 matlab. mat 文件。

load data —— 打开 data. mat 文件。

load data a b —— 打开 data. mat 文件中的 a,b 数组。

load data. dat —— 打开 data. dat 文件,并以 data 为数组变量名。

3. 读写 TXT 文件

MATLAB 读写 TXT 文件使用如下函数:

(1) csvread —— 读取逗号定界的数值文件,返回数字矩阵;

(2) dlmread——读取 ASCII 码定界的数值文件,返回数字矩阵;
(3) textread——按指定格式读整个文本文件,返回多个变量;
(4) csvwrite——写数字矩阵到逗号定界的数值文件;
(5) dlmwrite——写数字矩阵到 ASCII 码定界的数值文件。如:
```
>> a = [1 2 3; 4 5 6]
>> csvwrite('file1.txt', a)          % 将矩阵 a 写到文件 file1.txt 中
>> m = csvread('file1.txt')          % 读取 file1.txt 文件
m =
    1   2   3
    4   5   6
```

第二节 矩阵运算符

一、矩阵运算

1. 矩阵加、减(+,-)运算

运算规则:

(1) 相加、减的两矩阵必须有相同的行和列,两矩阵对应元素相加、减。

(2) 允许参与运算的两矩阵之一是标量。标量与矩阵的所有元素分别进行加、减操作。

【例2-8】 求两矩阵相加的和。
```
>> a = [1, 2; 3, 4]; b = [9, 8; 7, 6]; c = a + b
c =
    10   10
    10   10
```

2. 矩阵乘(*)运算

运算规则:

(1) 对于矩阵乘运算 A*B,A 矩阵的列数必须等于 B 矩阵的行数。

(2) 标量可与任何矩阵相乘。

【例2-9】 求两矩阵相乘的积。
```
>> a = [1 2 3; 4 5 6; 7 8 0]; b = [1; 2; 3]; c = a * b
c =
    14
    32
    23
>> d = [-1; 0; 2]; f = pi * d        % 矩阵与标量相乘
f =
   -3.1416
    0
    6.2832
```

3. 矩阵的右除(/)

矩阵的右除为矩阵乘法的逆运算,若 AB = C,则 A = C/B,即矩阵 A 等于 C 右除 B,用斜杠表示。

【例 2-10】 矩阵右除运算及验证。

```
>> B = [1, 3, 5; 7, 9, 11; 13, 15, 16];
>> C = [54, 66, 75; 117, 147, 171; 193, 243, 283]
>> format short g
>> A = C/B
A =
     1   2   3
     4   5   6
     7   8  10
>> A * B
ans =
    54   66   75
   117  147  171
   193  243  283
```

4. 矩阵的左除(\)

矩阵的左除也为矩阵乘法的逆运算,若 AB = C,则 B = A\C,即矩阵 B 等于 A 左除 C,用反斜杠表示。矩阵左除常用于解线性方程组,Ax = b,则 x 的解为 x = A\b。

5. 矩阵乘方(a^p)

对于 a^p,若 p 是标量,表示 a 自乘 p 次幂;对于 p 的其他值,计算将涉及特征值和特征向量,如果 p 是矩阵,a 是标量,a^p 使用特征值和特征向量自乘到 p 次幂;若 a、p 都是矩阵,a^p 则无意义。

6. 矩阵的函数运算

【例 2-11】 对于矩阵 a,分别求出该矩阵的逆矩阵、矩阵所组成行列式的值、矩阵的特征值和特征向量以及矩阵 a 的对角矩阵。

$$a = \begin{bmatrix} 3 & 2 & 1 \\ 2 & 6 & 5 \\ 1 & 5 & 9 \end{bmatrix}$$

```
>> a = [3, 2, 1; 2, 6, 5; 1, 5, 9];
```

① inv —— 矩阵求逆。

```
>> inv(a)
ans =
     0.44615    -0.2      0.061538
    -0.2         0.4     -0.2
     0.061538   -0.2      0.21538
```

② det —— 求行列式的值。

```
>> det(a)
ans =
    65
```

③ eig —— 求矩阵的特征值。

```
>> eig(a)
ans =
    1.4391
    3.4432
   13.118
```

④ [V, D] = eig —— 求特征值和特征向量。

```
>> [V, D] = eig(a)
V =
   -0.63657   -0.74608   0.19527
    0.67934   -0.42262   0.5999
   -0.36505    0.51454   0.77588
D =
    1.4391    0         0
    0         3.4432    0
    0         0        13.118
```

⑤ diag —— 求对角矩阵。

```
>> diag(a)
ans =
    3
    6
    9
```

二、矩阵的数组运算(或称元素运算)

数组运算指元素对元素的算术运算,与通常意义上的由符号表示的线性代数矩阵运算不同。

1. 数组加、减(+，-)

a + b

a - b

2. 数组乘、除(.*，./，.\)

a.*b —— a, b 两数组必须有相同的行和列,两数组相应元素相乘。

【例 2-12】 求两同维数组的"点乘"。

```
>> a = [1 2 3; 4 5 6; 7 8 9];
>> b = [2 4 6; 1 3 5; 7 9 10];
>> a.*b
ans =
```

```
    2    8   18
    4   15   30
   49   72   90
```

对于数组除运算,有两种表达形式:

(1) a./b = b.\a —— 都是 a 的元素被 b 的对应元素除;

(2) a.\b = b./a —— 都是 b 的元素被 a 的对应元素除。

【例 2-13】 求两个同维向量的"点除"。

```
>> a = [1 2 3]; b = [4 5 6]; c1 = a.\b; c2 = b./a
c1 =
    4.0000   2.5000   2.0000
c2 =
    4.0000   2.5000   2.0000
```

3. 数组乘方(.^)

元素对元素的幂。

【例 2-14】 求两个同维向量的"点乘方"。

```
>> a = [1 2 3]; b = [4 5 6];
>> z = a.^2
z =
    1.00   4.00   9.00
>> z = a.^b
z =
    1.00   32.00   729.00
```

4. 数组开方(sqrt)

【例 2-15】 求例 2-11 矩阵 a 的开方。

```
>> sqrt(a)
ans =
    1.7321   1.4142   1
    1.4142   2.4495   2.2361
    1        2.2361   3
```

5. 数组取模(mod)

【例 2-16】 对例 2-1 数组 a 取 4 的模。

```
>> b = mod(a, 4)
b =
    1   2   3
    0   1   2
```

第三节 字符串数组的创建与运算

MATLAB 内建数据类型就有 5 种以上,此外还有许多其他专门设计的类(Class)。以上两节介绍了数值数组(Numeric Array),这是读者比较熟悉的数据类型。本节将讲述另外一类数据:字符串数组(Character String Array)。两者之间的基本差别见表 2-4。

表 2-4 数值数组与字符串数组差别

数组类型	基本组分	组 分 内 涵	基本组分占用字节数
数值数组	元素	双精度实数标量 或双精度复数标量	8 16
字符串数组	元素	字符	2

字符串数组主要用于可视化编程,如界面设计以及图形绘制中的注释信息。

1. 字符串变量的创建

字符串变量的创建方法是:在指令窗口中先把待建的字符放在单引号对中,再按回车键。注意,该单引号对必须在英文状态下输入。这单引号对是 MATLAB 用来识别字符串变量所必须的。

【例 2-17】 通过实例分析数值变量和字符串变量的区别,并认识字符串数组的大小。

```
>> a = 123.0;
>> class(a)
ans =
    double
>> b = 'This is an example.'
b =
    This is an example.
>> class(b)
ans =
    char
>> size(b)
ans =
    1   19
```

2. 字符串数组的标识

字符串变量的每个字符(英文字母、空格和标点都是平等的)占据一个元素位,在数组中元素所处的位置用自然数标识。

【例 2-18】 求字符串数组的子串。

```
>> b = 'This is an example.';
>> c = b(1:4)
c =
    This
>> A = '这是一个算例。';
>> A_s = size(A)
A_s =
    1   7
```

```
>> B = A([5 6])
B =
    算例
>> rb = b(end:-1:1)
rb =
    .elpmaxe na si sihT
```

3. 字符串的 ASCII 码

字符串的存储是用 ASCII 码实现的。指令 abs 和 double 都可以用来获取字符串数组元素所对应的 ASCII 码数值,组成数值数组。指令 char 可把 ASCII 码数组变为字符串数组。

【例2-19】 求字符串数组的 ASCII 码值,并根据所求数值数组反求字符串数组。

```
>> b = 'This is an example.';
>> ascii_b = double(b)
ascii_b =
  Columns 1 through 12
    84   104   105   115    32   105   115    32    97   110    32   101
  Columns 13 through 19
   120    97   109   112   108   101    46
>> char(ascii_b)
ans =
    This is an example.
>> w = find(b>='a'&b<='z');
>> ascii_b(w) = ascii_b(w) - 32;
>> char(ascii_b)
ans =
    THIS IS AN EXAMPLE.
>> A = '这是一个算例。';
>> ASCII_A = double(A)
ASCII_A =
   54754  51911  53947  47350  52195  49405  41379
>> char(ASCII_A)
ans =
    这是一个算例。
```

4. 字符串数组的运算

【例2-20】 求两个字符串数组的和。

```
>> name = ['Thomas' ' R. ' 'Lee']
name =
    Thomas R. Lee
>> msg = 'You''re right!'
msg =
```

You're right!
```
>> T = [name, ': ', msg]
T =
    Thomas R. Lee：You're right!
```

【例 2-21】 求两个字符串数组的水平连接和垂直连接。
```
>> name = strcat('Thomas', 'R.', 'Lee')
name =
    Thomas R. Lee
>> C = strvcat('Hello', 'Yes', 'No', 'Goodbye')
C =
    Hello
    Yes
    No
    Goodbye
```

5．字符串转换函数

字符串转换函数的主要指令见表 2-5。

表 2-5 MATLAB 转换函数的主要指令

指令	含义	指令	含义
abs	把串翻译成 ASCII 码	hex2dec	十六进制串转换为十进制整数
base2dec	任意进制串转换为十进制整数	hex2num	十六进制串转换为浮点数
bin2dec	二进制串转换为十进制整数	int2str	把整数转换成串
char	把任何类型数据转换成串	mat2str	把数据矩阵转换为 eval 可调用格式
dec2base	十进制整数转换为任意进制串	num2str	把数值转换成串
dec2bin	十进制整数转换为二进制串	setstr	把 ASCII 码翻译成串
dec2hex	十进制整数转换为十六进制串	spintf	以控制格式把数值转换为串
double	把任何类型数据转换成双精度数值	sscanf	在格式控制下把串转换为数
fprintf	把格式化数据写到文件或屏幕	str2num	把串转换为数值

【例 2-22】 int2str, num2str, mat2str 示例。

int2str, num2str, mat2str 是 GUI 设计中最常用的转换函数,必须熟练掌握。
```
>> A = eye(2, 4);
>> A_str = int2str(A)        % A_str 为字符串类型
A_str =
    1 0 0 0
    0 1 0 0
>> B = rand(2, 4);
>> B_3 = num2str(B, 3)       % 保留三位数,B_3 为字符串数组
```

```
B_3 =
    0.95    0.607   0.891   0.456
    0.231   0.486   0.762   0.0185
>> B_str = mat2str(B, 4)    % 把数据矩阵转换为 eval 可调用格式
B_str =
    [0.9501  0.6068  0.8913  0.4565; 0.2311  0.486  0.7621  0.0185]
>> Expression = ['exp( - ', B_str, ')'];
>> eval(Expression)
ans =
    0.3867  0.5451  0.4101  0.6335
    0.7937  0.6151  0.4667  0.9817
```

【例 2-23】 sprintf, sscanf 的用法及示例。

sprintf 和 sscanf 函数有些类似于 C 语言中的 printf 和 scanf 函数,输出格式化的数据到字符串和按格式读字符串,用法如下:

[s, errmsg] = sprintf(format, A, …)

A = sscanf(s, format),或

A = sscanf(s, format, size)

格式字符串 format 以初始化字符%开始,并依次包含可选或必要的元素:标志位(可选)、宽度和精度域(可选)及转换字符(必要)。标志位控制输出的对齐方式:"-"表示左对齐,"+"表示右对齐,"0"表示前导零;域宽为数字字符串打印的最少位数;精度为数值的小数点后保留的位数。

可用的转换字符见表 2-6。

表 2-6 格式化输出转换字符表

转换字符	含 义	转换字符	含 义
%c	单个字符	%s	字符串
%d	十进制记数	%o	无符号八进制记数
%e	指数记数法,小写字母 e	%u	无符号十进制记数
%E	指数记数法,大写字母 E	%x	十六进制记数,使用小写 a~f
%f	浮点记数	%X	十六进制记数,使用大写 A~F
%g	%e 和%f 的紧凑模式,小数点后无意义的 0 不输出	%G	%E 和%f 的紧凑模式,小数点后无意义的 0 不输出

另外,还可以使用如下转义字符:

(1) \b —— 退格符;

(2) \n —— 换行符;

(3) \t —— 跳格符;

(4) '' —— 单引号;

(5) \f —— 换页符;

(6) \r —— 回车符;

（7）\\ —— 反斜线；

（8）%% —— 百分号。

```
>> sprintf('6 = \n% dx% d', 2, 3)
ans =
    6 =
    2x3
>> rand('state', 0); a = rand(2, 2);
>> s_s = sprintf('%.10e\n', a)
s_s =
    9.5012928515e-001
    2.3113851357e-001
    6.0684258354e-001
    4.8598246871e-001
>> s_sscan = sscanf(s_s, '%f', [3, 2])
s_sscan =
    0.9501    0.4860
    0.2311         0
    0.6068         0
```

6. 字符串替换和查找

（1）strrep(str1, str2, str3) —— 进行字符串替换,区分大小写。它把 str1 中所有的 str2 字串用 str3 来替换。

（2）strfind(str, patten) —— 查找 str 中是否有 pattern,返回出现位置,没有出现返回空数组。

（3）findstr(str1, str2) —— 查找 str1 和 str2 中较短字符串在较长字符串中出现的位置,没有出现返回空数组。

（4）strmatch(patten, str) —— 检查 patten 是否和 str 最左侧部分一致。

（5）strtok(str, char) —— 返回 str 中由 char 指定的字符串之前的部分和之后的部分。

7. 字符串比较和检测函数

（1）strcmp —— 比较两个字符串是否完全相等,是,返回真,否则,返回假；

（2）strncmp —— 比较两个字符串前 n 个字符是否相等,是,返回真,否则,返回假；

（3）strcmpi —— 比较两个字符串是否完全相等,忽略字母大小写；

（4）strncmpi —— 比较两个字符串前 n 个字符是否相等,忽略字母大小写；

（5）isletter —— 检测字符串中每个字符是否属于英文字母；

（6）isspace —— 检测字符串中每个字符是否属于格式字符(空格、回车、制表、换行符等)；

（7）isstrprop —— 检测字符串每一个字符是否属于指定的范围。

8. 常用字符串操作函数

（1）blanks(n) —— 创建由 n 个空格组成的字符串；

（2）deblank(str) —— 裁切字符串的尾部空格；

（3）strtrim(str) —— 裁切字符串的开头和尾部的空格、制表、回车符；

(4) lower(str)——将字符串中的字母转换成小写；

(5) upper(str)——将字符串中的字母转换成大写；

(6) sort(str)——按照字符的 ASCII 码值对字符串排序。

第四节　程序设计常用运算函数

在 MATLAB 语言中,有大量的数值运算函数,如上节介绍的字符串转换函数也是重要的一类,在很多场合会用到,以下函数在程序编制过程中有很大用处。

一、取整函数

1. 向零取整

fix——向零取整(Round towards zero)。

>> fix(3.6)

ans =

    3

2. 向负无穷取整

floor——向负无穷取整(Round towards minus infinity)。

>> floor(-3.6)

ans =

    -4

3. 向正无穷取整

ceil——向正无穷取整(Round towards plus infinity)。

>> ceil(-3.6)

ans =

    -3

4. 向最近整数取整,四舍五入

round——向最近整数取整,四舍五入(Round towards nearest integer)。

>> round(3.5)

ans =

    4

二、日期函数

在 MATLAB 中得到系统当前日期、时间也是经常用到的内容,由以下函数实现。

1. 生成指定格式日期

datestr——生成指定格式日期。

>> datestr(now)　　　　% now 函数获取计算机时间

ans =

    30-Dec-2009　　　　12:37:37

其中输入格式可由用户指定,共有 31 种格式,以下是第 26 种格式,其他格式可用 help

datestr 查得。

```
>> datestr(now,26)
ans =
    2009/12/30
```

2. 获取当前时间的数值

clock——获取当前时间的数值。

格式:clock = [year month day hour minute seconds]。

```
>> clock
ans =
    1.0e+003 *
    2.0090   0.0120   0.0300   0.0120   0.0380   0.0166
```

将 clock 函数取得的当前日期和时间取整,得

```
>> now = fix(clock)        % now 为数值型变量
now =
    2009   12   30   12   38   17
```

则 now(1) = 2009,now(2) = 12,……,now(6) = 17

3. 其他时间和日期函数或命令

```
>> date
ans =
    30-Dec-2009
>> n = datenum('30-dec-2009')     % 给出 0000 年到给定日期的天数
n =
    734137
>> now;                            % 获取当前时间至 0000 年的天数,结果赋值给变量 ans
>> T = floor(ans)
T =
    734137
>> datestr(now);                   % 得到指定格式的日期时间
>> m = datevec(ans)                % 得到日期和时间向量
m =
    2009   12   30   16   24   24
>> t0 = clock;
>> etime(clock,t0)                 % 两次命令之间的时间间隔,之间可进行其他操作,计算
                                   %   消耗时间
ans =
    2.0160
>> t = cputime;
>> T = cputime-t                   % 计算 CPU 工作时间
T =
```

```
    0.2031
>> tic                  % 开始计时
>> toc                  % 计时结束  计算程序运算时间
Elapsed time is 2.751494 seconds.
>> T = today            % 给出0000年到当日的天数
T =
    734137
>> [a, b] = weekday(T, 'long')    % 星期函数,给出指定日期是星期几,"long"表示
                                    全拼
a =
    4
b =
    Wednesday
>> d = eomday(2009, 12)   % 给出某个月的最后一天的日期
d =
    31
>> d = eomdate(2009, 12)  % 给出某个月的最后一天距0000年的天数
d =
    734138
>> dom = day('30-Dec-2009')   % 日期中的天
dom =
    30
>> nd = yeardays(2009)        % 某一年有多少天
nd =
    365
>> calendar             % 当前月份的日历,为6×7数组
             Dec 2009
      S    M   Tu    W   Th    F    S
      0    0    1    2    3    4    5
      6    7    8    9   10   11   12
     13   14   15   16   17   18   19
     20   21   22   23   24   25   26
     27   28   29   30   31    0    0
```

三、坐标转换函数

1. 直角坐标转换为柱(或极)坐标

cart2pol —— 直角坐标转换为柱(或极)坐标(Transform Cartesian to polar coordinates)。

```
>> x = 3; y = 4; z = 5;
>> [th, r, z] = cart2pol(x, y, z)
```

```
th =
    0.9273
r =
    5
z =
    5
```

2. 直角坐标转换为球坐标

cart2sph —— 直角坐标转换为球坐标(Transform Cartesian to spherical coordinates)。

```
>> x = 3; y = 4; z = 5;
>> [th, phi, r] = cart2sph(x, y, z)
th =
    0.9273
phi =
    0.7854
r =
    7.0711
```

3. 柱(或极)坐标转换为直角坐标

pol2cart —— 柱(或极)坐标转换为直角坐标(Transform polar to Cartesian coordinates)。

```
>> th = 0; r = 5; z = 0;
>> [x, y, z] = pol2cart(th, r, z);
```

4. 球坐标转换为直角坐标

sph2cart —— 球坐标转换为直角坐标(Transform spherical to Cartesian coordinates)。

```
>> [x, y, z] = sph2cart(0, 0, 5);
```

四、其他常用函数

1. 三角函数和双曲函数(表 2-7)

表 2-7 三角函数和双曲函数表

名称	含义	名称	含义	名称	含义
acos	反余弦	asinh	反双曲正弦	csch	双曲余割
acosh	反双曲余弦	atan	反正切	sec	正割
scot	反余切	atan2	四象限反正切	sech	双曲正割
acoth	反双曲余切	atanh	反双曲正切	sin	正弦
acsc	反余割	cos	余弦	sinh	双曲正弦
acsch	反双曲余割	cosh	双曲余弦	tan	正切
asec	反正割	cot	余切	tanh	双曲正切
asech	反双曲正割	coth	双曲余切		
asin	反正弦	csc	余割		

注:如果用度表示角度向量,则相应的三角函数值用 sind、cosd 和 tand 等求解;如果应用反三角函数直接给出角度值,则用 asind、acosd 和 atand 等求解。

2. 其他函数(表2-8)

表2-8 其他常用函数

名称	含义	名称	含义	名称	含义
exp	指数	pow2	2的幂	real	复数实部
log	自然对数	sqrt	平方根	imag	复数虚部
log 10	常用对数	rem	求余数	angle	相角
log 2	以2为底对数	abs	模,或绝对值	conj	复数共轭
		sign	符号函数		

第五节 单元数组与结构数组

一、单元数组

单元数组(Cell array)是一种特殊数组,它为一个数组中存储不同类型的数据提供了机制。单元数组的基本组分(Element)是单元(Cell),每个单元本身在数组中是平等的,它们只能以下标区分。单元可以存放任何类型、任何大小的数组(如任意维数值数组、字符串数组、符号对象等)。而且,同一个单元数组中各单元的内容可以不同。与数值数组一样,单元数组维数不受限制,可以是一维、二维或更高维,不过一维单元数组用得最多。在单元数组中,通过矩阵索引操作获取数据。

1. 单元数组的创建

创建单元数组有两种方法:单元索引和内容索引。

使用赋值语句,直接创建单元数组,其中单元索引是赋值语句在左边,像普通数组的索引一样,将单元的下标括在括号中;右边把单元内容放在花括号中。

【例2-24】 用单元索引方法创建单元数组。

```
>> A(1) = {{'seu'; 'tc'}};
>> A(2) = {['A'; 'B']};
>> A(3) = {[1, 2, 3; 4, 5, 6]};
>> A
A =
    {2x1 cell}    [2x1 char]    [2x3 double]
```

内容索引是赋值语句在左边,把单元的下标放在花括号中;右边,指定单元内容。

【例2-25】 用内容索引方法创建单元数组。

```
>> B{1} = {'seu', 'tc'};
>> B{2} = ['A', 'B'];
>> B{3} = [1, 2; 3, 4; 5, 6];
>> B
B =
    {1x2 cell}    'AB'    [3x2 double]
```

如果要显示单元数组的内容,用 celldisp 函数。
```
>> celldisp(B(1))
ans{1}{1} =
          seu
ans{1}{2} =
          tc
```

2. 使用 cell 函数初始化单元数组

把数值数组转换为单元数组的函数为 num2cell。
```
>> C = num2cell([1,2,3])
C =
    [1]   [2]   [3]
```
也可以由花括号直接生成。
```
>> D = {1,2,3}
D =
    [1]   [2]   [3]
>> celldisp(C)
D{1} =
     1
D{2} =
     2
D{3} =
     3
```

二、结构数组

与 C 语言类似,MATLAB 也具有结构类型的数组。结构数组,也称为结构或结构体,是一种用字段来容纳数据的 MATLAB 数组。结构数组的字段能包含任何类型的数据。创建结构有两种方法:点号运算符和 struct 函数。

1. 使用点号(.)运算符

【例 2-26】 创建一个数组名为"cj"的学生成绩信息结构数组。
```
>> cj.name = 'zhang';
>> cj.rank = 1;
>> cj.score = [90 95 98];
>> cj
cj =
    name: 'zhang'
    rank: 1
    score: [90 95 98]
```
结构也是一种数组,上例创建的 cj 是一个 1×1 的结构数组。如果要再添加一个名为 liu 的学生成绩信息,就将结构 cj 扩展为 1×2 的结构数组。

43

【例2-27】 在例2-26结构数组中添加一个记录。

```
>> cj(2).name = 'liu';
>> cj(2).rank = 2;
>> cj(2).score = [80 82 88];
>> cj
cj =
1x2  struct array with fields:
    name
    rank
    score
>> cj.name         %结构数组引用
ans =
    zhang
ans =
    liu
```

2. 利用 struct 函数创建结构数组

struct 函数的调用格式为：

s = struct('field1', { }, 'field2', { }, ……)

【例2-28】 用 struct 函数创建例2-27的结构数组。

```
>> cj = struct('name', {'zhang', 'liu'}, 'rank', {1, 2}, 'score', {[90, 95, 98], [80, 82, 88]})
cj =
1x2  struct array with fields:
    name
    rank
    score
>> cj(2).score        %结构数组引用
ans =
    80  82  88
>> cj(2).score(1)
ans =
    80
```

练 习 题

1. 生成一个从 0 到 π 的行向量，步长为 $\frac{\pi}{4}$。

2. 建立一个矩阵 $\begin{bmatrix} 1 & 2 & 3 \\ 4 & 5 & 6 \\ 7 & 8 & 9 \end{bmatrix}$。

3. 已知 $x = [1\ 3\ 5\ 2]$，求 $y = 2x + 1$。

4. 由 x、y、z 向量构造一个 6×3 矩阵，其中 x 由 linspace 函数产生，y、z 由自定义函数生成。

5. 生成一个 6×4 矩阵，第一列为 0 到 2π，平均分为 6 个数，第二至四列为对应这六个数的正弦、余弦和正切值。

6. 用 rand 和 randn 分别生成 4 阶随机矩阵。

7. 产生一个随机矩阵：size 为 1×10，元素为区间 $[-50, 50]$ 内的整数。查找该矩阵中值在 $(20, 40)$ 范围内的元素，返回其下标。

8. 产生一个元素为 0 和 1、size 为 100×5 的随机矩阵，返回元素全为 1 的行。

9. 产生如下矩阵：

$$\begin{bmatrix} 1+1 & 1+2 & \cdots & 1+10 \\ 2+1 & 2+2 & \cdots & 2+10 \\ \vdots & \vdots & & \vdots \\ 10+1 & 10+2 & \cdots & 10+10 \end{bmatrix}$$

10. 计算 $\begin{bmatrix} 1 & 2 \\ 3 & 4 \end{bmatrix}^2$

11. 计算：(1) $[1\ 2\ 3].\wedge[4\ 5\ 6]$；(2) $[1\ 2\ 3].\wedge 3$；(3) $3.\wedge[4\ 5\ 6]$。

12. 已知矩阵 $A = \begin{bmatrix} 1 & 2 & 3 \\ 4 & 5 & 6 \\ 7 & 8 & 9 \end{bmatrix}$ 与矩阵 $B = \begin{bmatrix} 1 & 3 & 5 \\ 7 & 9 & 11 \\ 13 & 15 & 16 \end{bmatrix}$，求矩阵 $A + B$，$B - A$，$A * B$，$A.*B$。

13. 建立字符串数组 A = 'Today is Saturday.' 及 B = 'I want go home.'，检查它们的长度，将它们进行水平连接和垂直连接，并将水平连接后的字符串转换成 ASCII 码。

14. 有两个字符串：a = 'abcdefgmatMATLABlabMATLAB'，b = 'MATLAB'。采用 findstr 或 strfind 函数查找出 b 在 a 中的位置。

第三章 MATLAB 数值运算

第一节 多项式运算

MATLAB 语言把多项式表达成一个行向量,该向量中的元素是按多项式降幂排列的。
$f(x) = a_n x^n + a_{n-1} x^{n-1} + \cdots + a_0$ 可用行向量 $p = [a_n, a_{n-1}, \cdots, a_0]$ 表示。用多项式向量创建函数可以产生多项式系数向量 P,若用向量创建多项式系数,则这个向量为多项式的根;若 n 阶方阵创建多项式系数,则多项式为特征多项式,多项式的根为矩阵的特征值。

1. 产生特征多项式系数向量

poly——产生特征多项式系数向量。

(1) 特征多项式一定是 $n+1$ 维的;

(2) 特征多项式第一个元素一定是 1。

【例 3-1】 分别用向量和方阵创建多项式。

```
>> p1 = poly([4,3])
p1 =
     1   -7   12
>> a = [1 2 3;4 5 6;7 8 0];
>> p2 = poly(a)
p2 =
     1.00   -6.00   -72.00   -27.00
```

$p2$ 是多项式 $f(x) = x^3 - 6x^2 - 72x - 27$ 的 MATLAB 描述方法,我们可用多项式转换函数 poly2str 显示一个多项式的数学表达形式。

```
>> p = poly2str(p2,'x')
p =
    x^3 - 6x^2 - 72x - 27
```

2. 多项式求根函数

roots——求多项式的根。

【例 3-2】 求例 3-1 中 p2 多项式的根。

```
>> r = roots(p2)
r =
    12.12
    -5.73
    -0.39
```

显然 r 是矩阵 a 的特征值,即:

```
>> eig(a)
```

```
ans =
    12.1229
    -0.3884
    -5.7345
```
当然我们可用 poly 函数返回其多项式形式。
```
>> p3 = poly(r)
p3 =
    1.00   -6.00   -72.00   -27.00
```
MATLAB 规定多项式系数向量用行向量表示,多项式的根用列向量表示。

3. 多项式乘运算
conv —— 多项式乘运算。

【例 3-3】 求多项式 $a(x) = x^2 + 2x + 3$ 和多项式 $b(x) = 4x^2 + 5x + 6$ 的乘积 $c = (x^2 + 2x + 3)(4x^2 + 5x + 6)$。
```
>> a = [1 2 3]; b = [4 5 6];
>> c = conv(a, b)
c =
    4.00   13.00   28.00   27.00   18.00
>> p = poly2str(c, 'x')
p =
    4 x^4 + 13 x^3 + 28 x^2 + 27 x + 18
```

4. 多项式除运算
deconv —— 多项式除运算。

【例 3-4】 求多项式 $a(x) = x^2 + 2x + 3$ 与多项式 $c(x) = x^4 + 13x^3 + 28x^2 + 27x + 18$ 的除运算。
```
>> a = [1 2 3];
>> c = [4.00 13.00 28.00 27.00 18.00];
>> d = deconv(c, a)
d =
    4.00   5.00   6.00
```
还可以采用以下形式:
```
>> [d, r] = deconv(c, a);
```
(1) r —— 余数;

(2) d —— 除 a 后的整数。

5. 多项式微分
MATLAB 提供了 polyder 函数求多项式的微分。

命令格式:

(1) polyder(p) —— 求多项式 p 的微分;

(2) polyder(a, b) —— 求多项式 a, b 乘积的微分;

(3) [p, q] = polyder(a, b) —— 求多项式 a, b 商的微分。

【例3-5】 求多项式 $p1(x) = x^4 + 2x^3 + 3x^2 + 4x + 5$ 的微分。
>> p1 = [1 2 3 4 5]; poly2str(p1, 'x')
ans =
　　x^4 + 2 x^3 + 3 x^2 + 4 x + 5
>> p2 = polyder(p1)
p2 =
　　4　6　6　4
>> poly2str(p2, 'x')
ans =
　　4 x^3 + 6 x^2 + 6 x + 4

第二节　数值方程组求解

一、线性方程组求解

在 MATLAB 中求解方程 $Ax = b$ 的指令很简单,有两种运算,左除或求逆,即 x = A\b 或 x = inv(A)*b。在标准的线性代数教科书中,没有矩阵除法的定义。MATLAB 借用标量运算中的除法术语,仅仅是为了表达上的方便,而且在求解方程时,比用求逆指令 inv(A)*b 快。

对于线性方程组 $Ax = b$,为提高求解速度,也可用 linsolve(A, b) 函数进行求解。

对于方程 $Ax = b$,A 为 $n \times m$ 矩阵,有三种情况:

(1) 当 $n = m$ 时,此方程成为"恰定"方程;

(2) 当 $n > m$ 时,此方程成为"超定"方程;

(3) 当 $n < m$ 时,此方程成为"欠定"方程。

MATLAB 定义的除运算可以很方便地求解上述三种方程。

1. 恰定方程组的解

方程 $Ax = b$(A 为非奇异)

$x = A^{-1}b$

两种解:

(1) x = inv(A)*b —— 采用求逆运算解方程;

(2) x = A\b —— 采用左除运算解方程。

【例3-6】 分别用两种方法解方程组:$\begin{cases} x_1 + 2x_2 = 8 \\ 2x_1 + 3x_2 = 13 \end{cases}$

>> A = [1 2; 2 3]; b = [8; 13];
>> x = inv(A)*b
x =
　　2.00
　　3.00
>> x = A\b

x =
   2.00
   3.00

2. 超定方程组的解

方程 $Ax = b$,当 $n > m$ 时此时不存在唯一解。

可构造方程组 $(A'A)x = A'b$,然后用求逆法求解:

$x = (A'A)^{-1}A'b$ —— 求逆法,或用

$x = A \backslash b$ —— MATLAB 用最小二乘法找一个准确的基本解。

【例 3-7】 分别用最小二乘法和求逆法解方程组: $\begin{cases} x_1 + 2x_2 = 1 \\ 2x_1 + 3x_2 = 2 \\ 3x_1 + 4x_2 = 3 \end{cases}$

```
>> A = [1 2;2 3;3 4]; b = [1;2;3];
>> x = A\b
x =
   1.00
   0
>> x = inv(A'*A)*A'*b
x =
   1.00
   0.00
```

3. 欠定方程组的解

当方程数少于未知量个数时,即不定情况,有无穷多个解存在。

MATLAB 也可求出两个解:

用除法求的解 x 是具有最多零元素的解;用求逆法求解是具有最小长度或范数的解,这个解是基于伪逆 pinv 求得的。

【例 3-8】 分别用左除运算和求逆运算解方程组: $\begin{cases} x_1 + 2x_2 + 3x_3 = 1 \\ 2x_1 + 3x_2 + 4x_3 = 2 \end{cases}$

```
>> A = [1 2 3;2 3 4]; b = [1;2];
>> x = A\b
x =
   1.00
   0
   0
>> x = pinv(A)*b
x =
   0.83
   0.33
  -0.17
```

二、非线性方程组求解

解非线性方程组,要用到解方程组的函数——solve,注意正确书写参数就可以了,非常方便。基本方法是:[v1, v2, …, vn] = solve(s1, s2, …, sn, v1, v2, …, vn),即求表达式 s1, s2, …, sn 组成的方程组,求解变量 v1, v2, …, vn 分别与输出变量[v1, v2, …, vn]对应,可以省略。

【例3-9】 解方程组: $\begin{cases} x^2 + xy + y = 3 \\ x^2 - 4x + 3 = 0 \end{cases}$

```
>> [x, y] = solve('x^2 + x * y + y = 3', 'x^2 - 4 * x + 3 = 0')
x =
    1    3
y =
    1   -3/2
```

即 x 等于 1 和 3;y 等于 1 和 -1.5;

或

```
>> [x, y] = solve('x^2 + x * y + y = 3', 'x^2 - 4 * x + 3 = 0', 'x', 'y')
x =
    1    3
y =
    1   -3/2
```

结果一样。二元二次方程有 4 个根。

第三节 数据分析与统计

一、最大值和最小值

MATLAB 提供的求数据序列的最大值和最小值的函数分别为 max 和 min,两个函数的调用格式和操作过程类似。

1. 求向量的最大值和最小值

求一个向量 X 的最大值的函数有两种调用格式,分别是:

(1) y = max(X) —— 返回向量 X 的最大值存入 y,如果 X 中包含复数元素,则按模取最大值;

(2) [y, I] = max(X) —— 返回向量 X 的最大值存入 y,最大值的序号存入 I,如果 X 中包含复数元素,则按模取最大值。

求向量 X 的最小值的函数是 min(X),用法和 max(X)完全相同。

【例3-10】 求向量[-43, 72, 9, 16, 23, 47]的最大值和最大值元素在向量中的位置。

```
>> x = [-43, 72, 9, 16, 23, 47];
>> y = max(x)        % 求向量 x 中的最大值
```

```
y =
    72
>> [y, l] = max(x)        %求向量 x 中的最大值及其该元素的位置
y =
    72
l =
    2
```

2. 求矩阵的最大值和最小值

求矩阵 A 的最大值有三种调用格式,分别是:

(1) max(A) —— 返回一个行向量,向量的第 i 个元素是矩阵 A 的第 i 列上的最大值。

(2) [Y, U] = max(A) —— 返回行向量 Y 和 U,Y 向量记录 A 的每列的最大值,U 向量记录每列最大值的行号。

(3) max(A, [ ], dim) —— dim 取 1 或 2。dim 取 1 时,该函数和 max(A) 完全相同;dim 取 2 时,该函数返回一个列向量,其第 i 个元素是 A 矩阵的第 i 行上的最大值。

求最小值的函数是 min,其用法和 max 完全相同。

二、求和与求积

数据序列求和与求积的函数是 sum 和 prod,其使用方法类似。设 X 是一个向量,A 是一个矩阵,函数的调用格式为:

sum(X) —— 返回向量 X 各元素的和。

prod(X) —— 返回向量 X 各元素的乘积。

sum(A) —— 返回一个行向量,其第 i 个元素是 A 的第 i 列的元素和。

prod(A) —— 返回一个行向量,其第 i 个元素是 A 的第 i 列的元素乘积。

sum(A, dim) —— 当 dim 为 1 时,该函数等同于 sum(A);当 dim 为 2 时,返回一个列向量,其第 i 个元素是 A 的第 i 行的各元素之和。

prod(A, dim) —— 当 dim 为 1 时,该函数等同于 prod(A);当 dim 为 2 时,返回一个列向量,其第 i 个元素是 A 的第 i 行的各元素乘积。

三、平均值和中值

求数据序列平均值的函数是 mean,求数据序列中值的函数是 median。两个函数的调用格式为:

mean(X) —— 返回向量 X 的算术平均值。

median(X) —— 返回向量 X 的中值。

mean(A) —— 返回一个行向量,其第 i 个元素是 A 的第 i 列的算术平均值。

median(A) —— 返回一个行向量,其第 i 个元素是 A 的第 i 列的中值。

mean(A, dim) —— 当 dim 为 1 时,该函数等同于 mean(A);当 dim 为 2 时,返回一个列向量,其第 i 个元素是 A 的第 i 行的算术平均值。

median(A, dim) —— 当 dim 为 1 时,该函数等同于 median(A);当 dim 为 2 时,返回一个列向量,其第 i 个元素是 A 的第 i 行的中值。

四、标准方差与相关系数

1. 求标准方差

在 MATLAB 中,提供了计算数据序列的标准方差的函数 std。对于向量 X,std(X) 返回一个标准方差。对于矩阵 A,std(A) 返回一个行向量,它的各个元素便是矩阵 A 各列或各行的标准方差。std 函数的一般调用格式为:

Y = std(A, flag, dim)

其中 dim 取 1 或 2。当 dim = 1 时,求各列元素的标准方差;当 dim = 2 时,则求各行元素的标准方差。flag 取 0 或 1,当 flag = 0 时,按 σ_1 所列公式计算标准方差;当 flag = 1 时,按 σ_2 所列公式计算标准方差。缺省 flag = 0,dim = 1。

2. 相关系数

MATLAB 提供了 corrcoef 函数,可以求出数据的相关系数矩阵。corrcoef 函数的调用格式为:

corrcoef(X) —— 返回从矩阵 X 形成的一个相关系数矩阵。此相关系数矩阵的大小与矩阵 X 一样。它把矩阵 X 的每列作为一个变量,然后求它们的相关系数。

corrcoef(X, Y) —— 在这里,X、Y 是向量,它们与 corrcoef([X, Y]) 的作用一样。

五、排序

MATLAB 中对向量 X 的排序函数是 sort(X),函数返回一个对 X 中的元素按升序排列的新向量。

sort 函数也可以对矩阵 A 的各列或各行重新排序,其调用格式为:

[Y, I] = sort(A, dim)

其中 dim 指明对 A 的列还是行进行排序。若 dim = 1,则按列排;若 dim = 2,则按行排。Y 是排序后的矩阵,而 I 记录 Y 中的元素在 A 中的位置。

【例 3-11】 产生一个随机矩阵 A,并对其排序。

```
>> A = rand(2, 5)     % 产生 2×5 随机矩阵
>> A =
    0.7060    0.2769    0.0971    0.6948    0.9502
    0.0318    0.0462    0.8235    0.3171    0.0344
>> [Y, I] = sort(A, 1)
Y =
    0.0318    0.0462    0.0971    0.3171    0.0344
    0.7060    0.2769    0.8235    0.6948    0.9502
I =
    2    2    1    2    2
    1    1    2    1    1
>> [Y, I] = sort(A, 2)
Y =
```

         0.0971　0.2769　0.6948　0.7060　0.9502
         0.0318　0.0344　0.0462　0.3171　0.8235
I =
         3　2　4　1　5
         1　5　2　4　3

另外,还可以指定排序方式,调用格式如下:

B = sort(…, mode)

mode 为排序方式:"ascend"表示升序,为缺省值;"descend"表示降序。

六、排列组合

用 MATLAB 做排列组合,可以用 perms 函数。

【例 3-12】 求出字符串向量"ABC"的全排列。

```
>> perms(['ABC'])
ans =
     CBA
     CAB
     BCA
     BAC
     ABC
     ACB
```

以下是几个常用的排列、组合和阶乘函数。

(1) combntns(x, m)——列举出从 n 个元素中取出 m 个元素的组合,其中,x 是含有 n 个元素的向量;

(2) perms(x)——给出向量 x 的所有排列;

(3) nchoosek(n, m)——从 n 各元素中取 m 个元素的所有组合数;

(4) factorial(n)——求 n 的阶乘;

(5) prod(n:m)——求排列数 $m*(m-1)*(m-2)*\cdots*(n+1)*n$;

(6) cumprod(n:m)——输出一个向量[n　n*(n+1)　n(n+1)(n+2)　…　n(n+1)(n+2)…(m-1)m];

(7) gamma(n)——求(n-1)!。

七、分组统计与直方图

1. 直方图

对于随机样本 $y_1, y_2, \cdots, y_n$ 构成的向量 Y,记 $y_{max} = \max(Y)$,$y_{min} = \min(Y)$。令 $L = y_{max} - y_{min}$,并把 L 分成 N 段,即 $M = \dfrac{L}{N}$;再把落在区间 $(y_{min} + (i-1)M, y_{min} + iM)$ 中的随机样本数记为 k_i;该区间的中心值记为 $x_i = \left(y_{min} + \dfrac{2i-1}{2}M\right)$。于是获得构成统计频数函数的两个统计向量 $K = [k_1, k_2, \cdots, k_n]$ 和 $X = [x_1, x_2, \cdots, x_n]$。

K 和 X 向量的产生用以下方法：

[K, X] = hist(Y, N) —— 在 N（缺省值为 10）个子区间上计算 Y 直方频数函数。

hist(Y, N) —— 用直方图表现在 N 个子区间上算得的 Y 频数函数。

【例 3-13】 在第二章利用数据文件创建矩阵一节中，由 sw2006 数组产生的 swx 数组为一 365×1 的一维向量，可用以下命令得统计直方图（如图 3-1）。

>> hist(swx, 15)

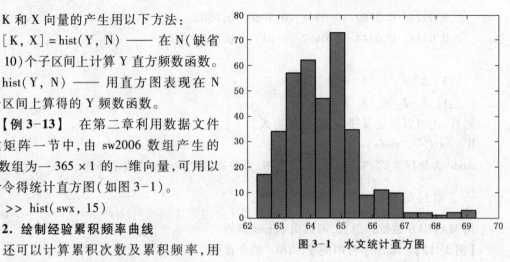

图 3-1 水文统计直方图

2. 绘制经验累积频率曲线

还可以计算累积次数及累积频率，用于绘制累积频率曲线，用于求出某一累积频率（由大到小，用经验累积频率计算公式 $P = \dfrac{m}{N+1} \times 100\%$，其中 m 为某一水位的累积次数，N 为总次数）的值。

【例 3-14】 求出上例中累积频率为 95% 的水位值。

```
>> [K, X] = hist(swx, 15)
>> y = 0;
>> for i = 15: -1: 1;              % 由高水位到低水位
>>     y = y + K(i);                % 求累积天数
>>     w(i) = y * 100/(sum(K) + 1); % 求累积频率
>> end
>> plot(w, X, 'r')
```

然后以频率为横坐标、水位为纵坐标，绘制累积频率曲线，如图 3-2。

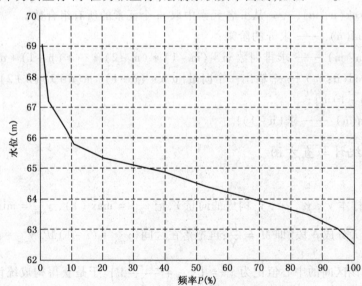

图 3-2 某水文站 2006 年水位累积频率曲线

由以上累积频率曲线可查得累积频率为 95% 的水位值(用 zoom 函数放大或采用插值函数求得,略),即为工程中常用特征水位。

第四节　插值与拟合

一、插值

多项式插值是指根据给定的有限个样本点,产生另外的估计点以达到数据更为平滑的效果。该技巧在信号处理与图像处理上应用广泛。

插值的定义——是对某些集合给定的数据点之间函数的估值方法。

当不能很快地求出所需中间点的函数时,插值是一个非常有价值的工具。

MATLAB 提供了一维、二维、三维等许多插值选择。

所用指令有一维的 interp1、二维的 interp2、三维的 interp3。这些指令分别有不同的方法(method),设计者可以根据需要选择适当的方法,以满足系统属性的要求。

1. 一维插值

在 MATLAB 中,实现一维插值的函数是 interp1,其调用格式为:

y = interp1(xs, ys, x, 'method')

在有限样本点向量 xs 与 ys 中,插值产生向量 x 和 y,所用方法定义在 method 中,有 4 种选择:

(1) nearest —— 执行速度最快,输出结果为直角转折;
(2) linear —— 线性插值,默认值,在样本点上斜率变化很大;
(3) spline —— 三次样条插值,最花时间,但输出结果也最平滑;
(4) cubic —— 最占内存,输出结果与 spline 差不多。

【例 3-15】　某观测站测得某日 6:00 至 18:00 之间每隔 2 小时的室内外温度(℃),用线性插值和三次样条插值分别求得该日室内外 6:30 至 17:30 之间每隔 2 小时各点的近似温度(℃)。

设时间变量 h 为一行向量,温度变量 t 为一个两列矩阵,其中第一列储存室内温度,第二列储存室外温度。插值结果见图 3-3 和图 3-4。

```
>> h = 6: 2: 18;
>> t = [18, 20, 22, 25, 30, 28, 24; 15, 19, 24, 28, 34, 32, 30]';
>> XI = 6.5: 2: 17.5
>> YI = interp1(h, t, XI, 'linear')
YI =
    18.5000    16.0000
    20.5000    20.2500
    22.7500    25.0000
    26.2500    29.5000
    29.5000    33.5000
    27.0000    31.5000
```

```
>> plot(h, t, 'ko-', XI, YI, 'r*:')
```

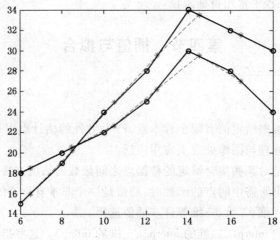

图3-3 线性插值结果示意图

```
>> XI = 6.5: 0.5: 17.5
>> YI = interp1(h, t, XI, 'spline');    %用三次样条插值计算
>> plot(h, t, 'ko-', XI, YI, 'r:')
```

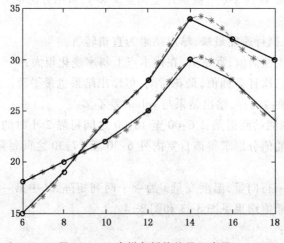

图3-4 三次样条插值结果示意图

2. 二维插值

在MATLAB中,提供了解决二维插值问题的函数interp2,其调用格式为:
Z1 = interp2(X, Y, Z, X1, Y1, 'method')

其中X、Y是两个向量,分别描述两个参数的采样点,Z是与参数采样点对应的函数值,X1、Y1是两个向量或标量,描述欲插值的点。Z1是根据相应的插值方法得到的插值结果。method的取值与一维插值函数相同。X,Y,Z也可以是矩阵形式。

同样,X1、Y1的取值范围不能超出X、Y的给定范围,否则,会给出"NaN"错误。

【例3-16】 假设有一组海底高程测量数据,采用插值方式绘制海底形状图。

海底计算区域网格由函数 meshgrid 生成,测量数据由二元函数和随机数模拟得到(实测数据略),插值前后效果图见图 3-5 和图 3-6。

```
>> randn('state', 2)
>> x = -5:5; y = -5:5; [X, Y] = meshgrid(x, y);        %生成坐标网格
>> zz = 1.2 * exp( - ((X - 1).^2 + (Y - 2).^2)) - 0.7 * exp( - ((X + 2).^2 + (Y + 1).^2));
>> Z = -500 + zz + randn(size(X)) * 0.05;              %模拟海底高程
>> surf(X, Y, Z); view( -25, 25)                       %绘图,视角
```

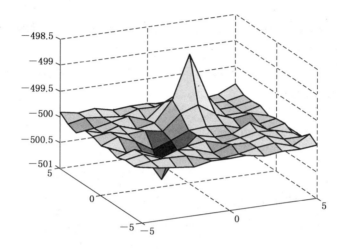

图 3-5 插值前海底地形图

```
>> xi = linspace( -5, 5, 50); yi = linspace( -5, 5, 50); [XI, YI] = meshgrid(xi, yi);
>> ZI = interp2(X, Y, Z, XI, YI, '*cubic');            %插值
>> surf(XI, YI, ZI), view( -25, 25)                    %绘图,视角
```

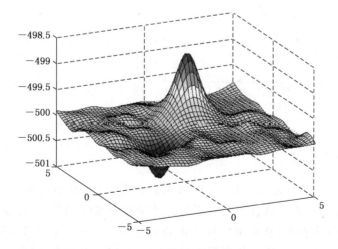

图 3-6 插值后海底地形图

二、多项式拟合

多项式拟合又称为曲线拟合,其目的就是在众多的样本点中进行拟合,找出满足样本点分布的多项式。多项式拟合原理一般采用最小二乘法。多项式拟合在分析实验数据,将实验数据做解析描述时非常有用。

命令格式:

p = polyfit(x, y, n)

其中 x 和 y 为样本点向量,n 为所求多项式的阶数,p 为求出的多项式系数,按降幂排列。

【例 3-17】 根据给定的样本点向量 x 和 y,求三次拟合多项式,并图示拟合效果。

```
>> x0 = 0: 0.1: 1;
>> y0 = [ -.447 1.978 3.11 5.25 5.02 4.66 4.01 4.58 3.45 5.35 9.22];
>> p = polyfit(x0, y0, 3)
p =
    56.6915   -87.1174   40.0070   -0.9043
>> xx = 0: 0.01: 1;
>> yy = polyval(p, xx);              % 计算多项式的值
>> plot(xx, yy, '-b', x0, y0, 'or')   % 绘图,见图 3-7
```

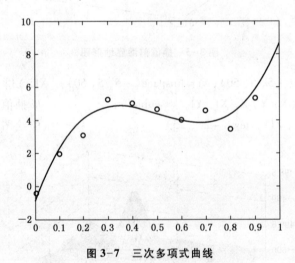

图 3-7 三次多项式曲线

三、数据拟合工具箱

曲线拟合可通过各种途径完成,对于多项式拟合,可用最小二乘法原理通过自己编写程序实现,确定多项式系数;同样,对于其他已知理论曲线,如皮尔逊Ⅲ型曲线,用最小二乘法原理确定理论参数,从而由经验点得到最佳理论适线。在 MATLAB 中,有个功能强大的曲线拟合工具箱,可拟合任意形式曲线。在 MATLAB 中选择【Start】|【Toolboxes】|【Curve Fitting】|Curve Fitting tool 或在命令窗口中输入 >> cftool 并回车,则出现如图 3-8 所示窗口。

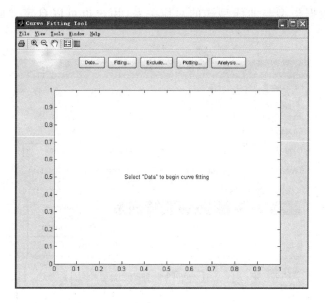

图 3-8　曲线拟合工具箱主窗口

首先要求用户输入拟合数据,如窗口中央显示的"选择'Data'开始曲线拟合"。点击"Data..."按钮后,在 X data 和 Y data 中选择已运行到工作空间中的待拟合的数,如例 3-17 中的 x0 和 y0,并选择"creat data set"按钮,选择数据将显示到主窗口中,如图 3-9 所示,用户可关闭数据选择窗口,进行拟合工作。

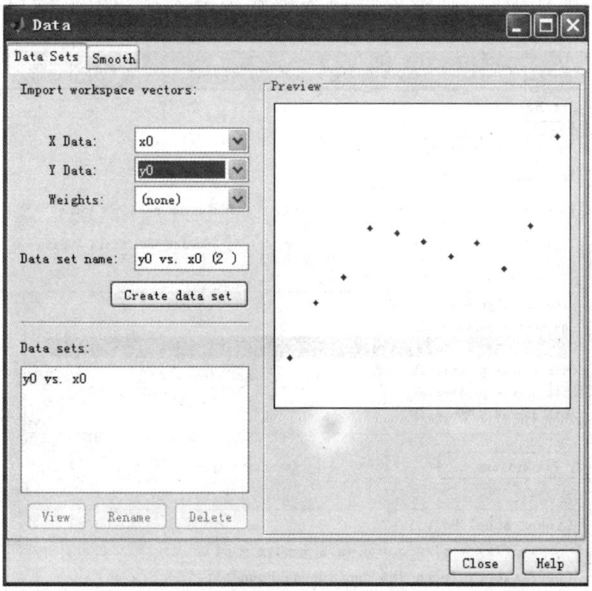

图 3-9　拟合数据设置

在主窗口中选择"Fitting..."按钮,在出现的对话框中选择"New fit"按钮,可以看到"Fit Name"为缺省的 fit1,"Data set"为 y0 vs x0,在"Type of fit"下拉菜单中要求用户选择拟合的曲线类型,注意,数据类型与曲线型式的对应关系,用户也可以自定义曲线表达式,如图3-10所示。

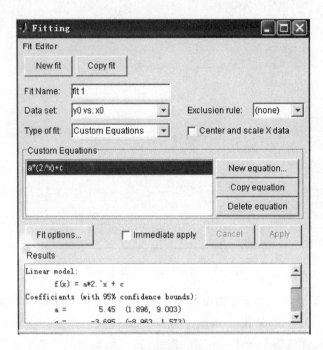

图3-10 设置曲线样式对话框

如果用户选择多项式拟合,则需要选择多项式最高幂次,如图3-11所示。

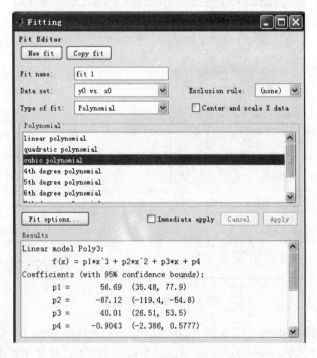

图3-11 多项式参数选择对话框

最后单击"Apply"按钮,则拟合后的曲线显示在主窗口中,如图 3-12 所示。数据结果显示在拟合对话框中的"Results"窗口中,如图 3-11。

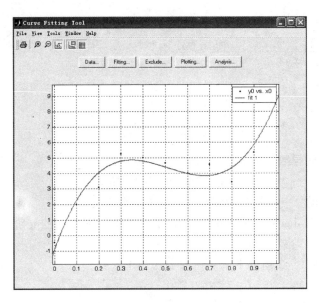

图 3-12　多项式拟合结果

拟合工具箱中曲线拟合类型包括以下几种:

(1) Custom Equations —— 自定义拟合的线性方程和非线性方程。

(2) Exponential —— 指数拟合包括两种形式:$y=a*\exp(b*x)$ 和 $y=a*\exp(b*x)+c*\exp(d*x)$。

(3) Fourier —— 傅立叶拟合,正弦和余弦之和,共 8 种组合(略)。

(4) Gaussian —— 高斯法,包括 8 种公式(略)。

(5) Interpolant —— 内插法,包括线性内插、最近邻内插、三次样条内插和 shape-preserving 内插。

(6) Polynomial —— 多项式,从一阶至九阶。

(7) Rational —— 有理拟合,两个多项式之比,分子与分母都是多项式。

(8) Power —— 指数拟合,包括两种形式:$y=a*x\hat{\,}b$ 和 $y=a*x\hat{\,}b+c$。

(9) Smoothing Spline —— 平滑样条拟合。

(10) Sum of Sin Function —— 正弦函数的和,有 8 种公式(略)。

(11) Weibull —— 两个参数的 Weibull 分布,表达式为:$Y=a*b*x\hat{\,}(b-1)*\exp(-a*x\hat{\,}b)$。

第五节　数值梯度运算

1. 偏导数和梯度

函数 $f(x,y)$ 的偏导数为:

$$\frac{\partial}{\partial x}f(x,y) = \frac{\mathrm{d}(x,y)}{\mathrm{d}x}\bigg|_{y=const} = \lim_{\Delta x \to 0}\frac{f(x+\Delta x,y)-f(x,y)}{\Delta x}$$

全微分可表示为:

$$\mathrm{d}f(x,y) = \frac{\partial f(x,y)}{\partial x}\cdot \mathrm{d}x + \frac{\partial f(x,y)}{\partial y}\cdot \mathrm{d}y$$

梯度则表示为:

$$\mathrm{grad}f(x,y) = \nabla f(x,y) = \frac{\partial f(x,y)}{\partial x}\vec{i} + \frac{\partial f(x,y)}{\partial y}\vec{j}$$

2. 数值差分、偏导数

DX = diff(X) —— 求矩阵 X 相邻行元素间的一阶差分;

DX = diff(X, n) —— 求 X 相邻行元素间的 n 阶差分。

DX = diff(X, n, dim) —— dim 取 1 时,求 X 相邻行元素间的 n 阶差分;dim 取 2 时,求 X 相邻列元素间的 n 阶差分。

【例3-18】 求 3×3 矩阵 F 的一阶差分和二阶差分。

```
>> F = [1, 2, 3; 4, 5, 6; 7, 8, 9]
>> Dx = diff(F)
Dx =
     3   3   3
     3   3   3
>> Dx_2 = diff(F, 2, 1)      % 求二阶差分
Dx_2 =
     0   0   0
```

3. 数值梯度

[FX, FY] = gradient(F) —— 求二元函数的数值梯度。

【例3-19】 求例3-18矩阵 F 的数值梯度。

```
>> [FX, FY] = gradient(F)
FX =
     1   1   1
     1   1   1
     1   1   1
FY =
     3   3   3
     3   3   3
     3   3   3
```

4. 方向导数的可视化

Quiver(X, Y, U, V, scale) —— 在(X, Y)二维平面上,画(U, V)表示的方向箭头,其中 scale 是用来控制箭头长度的。

【例3-20】 用 gradient 函数求 $f = 2x^2 + 3y^3$ 的数值梯度,并绘出图形。

```
>> X = -6:0.6:6; Y = X;
>> [x, y] = meshgrid(X, Y)
>> f = 2.*x.^2 + 3.*y.^3
>> [Dx, Dy] = gradient(f)
>> quiver(X, Y, Dx, Dy)
>> hold on
>> contour(X, Y, f)        % 绘制等势(高)线图命令,见图 3-13
```

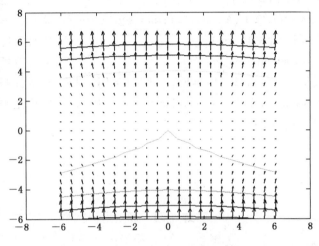

图 3-13 梯度大小和方向示意图

【例 3-21】 研究偶极子(Dipole)的电势(Electric potential)和电场强度(Electric field density),并绘出图形。

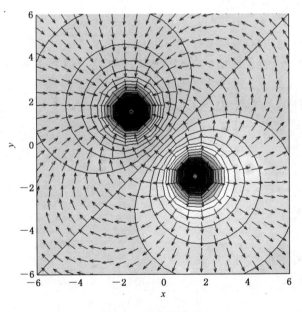

图 3-14 偶极子的场

设在(a,b)处有电荷$+q$,在$(-a,-b)$处有电荷$-q$。那么在电荷所在平面上任何一点的电势和场强分别为$V(x,y) = \dfrac{q}{4\pi\varepsilon_0}\left(\dfrac{1}{r_+} - \dfrac{1}{r_-}\right)$, $\vec{E} = -\nabla V$。

其中,$r_+ = \sqrt{(x-a)^2 + (y-b)^2}$, $r_- = \sqrt{(x+a)^2 + (y+b)^2}$, $\dfrac{1}{4\pi\varepsilon_0} = 9 \cdot 10^9$。

又设电荷$q = 2 \cdot 10^{-6}$, $a = 1.5$, $b = -1.5$。

```
>> clear; clf; q = 2e-6; k = 9e9; a = 1.5; b = -1.5; x = -6:0.6:6; y = x;
>> [X, Y] = meshgrid(x, y);                           %设置坐标网格点
>> rp = sqrt((X-a).^2 + (Y-b).^2); rm = sqrt((X+a).^2 + (Y+b).^2);
>> V = q*k*(1./rp - 1./rm);                           %计算电势
>> [Ex, Ey] = gradient(-V);                           %计算场强
>> AE = sqrt(Ex.^2 + Ey.^2); Ex = Ex./AE; Ey = Ey./AE  %场强归一化,使箭头等长
>> cv = linspace(min(min(V)), max(max(V)), 49);       %产生49个电位值
>> contourf(X, Y, V, cv, 'k-')
>> hold on
>> quiver(X, Y, Ex, Ey, 0.7)
```

练 习 题

1. 求矩阵 $A = \begin{bmatrix} 1 & 2 \\ 3 & 4 \end{bmatrix}$ 的特征多项式。

2. 已知多项式的根为$1.5, 2.5, 2+2i, 2-2i$,求此多项式。

3. 求方程 $x^3 - 3x^2 - 7x - 2 = 0$ 的根。

4. 用求根函数 roots 计算下列多项式的根:
   (1) $x^3 + 3x^2 + 5x + 7 = 0$;
   (2) $x^5 + 14x^4 + 84x^3 + 244x^2 + 323x + 150 = 0$。

5. 已知多项式 $p_1 = x^3 + 3x + 1$ 和 $p_2 = x^5 + 3x^4 + 5x^3 + 8x^2 + 13x + 5$,求多项式的乘积 $p_1 p_2$。

6. 用求逆和左除法解恰定方程组 $\begin{cases} 10x_1 + x_2 + x_3 = 12 \\ 2x_1 + 10x_2 + x_3 = 13 \\ 2x_1 + 2x_2 + 10x_3 = 12 \end{cases}$

7. 已知线性方程组
$$\begin{cases} x_1 + 3x_2 + 5x_3 - 4x_4 = 1 \\ x_1 + 3x_2 + 2x_3 - 2x_4 + x_5 = -1 \\ x_1 - 2x_2 + x_3 - x_4 - x_5 = 3 \\ x_1 - 4x_2 + x_3 + x_4 - x_5 = 3 \\ x_1 + 2x_2 + x_3 - x_4 + 5x_5 = -1 \end{cases}$$

(1) 写出系数矩阵 A;
(2) 求 A^4;
(3) 求 A 的特征值;
(4) 求 AA^T;

(5) 求 AA^T 的行列式值；

(6) 用求逆法解方程组 $x = A^{-1}B$，其中 $B = [1\ -1\ 3\ 3\ -1]'$。

8. 在第二章第一节第五部分利用 M 文件创建矩阵的例子中，在生成的 31×12 二维数组的基础上统计：

(1) 每列和每行最大值、最小值；(2) 每列和每行各元素和；(3) 每列和每行平均值。

9. 产生一个 size 为 1×10 的随机矩阵，元素大小在 $[-5, 5]$ 区间，且按从小到大的顺序排列。

10. 随机产生 100 个数，并求出其算术平均值、中值和标准差，并对这 100 个数进行排序。

11. 已知数据表如下，用四种方法内插出 x 在 -1 处 y 的近似值。

x	-2	0	4	5
y	5	1	-3	1

12. 以下是某物质水溶液中其摩尔分数与折光率的实验数据：

x	1.000 0	0.899 2	0.794 8	0.708 9	0.594 1	0.498 3	0.401 6	0.298 7	0.205 0	0
D	1.359 4	1.368 7	1.377 7	1.384 1	1.392 2	1.398 4	1.403 7	1.409 8	1.413 6	1.423 4

(1) 用多项式拟合出它们的关系（3 阶）；

(2) 用插值的方法得出 $x = 0, 0.100\ 0, 0.200\ 0, \cdots, 1.000\ 0$ 对应的 D 值列表。

13. 求二元函数 $Z = x^2 + y^2$ 的数值梯度。

14. 在例 3-21 中，假如正电荷为 $+10q$，负电荷为 $-6q$，求电势和电场强度分布。

第四章 MATLAB 数据的可视化

数据可视化的目的在于:(1)提供高水平的成果;(2)程序计算动态控制作用;(3)结果演示;(4)多媒体操作等。MATLAB 一向注重数据的图形表示,并不断地采用新技术改进和完备其可视化功能。

本章将系统地阐述:离散数据表示成图形的基本机理;曲线、曲面绘制的基本技法和指令;特殊图形的生成和使用示例;如何使用线型、色彩、数据点标记不同数据的特征;如何生成和运用标识、注释图形;如何进行图片显示等。

本章的图形指令只涉及 MATLAB 的"高层"绘图指令。这种指令的形态和格式友善,易于理解和使用。

第一节 二维数据曲线图

一、绘制单根二维曲线

plot —— 绘制单根二维曲线。
plot 函数的基本调用格式为:
plot(x, y)
其中 x 和 y 为长度相同的向量,分别用于存储 x 坐标和 y 坐标数据。

【例 4-1】 在 $0 \leqslant x \leqslant 2\pi$ 区间内,绘制曲线 $y = 2\mathrm{e}^{-0.5x}\cos(4\pi x)$。

绘图指令如下,结果见图 4-1。

```
>> x = 0: pi/100: 2 * pi;
>> y = 2 * exp( -0.5 * x). * cos(4 * pi * x);
>> plot(x, y)
```

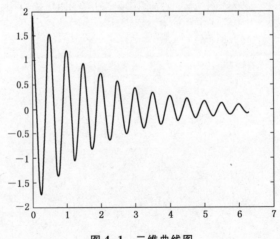

图 4-1 二维曲线图

plot 函数最简单的调用格式是只包含一个输入参数：

plot(x)

在这种情况下,当 x 是实向量时,以该向量元素的下标为横坐标,元素值为纵坐标画出一条连续曲线,这实际上是绘制折线图。

二、绘制多根二维曲线

1. plot 函数的输入参数是矩阵形式

(1) 当 x 是向量,y 是有一维与 x 同维的矩阵时,则绘制出多根不同颜色的曲线。曲线条数等于 y 矩阵的另一维数,x 被作为这些曲线共同的横坐标。

(2) 当 x、y 是同维矩阵时,则以 x、y 对应列元素为横、纵坐标分别绘制曲线,曲线条数等于矩阵的列数。

(3) 对只包含一个输入参数的 plot 函数,当输入参数是实矩阵时,则按列绘制每列元素值相对其下标的曲线,曲线条数等于输入参数矩阵的列数。

当输入参数是复数矩阵时,则按列分别以元素实部和虚部为横、纵坐标绘制多条曲线。

【例 4-2】 在[0,2π]区间内,分别以向量长度和向量值为横坐标绘制多条二维曲线。

>> t = (0: pi/50: 2 * pi)'; k = 0.4: 0.1: 1; Y = cos(t) * k;
>> plot(Y);
>> plot(t, Y)

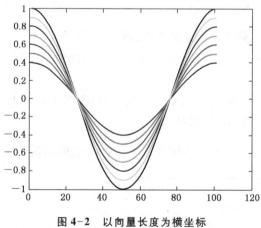

图 4-2　以向量长度为横坐标

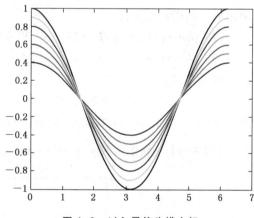

图 4-3　以向量值为横坐标

2. 含多个输入参数的 plot 函数

调用格式为：

plot(x1, y1, x2, y2, …, xn, yn)

当输入参数都为向量时,x1 和 y1,x2 和 y2,…,xn 和 yn 分别组成一组向量对,每一组向量对的长度可以不同。每一向量对可以绘制出一条曲线,这样可以在同一坐标内同时绘制出多条曲线。

当输入参数有矩阵形式时,配对的 x、y 按对应列元素为横、纵坐标分别绘制曲线,曲线条数等于矩阵的列数。

【例4-3】 在区间$[-\pi, \pi]$内将正弦曲线和余弦曲线绘制在同一图上。

```
>> x = -pi:0.05:pi;
>> y1 = sin(x);
>> y2 = cos(x);
>> plot(x, y1, '-*r', x, y2, '--og');
```

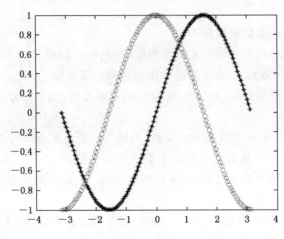

图 4-4 带曲线样式的二维曲线

3. 具有两个纵坐标刻度的图形

在 MATLAB 中,如果需要绘制出具有不同纵坐标刻度的两个图形,可以使用 plotyy 绘图函数。调用格式为:

(1) plotyy(x1, y1, x2, y2) —— 以左、右不同纵轴绘制两条曲线;

(3) plotyy(x1, y1, x2, y2, fun1, fun2) —— 以左、右不同纵轴绘制两条曲线,曲线形式分别由 fun1、fun2 指定。

其中 x1、y1 对应一条曲线,x2、y2 对应另一条曲线。横坐标的刻度相同,纵坐标有两个,左纵坐标用于 x1、y1 数据对,右纵坐标用于 x2、y2 数据对。

【例4-4】 画出函数 $y = x\sin x$ 和积分 $s = \int_0^x (x\sin x)\,\mathrm{d}x$ 在区间 $[0, 4]$ 上的曲线。

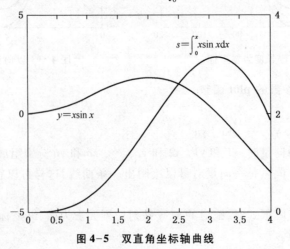

图 4-5 双直角坐标轴曲线

```
>> clf;dx = 0.1; x = 0: dx: 4; y = x.*sin(x); s = cumtrapz(y)*dx;
                                                                  %梯形法求累计积分
>> plotyy(x, y, x, s), text(0.5, 0, '\fontsize{14}\ity = xsinx')
>> sint = '{\fontsize{16}\int_{\fontsize{8}0}^{ x}}';
>> text(2.5, 3.5, ['\fontsize{14}\its = ', sint, '\fontsize{14}\itxsinxdx'])
```

【例 4-5】 分别以对数坐标和直角坐标为纵坐标轴绘制二维曲线。

```
>> x = 0: 900; a = 1000; b = 0.005;
>> y1 = 2*x;
>> y2 = cos(b*x);
>> plotyy(x, y1, x, y2, 'semilogy', 'plot');
```

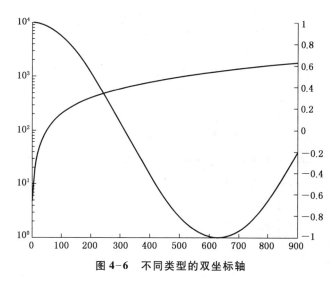

图 4-6 不同类型的双坐标轴

4. 多次绘图

hold on/off 命令控制是保持原有图形还是刷新原有图形,不带参数的 hold 命令在两种状态之间进行切换。

【例 4-6】 利用图形保持功能在同一图上绘制多条曲线。

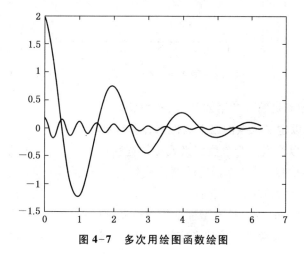

图 4-7 多次用绘图函数绘图

```
>> x=0:pi/100:2*pi; y1=0.2*exp(-0.5*x).*cos(4*pi*x);
>> plot(x,y1); hold on
>> y2=2*exp(-0.5*x).*cos(pi*x);
>> plot(x,y2,'r'); hold off
```

三、设置曲线样式

MATLAB 提供了一些绘图选项,用于确定所绘曲线的线型、颜色和数据点标记符号,它们可以组合使用。例如,"b-."表示蓝色点划线,"y:d"表示黄色虚线并用菱形符标记数据点。当选项省略时,MATLAB 规定,线型一律用实线,颜色将根据曲线的先后顺序依次设置。

要设置曲线样式可以在 plot 函数中加绘图选项,其调用格式为:

plot(x1,y1,选项1,x2,y2,选项2,…,xn,yn,选项n)

【例4-7】 曲线样式设置实例。

```
>> x=linspace(0,2*pi,1000);
>> y1=0.2*exp(-0.5*x).*cos(4*pi*x);
>> y2=2*exp(-0.5*x).*cos(pi*x);
>> k=find(abs(y1-y2)<1e-2);      %查找 y1 与 y2 相等点(近似相等)的下标
>> x1=x(k);  %取 y1 与 y2 相等点的 x 坐标
>> y3=0.2*exp(-0.5*x1).*cos(4*pi*x1);   %求 y1 与 y2 值相等点的 y 坐标
>> plot(x,y1,x,y2,'k:',x1,y3,'bp');
```

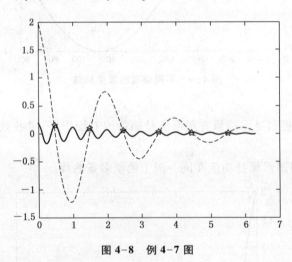

图 4-8 例 4-7 图

详细的 plot 选项参见第一章第四节"联机帮助"。

另外,用户还可以定义线条的以下属性来控制线型特征:

(1) LineWidth:以像素点为单位定义线条的宽度;

(2) MarkerEdgeColor:指定标示符的颜色或指定填充型标示符的边缘颜色(圆形、正方形、钻石形、五角星形、六角星形和矩形);

(3) MarkerFaceColor:指定填充型标示符的填充颜色;

(4) MarkerSize:以像素点为单位指定标示符的大小。

【例 4-8】 在区间 $[-\pi, \pi]$ 绘制 $y = \tan(\sin(x)) - \sin(\tan(x))$ 图,并用属性设置曲线样式。

```
>> x = -pi:pi/10:pi; y = tan(sin(x)) - sin(tan(x));
>> plot(x, y, '--rs', 'LineWidth', 2, ...
        'MarkerEdgeColor', 'k', ...
        'MarkerFaceColor', 'g', ...
        'MarkerSize', 10)
```

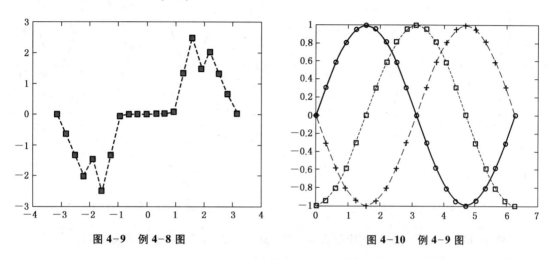

图 4-9 例 4-8 图   图 4-10 例 4-9 图

在缺省情况下,MATLAB 使用不同的颜色区分不同的曲线,用户也可以通过设置坐标轴属性 LineStyle 使 MATLAB 在绘制多条曲线时使用不同的线型而不是使用颜色来区分不同的曲线。设置方法如下:

【例 4-9】 通过改变缺省设置的方法绘制不同样式的曲线。

```
>> set(0, 'DefaultAxesLineStyleOrder', {'-o', ':s', '--+'})
>> set(0, 'DefaultAxesColorOrder', [0.4, 0.4, 0.4])
>> x = 0:pi/10:2*pi;
>> y1 = sin(x); y2 = sin(x-pi/2); y3 = sin(x-pi);
>> plot(x, y1, x, y2, x, y3)    % 自动样式由颜色变为线型和点标志,见图 4-10。
```

用户还可以取消以上设置,方法是:

```
>> set(0, 'DefaultAxesLineStyleOrder', 'remove')
>> set(0, 'DefaultAxesColorOrder', 'remove')
```

有关 set 的使用方法见第八章第二节。

四、同时绘制多个子图

MATLAB 允许用户在同一个窗口中布置几幅独立的子图。具体指令是:
(1) subplot(m, n, k) —— 使(m×n)幅子图中的第 k 幅成为当前图;
(2) subplot('position', [left bottom width heiht]) —— 指定位置上绘图。

【例 4-10】 在同一图上绘制 4 幅子图。

```
>> t = 0:pi/10:2*pi; [x, y] = meshgrid(t);
```

```
>> subplot(2,2,1); plot(sin(t),cos(t)); axis equal
>> subplot(2,2,2); z=sin(x)-cos(y); plot(t,z); axis([0 2*pi -2 2])
>> subplot(2,2,3); h=sin(x)+cos(y); plot(t,h); axis([0 2*pi -2 2])
>> subplot(2,2,4); g=(sin(x).^2)-(cos(y).^2); plot(t,g); axis([0 2*pi -1 1])
```

如果 k 为向量,它指定一个包括 k 每个元素所指方格的长方格为坐标轴。

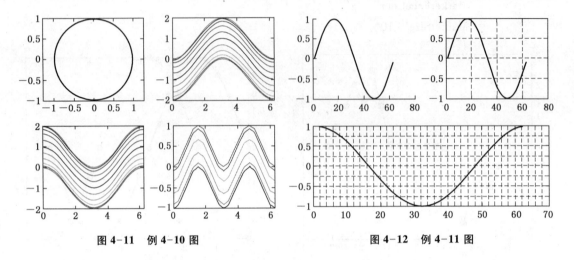

图 4-11　例 4-10 图　　　　　　　　图 4-12　例 4-11 图

【例 4-11】 在同一窗口上绘制 3 幅子图,其中第 3 幅子图占据下半幅窗口。

```
>> subplot 221          % 也可以写成 subplot(221)
>> plot(sin(0:.1:2*pi)); box off
>> subplot 222; plot(sin(0:.1:2*pi)); grid on
>> subplot(2,2,[3 4]); plot(cos(0:.1:2*pi))
>> grid minor           % 切换当前坐标轴次网格线的显示状态(显示或隐藏)
```

五、图形标注与坐标控制

1. 图形标注

有关图形标注函数的调用格式为:

(1) title(图形名称) —— 在图形上方写图名;

(2) xlabel(x 轴说明) —— 在横坐标轴下方写 x 轴说明;

(3) ylabel(y 轴说明) —— 在纵坐标轴左方写 y 轴说明;

(4) text(x,y,图形说明) —— 在图上(x,y)坐标处写图形说明;

(5) legend(图例1,图例2,…) —— 在规定的位置写图例,缺省在图形窗口右上角。

函数中的说明文字,除使用标准的 ASCII 字符外,还可使用 LaTeX 格式的控制字符,这样就可以在图形上添加希腊字母、数学符号及公式等内容。例如,text(0.3,0.5,′sin({\omega}t+{\beta})′)将在当前图形窗口(0.3,0.5)坐标处得到标注效果 $\sin(\omega t+\beta)$。

【例 4-12】 绘制正弦曲线,并添加坐标轴说明、标题、图例以及用希腊字母进行标注。

```
>> t=linspace(0,0.5*pi,1000);
>> om=20; bt=40; y1=sin(om.*t+bt);
```

```
>> om = 10; bt = 20; y2 = sin(om. * t + bt);
>> plot(t, y1, t, y2, 'r-.')
>> title('t from 0 to 0.5{\pi}');              % 加图形标题
>> xlabel('Variable t');                       % 加 X 轴说明
>> ylabel('Variable y');                       % 加 Y 轴说明
>> text(0.2, 0.8, 'sin({\omega}t + {\beta})'); % 在指定位置添加图形说明
>> text(0.2, -0.8, 'sin({\omega}t + {\beta})');
>> legend('y1', 'y2')                          % 加图例
```

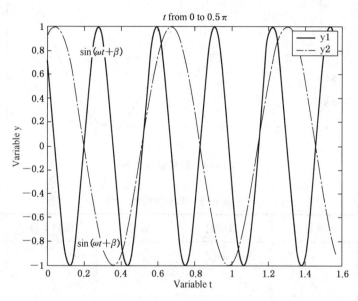

图 4-13　图形标注

【例 4-13】　在图上特定位置进行标注。

```
>> x = 0: pi/10: 2 * pi; y = sin(x);
>> plot(x, y);
>> xlabel('x = 0 到 2\pi', 'fontsize', 12); ylabel('sin(x)', 'fontsize', 12);
>> title('\it{从 0 to 2\pi 的正弦曲线}', 'fontsize', 14)
>> imin = find(min(y) = = y); imax = find(max(y) = = y);
>> text (x(imin), y(imin),...
        ['\leftarrow 最小值 = ', num2str(y(imin))],...
        'fontsize', 16)
>> text (x(imax), y(imax),...
        ['\leftarrow 最大值 = ', num2str(y(imax))],...
        'fontsize', 16)
```

2. Tex 字符

Tex 字符在输出一些数学公式时经常使用,它只能由类型为 text 的对象创建。函数 title、xlabel、ylabel、zlabel 或 text 都能创建一个 text 对象,因此 Tex 字符转义符(带"\"的字

符串)经常作为这些函数的输入参数。Tex 字符及其函数见表 4-1。

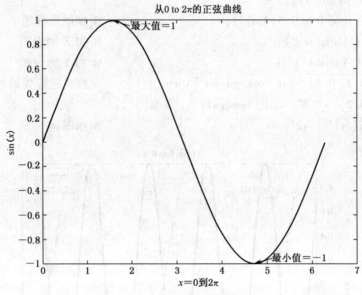

图 4-14 图形标注技巧

表 4-1 Tex 字符表

函数字符	代表符号	函数字符	代表符号	函数字符	代表符号
\alpha	α	\upsilon	υ	\sim	~
\beta	β	\phi	φ	\leq	≤
\gamma	γ	\chi	χ	\infty	∞
\delta	δ	\psi	ψ	\clubsuit	♣
\epsilon	ε	\omega	ω	\diamondsuit	♦
\zeta	ζ	\Gamma	Γ	\heartsuit	♥
\eta	η	\Delta	Δ	\spadesuit	♠
\theta	θ	\Theta	Θ	\leftrightarrow	↔
\vartheta	ϑ	\Lambda	Λ	\leftarrow	←
\iota	ι	\Xi	Ξ	\uparrow	↑
\kappa	κ	\Pi	Π	\rightarrow	→
\lambda	λ	\Sigma	Σ	\downarrow	↓
\mu	μ	\Upsilon	Υ	\circ	°
\nu	ν	\Phi	Φ	\pm	±

续表 4-1

函数字符	代表符号	函数字符	代表符号	函数字符	代表符号
\xi	ξ	\Psi	ψ	\geq	≥
\pi	π	\Omega	Ω	\propto	∝
\rho	ρ	\forall	∀	\partial	∂
\sigma	σ	\exists	∃	\bullet	•
\varsigma	ς	\ni	∋	\div	÷
\tau	τ	\cong	≅	\neq	≠
\equiv	≡	\approx	≈	\aleph	ℵ
\Im	ℑ	\Re	ℜ	\wp	℘
\otimes	⊗	\oplus	⊕	\oslash	⊘
\cap	∩	\cup	∪	\supseteq	⊇
\supset	⊃	\subseteq	⊆	\subset	⊂
\int	∫	\in	∈	\o	o
\rfloor	⌋	\lceil	⌈	\nabla	∇
\lfloor	⌊	\cdot	·	\ldots	...
\perp	⊥	\neg	¬	\prime	′
\wedge	∧	\times	×	\0	∅
\rceil	⌉	\surd	√	\mid	|
\vee	∨	\varpi	ϖ	\copyright	©
\langle	⟨	\rangle	⟩		

如果要输出希腊字母,可以使用 texlabel 函数将希腊字母的变量名转换为希腊字母的函数,供函数 title、xlabel、ylabel、zlabel 或 text 使用。texlabel 转换 MATLAB 表达式为等价的 Tex 格式字符串。它处理希腊字母的变量名为实际显示的希腊字母字符串。希腊字母的变量名为"\"后面的字符串。例如:

>> texlabel('alpha')
ans =
    {\alpha}
>> text(0.5, 0.5, '{\alpha^2}')
>> text(0.5, 0.5, texlabel('alpha^2'))

以上两条指令均产生以下图形,见图 4-15。

若要一次输出多行 Tex 字符,可采用字符串单元数组。例如:
>> s = {'\fontsize{10}100', '\fontsize{22}\Sigma\it\fontname{times}x', '\fontsize{10}x\rm = 1'};

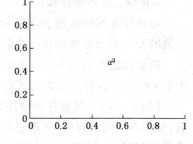

图 4-15 texlabel 函数用法示例

```
>> text(0.5, 0.5, s)
```
运行结果见图 4-16 所示。

Tex 字符还可以设置字体、颜色和位置。

(1) Tex 字符的字体设置有如下 6 种：

① \bf:设置字体为粗体字。

② \it:设置字体为斜体字。

③ \sl:设置字体为斜体字,很少使用。

④ \rm:设置字体为正常字体。

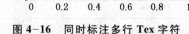

图 4-16 同时标注多行 **Tex** 字符

⑤ \fontname{字体名}:设置字体名。例如:\fontname{宋体}。

⑥ \fontsize{字体大小}:设置字体大小。例如:\fontsize{16}。

每次设置时,\it、\sl、\rm 只能选择一种。

(2) Tex 字符的颜色设置有下面两种方法：

① \color{颜色名}颜色名:颜色名有 12 种,分别为 red、green、yellow、magenta、blue、black、white、cyan、gray、barkGreen、orange 和 lightBlue。例如:\color{magenta} magenta。

② \color[rgb]{a b c}:设置字体颜色为 RGB 矩阵[a b c]所表示的颜色。a、b 和 c 都在[0 1] 范围内。例如:color[rgb]{0 .5 .5}。

(3) Tex 字符的位置有两种设置：

① _:表示下标。

② ^:表示上标。

3. 坐标控制

axis 坐标控制函数的调用格式为:

axis([xmin xmax ymin ymax zmin zmax])   % 设置坐标轴的显示范围

axis 函数功能丰富,常用的格式还有:

axis equal:纵、横坐标轴采用等长刻度。

axis square:产生正方形坐标系(缺省为矩形)。

axis auto:使用缺省设置。

axis off:取消坐标轴。

axis on:显示坐标轴。

给坐标加网格线用 grid 命令来控制。grid on/off 命令控制是画还是不画网格线,不带参数的 grid 命令在两种状态之间进行切换。

给坐标加边框用 box 命令来控制。box on/off 命令控制是加还是不加边框线,不带参数的 box 命令在两种状态之间进行切换。

【例 4-14】 观察各种轴控制指令的影响。采用长轴为 3.25,短轴为 1.15 的椭圆。注意:采用多子图表现时,图形形状不仅受"控制指令"影响,而且受整个图面"宽高比"及"子图数目"的影响,见图 4-17。

```
>> t=0:2*pi/99:2*pi; x=1.15*cos(t); y=3.25*sin(t);
>> subplot(2,3,1), plot(x,y), axis normal, grid on,
>> title('Normal and Grid on')
>> subplot(2,3,2), plot(x,y), axis equal, grid on, title('Equal')
```

```
>> subplot(2,3,3),plot(x,y),axis square,grid on,title('Square')
>> subplot(2,3,4),plot(x,y),axis image,box off,title('Image and Box off')
>> subplot(2,3,5),plot(x,y),axis image fill,box off,title('Image and Fill')
>> subplot(2,3,6),plot(x,y),axis tight,box off,title('Tight')
```

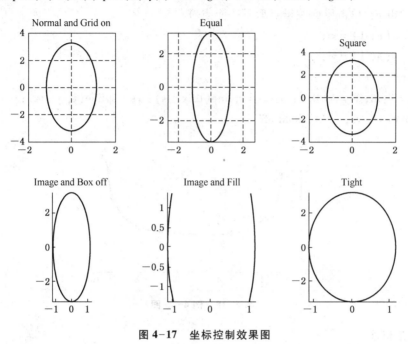

图 4-17　坐标控制效果图

六、交互式图形指令

1. 获取点的坐标数据

指令格式：

[x,y] = ginput(n)　——　用鼠标从二维图形上获取 n 个点的坐标数据(x,y)。

例如,用鼠标在图上获取 2 点坐标。

```
>> [x,y] = ginput(2)    % 提示用户在图上选取两个点
x =
    92.8591
    93.6239
y =
    46.1321
    41.9811
```

【例 4-15】　在图上获取 n 个点,并将这些点连成样条曲线。

```
>> axis([0 10 0 10]); hold on; x = []; y = []; n = 0;
>> disp('单击鼠标左键点取需要的点');
>> disp('单击鼠标右键点取最后一个点');
>> but = 1;
```

```
>> while but = =1
       [xi, yi, but] = ginput(1);
       plot(xi, yi, 'bo')
       n = n + 1;
       disp('单击鼠标左键点取下一个点');
       x(n, 1) = xi;
       y(n, 1) = yi;
>> end
>> t = 1: n; ts = 1: 0.1: n; xs = spline(t, x, ts); ys = spline(t, y, ts);
>> plot(xs, ys, 'r-'); hold off
```

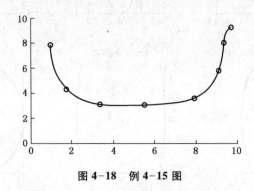

图 4-18　例 4-15 图

2. 人工标注

指令格式：

gtext(string) —— 用鼠标把字符串放在图形窗口上。

【例 4-16】　用鼠标把字符串放在图形窗口适当位置。

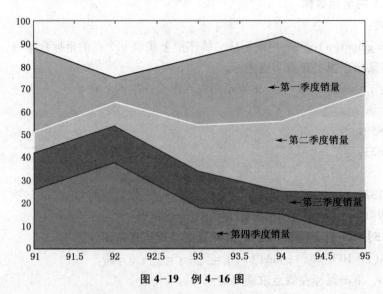

图 4-19　例 4-16 图

```
>> x = 91: 95; y1 = [88 75 84 93 77]; y2 = [51 64 54 56 68];
>> y3 = [42 54 34 25 24]; y4 = [26 38 18 15 4];
```

```
>> area(x, y1, 'facecolor', [0.5 0.9 0.6], 'edgecolor', 'b', 'linewidth', 3)
>> hold on
>> area(x, y2, 'facecolor', [0.9 0.85 0.7], 'edgecolor', 'y', 'linewidth', 3)
>> area(x, y3, 'facecolor', [0.3 0.6 0.7], 'edgecolor', 'r', 'linewidth', 3)
>> area(x, y4, 'facecolor', [0.6 0.5 0.9], 'edgecolor', 'm', 'linewidth', 3)
>> hold off
>> gtext('\leftarrow 第一季度销量'); gtext('\leftarrow 第二季度销量')
>> gtext('\leftarrow 第三季度销量'); gtext('\leftarrow 第四季度销量')
```

3. 实时放大

zoom 指令格式与功能如表 4-2 所示。

表 4-2　zoom 指令用法

指　令	含　义	指　令	含　义
zoom xon	使当前图形的 x 轴可变焦	zoom	使当前图形变焦切换
zoom yon	使当前图形的 y 轴可变焦	zoom out	使图形返回初始状态
zoom on	使当前图形可变焦	zoom(factor)	设置变焦因子,缺省值为 2
zoom off	使当前图形不可变焦		

七、其他二维图形

1. 对数坐标图形

MATLAB 提供了绘制对数和半对数坐标曲线的函数,调用格式为:

(1) semilogx(x1, y1,选项 1, x2, y2,选项 2,…) —— x 轴为对数坐标;

(2) semilogy(x1, y1,选项 1, x2, y2,选项 2,…) —— y 轴为对数坐标;

(3) loglog(x1, y1,选项 1, x2, y2,选项 2,…) —— 双对数坐标。

【例 4-17】　求传递函数为 $G(s) = 1/s(0.5s + 1)$ 的对数幅频特性曲线,横坐标为 w 按对数坐标。

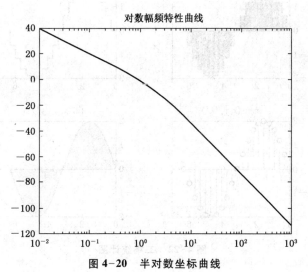

图 4-20　半对数坐标曲线

```
>> w = logspace(-2, 3, 20);                    % 频率 w 为 0.01 到 1000
>> Aw = 1./(w.*sqrt((0.5*w).^2+1));            % 计算幅频
>> Lw = 20*log10(Aw);                          % 计算对数幅频
>> semilogx(w, Lw)
>> title('对数幅频特性曲线')
```

2. 极坐标图

polar 函数用来绘制极坐标图,其调用格式为:

polar(theta, rho, 选项)

其中 theta 为极坐标极角,rho 为极坐标矢径,选项的内容与 plot 函数相似。

【例 4-18】 绘制 $r = \sin(t)\cos(t)$ 的极坐标图,并标记数据点。

```
>> t = 0:pi/50:2*pi;
>> r = sin(t).*cos(t);
>> polar(t, r, '-*');
```

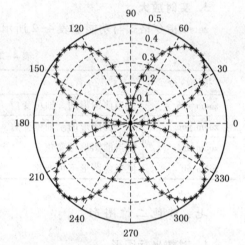

图 4-21 极坐标图

3. 二维统计分析图

在 MATLAB 中,二维统计分析图形很多,常见的有条形图、阶梯图、杆图和填充图等,所采用的函数分别是:

(1) bar(x, y, 选项) —— 条形图;
(2) stairs(x, y, 选项) —— 阶梯图;
(3) stem(x, y, 选项) —— 杆图;
(4) fill(x1, y1, 选项1, x2, y2, 选项2, …) —— 填充图。

【例 4-19】 分别以条形图、阶梯图、杆图和填充图形式绘制曲线 $y = 2\sin(x)$。

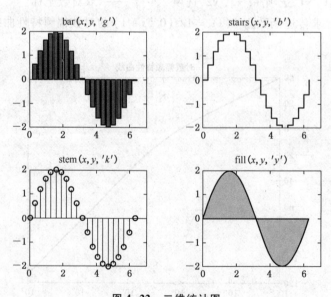

图 4-22 二维统计图

```
>> x = 0: pi/10: 2 * pi; y = 2 * sin(x);
>> subplot(2, 2, 1); bar(x, y, 'g');
>> title('bar(x, y, "g")'); axis([0, 7, -2, 2]);
>> subplot(2, 2, 2); stairs(x, y, 'b');
>> title('stairs(x, y, "b")'); axis([0, 7, -2, 2]);
>> subplot(2, 2, 3); stem(x, y, 'k');
>> title('stem(x, y, "k")'); axis([0, 7, -2, 2]);
>> subplot(2, 2, 4); fill(x, y, 'y');
>> title('fill(x, y, "y")'); axis([0, 7, -2, 2]);
```

【例 4-20】 绘制正八边形,并在图中标注"STOP"。

```
>> t = (1: 2: 15) * pi/8; x = sin(t); y = cos(t);
>> fill(x, y, 'r')
>> axis square off
>> text(0, 0, 'STOP', 'color', [1 1 1], 'fontsize', 50, 'horizontalalignment', 'center')
```

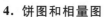

图 4-23 例 4-20 图

4. 饼图和相量图

MATLAB 提供的统计分析绘图函数还有很多,例如,用来表示各元素占总和的百分比的饼图、复数的相量图等等。

【例 4-21】 绘制图形:

(1) 某企业全年各季度的产值(单位:万元)分别为:2347,1827,2043,3025,试用饼图作统计分析;

(2) 绘制复数的相量图:7+2.9i、2-3i 和 -1.5-6i。

```
>> subplot(1, 2, 1); pie([2347, 1827, 2043, 3025]);
>> title('饼图');
>> legend('一季度','二季度','三季度','四季度');
>> subplot(1, 2, 2); compass([7 + 2.9i, 2 - 3i, -1.5 - 6i]);
>> title('相量图');
```

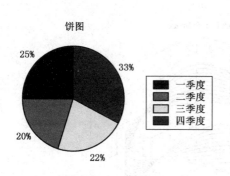

图 4-24 二维饼图

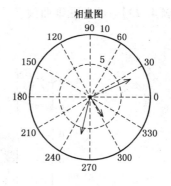

图 4-25 相量图

5. 羽状图

【例 4-22】 绘制羽状图

```
>> alpha = 90: -10: 0; r = ones(size(alpha)); m = alpha * pi/180; n = r * 10;
```

```
>> [u, v] = pol2cart(m, n);
>> feather(u, v)
>> title('羽状图')
```

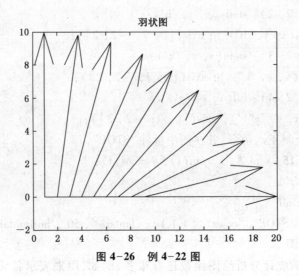

图 4-26　例 4-22 图

第二节　三维图形

一、三维曲线

三维曲线图用 plot3 函数。plot3 函数与 plot 函数用法十分相似,其调用格式为:

plot3(x1, y1, z1,选项 1, x2, y2, z2,选项 2,…, xn, yn, zn,选项 n)

其中每一组 x, y, z 组成一组曲线的坐标参数,选项的定义和 plot 函数相同。当 x, y, z 是同维向量时,则 x, y, z 对应元素构成一条三维曲线。当 x, y, z 是同维矩阵时,则以 x, y, z 对应列元素绘制三维曲线,曲线条数等于矩阵列数。

【例 4-23】　绘制三维曲线。

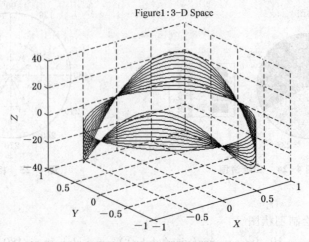

图 4-27　三维曲线图

```
>> t = 0: pi/100: 20 * pi; x = sin(t); y = cos(t); z = t. * sin(t). * cos(t);
>> plot3(x, y, z);
>> title('Figure1: 3 - D Space');
>> xlabel('X'); ylabel('Y'); zlabel('Z');
>> grid on;
```

二、三维曲面

1. 产生三维数据

绘制三维曲面首先生成二维坐标网格,然后计算 x,y 坐标网格上的 z 值。在 MATLAB 中,利用 meshgrid 函数产生平面区域内的网格坐标矩阵。其格式为:

[X, Y] = meshgrid(x, y);

其中:x = a: d1: b; y = c: d2: d;

语句执行后,矩阵 X 的每一行都是向量 x,行数等于向量 y 的元素的个数,矩阵 Y 的每一列都是向量 y,列数等于向量 x 的元素的个数。

2. 绘制三维曲面的函数

surf 函数和 mesh 函数的调用格式为:

(1) mesh(x, y, z, c) —— 三维网格图;

(2) surf(x, y, z, c) —— 三维曲面图。

一般情况下,x, y, z 是维数相同的矩阵。x, y 是网格坐标矩阵,z 是网格点上的高度矩阵,c 用于指定在不同高度下的颜色范围。

【例 4-24】 用曲面图表现函数 $z = x^2 + y^2$。

```
>> clf, x = -4: 4; y = x; [X, Y] = meshgrid(x, y);
>> Z = X.^2 + Y.^2;
>> surf(X, Y, Z); hold on, colormap(hot)
>> stem3(X, Y, Z, 'bo')
```

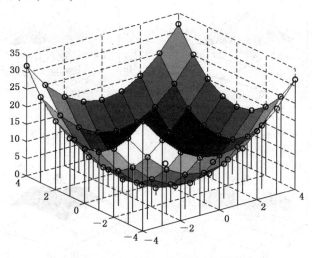

图 4-28 三维曲面和三维杆图

【例4-25】 用网格图表现三维曲面图 $z = \sin(x + \sin(y)) - x/10$。
```
>> [x, y] = meshgrid(0:0.25:4*pi);
>> z = sin(x + sin(y)) - x/10;
>> mesh(x, y, z);
>> axis([0 4*pi 0 4*pi -2.5 1]);
```

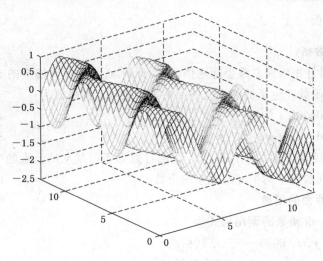

图4-29 三维网格图

此外,还有带等高线的三维网格曲面函数 meshc 和带底座的三维网格曲面函数 meshz。其用法与 mesh 类似,不同的是 meshc 还在 xy 平面上绘制曲面在 z 轴方向的等高线,meshz 还在 xy 平面上绘制曲面的底座。

【例4-26】 分别用 mesh、meshc、meshz 和 surf 绘制三维图。

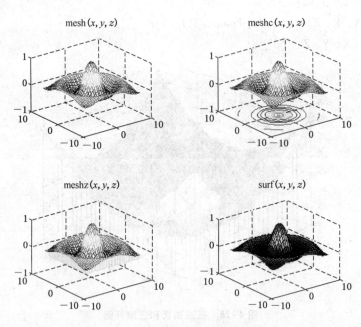

图4-30 三维图形的不同表现

```
>> [x, y] = meshgrid(-8:0.5:8);
>> z = sin(sqrt(x.^2 + y.^2))./sqrt(x.^2 + y.^2 + eps);
>> subplot(2, 2, 1); mesh(x, y, z); title('mesh(x, y, z)')
>> subplot(2, 2, 2); meshc(x, y, z); title('meshc(x, y, z)')
>> subplot(2, 2, 3); meshz(x, y, z); title('meshz(x, y, z)')
>> subplot(2, 2, 4); surf(x, y, z); title('surf(x, y, z)')
```

3. 标准三维曲面

(1) sphere 函数的调用格式为:

[x, y, z] = sphere(n)

(2) cylinder 函数的调用格式为:

[x, y, z] = cylinder(R, n)

(3) ellipsoid 函数的调用格式为:

[X, Y, Z] = ellipsoid(XC, YC, ZC, XR, YR, ZR, N);产生中心(XC, YC, ZC),轴长 XR, YR, ZR 的椭球面。

MATLAB 还有一个 peaks 函数,称为多峰函数,常用于三维曲面的演示。

【例 4-27】 绘制三个标准三维曲面。

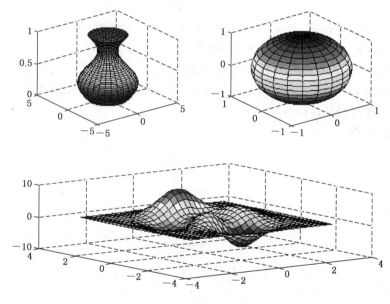

图 4-31 标准三维曲面

```
>> t = 0:pi/20:2*pi; [x, y, z] = cylinder(2 + sin(t), 30);
>> subplot(2, 2, 1); surf(x, y, z);
>> subplot(2, 2, 2); [x, y, z] = sphere; surf(x, y, z);
>> subplot(2, 1, 2); [x, y, z] = peaks(30); surf(x, y, z);
```

三、二维半绘图指令

所谓"二维半"指令,是在平面图上表现三维信息。主要是等高线绘图指令 contour,其用法见表 4-3。

表 4-3 等高线命令用法

命 令	功 能	备 注
contour(x, y, Z, n)	绘制 n 条等高线	n 缺省时自动生成
contour(x, y, Z, v)	在向量 v 指定的值上绘制等高线	v 是一个向量
C = contour(x, y, Z, n)	计算 n 条等高线的 x, y 坐标数据	C 为行数为 2 的矩阵
C = contour(x, y, Z, v)	计算向量 v 指定的值上等高线的 x, y 坐标数据	
clabel(C)	给 C 矩阵所表示的等高线加注高度标识	
clabel(C, v)	给向量 v 指定的值上等高线加注高度标识	
clabel(C, 'manual')	借助鼠标给选中的等高线加注高度标识	

Z 为高程点的值，x，y 是用来确定(x, y)坐标如何该度的，它们可以缺省，缺省时，坐标用 Z 矩阵的下标该度。

【例 4-28】 利用多峰函数产生高程点的数据，并绘制等高线图。

```
>> Z = peaks;              %产生高程点的数据
>> v = [ -2, 0, 2];        %指定一个向量 v
>> contour(Z, v);          %绘制等高线图
>> C = contour(Z, v)       %计算 C 矩阵的值
>> clabel(C)               %给 C 矩阵所表示的等高线加注高度标识
>> title('等高线及其标注')
```

结果如图 4-32 所示。

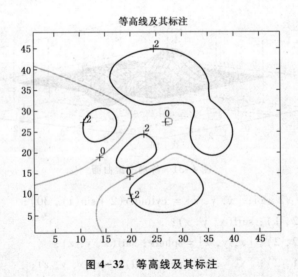

图 4-32 等高线及其标注

与等高线绘图指令相关的是伪彩图 pcolor；等高线标注指令 clabel 以及填充等高线指令 contourf，并注意配合使用。

【例 4-29】 用二维半指令绘图,并利用 pcolor、clabel、contourf 表现图形信息。

```
>> clf; clear; [X, Y, Z] = peaks(40); n = 4;
>> subplot(1, 2, 1), pcolor(X, Y, Z)
>> colormap jet, shading interp
>> hold on, C = contour(X, Y, Z, n, 'k:'); clabel(C)
>> zmax = max(max(Z)); zmin = min(min(Z)); caxis([zmin, zmax])
>> colorbar
>> hold off, subplot(1, 2, 2)
>> [C, h, CF] = contourf(X, Y, Z, n, 'k:'); clabel(C, h)
```

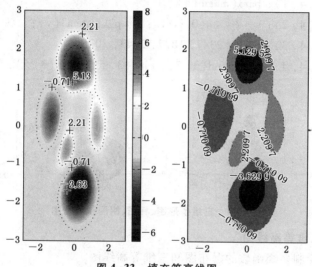

图 4-33 填充等高线图

说明:

(1) 本例等高线指令中的第 4 输入宗量 n 设定高度的等级数,第 5 输入宗量设定等位线的线型、色彩。

(2) 左右两图的标高方法不同。左图的标识以"+"引导,水平放置;右图沿线布置。这是由 clabel 的调用格式不同产生的。

(3) 左右两图色彩的形成方法不同,色彩效果也不同。

(4) 在左图中,colorbar 画出一根垂直色标尺,而 caxis 决定该色标尺的刻度。

四、其他三维图形

1. 条形图、杆图、饼图和填充图

在介绍二维图形时,曾提到条形图、杆图、饼图和填充图等特殊图形,它们还可以以三维形式出现,使用的函数分别是 bar3、stem3、pie3 和 fill3。

bar3 函数绘制三维条形图,常用格式为:

bar3(y); bar3(x, y)

stem3 函数绘制离散序列数据的三维杆图,常用格式为:

stem3(z); stem3(x, y, z)

pie3 函数绘制三维饼图,常用格式为:

pie3(x)

fill3 函数等效于二维函数 fill,可在三维空间内绘制出填充过的多边形,常用格式为:

fill3(x, y, z, c)

【例 4-30】 绘制下列三维图形。

(1) 绘制魔方阵的三维条形图;

(2) 以三维杆图形式绘制曲线 $y = 2\sin(x)$;

(3) 已知 x = [2347, 1827, 2043, 3025],绘制饼图;

(4) 用随机的顶点坐标值画出五个黄色三角形。

```
>> subplot(1, 4, 1); bar3(magic(4))
>> subplot(1, 4, 2); y = 2 * sin(0:pi/10: 2 * pi); stem3(y);
>> subplot(1, 4, 3); pie3([2347, 1827, 2043, 3025]);
>> subplot(1, 4, 4); fill3(rand(3, 5), rand(3, 5), rand(3, 5), 'y')
```

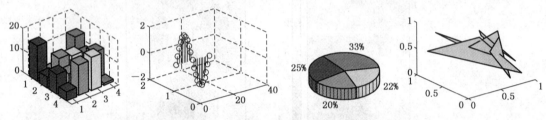

图 4-34 三维条形图、杆图、饼图和填充图

2. 瀑布图和三维等高线图

【例 4-31】 绘制多峰函数的瀑布图和三维等高线图。

```
>> subplot(1, 2, 1); [X, Y, Z] = peaks(30); waterfall(X, Y, Z)
>> xlabel('X-axis'), ylabel('Y-axis'), zlabel('Z-axis');
>> subplot(1, 2, 2); contour3(X, Y, Z, 12, 'k');    % 其中 12 代表高度的等级数
>> xlabel('X-axis'), ylabel('Y-axis'), zlabel('Z-axis');
```

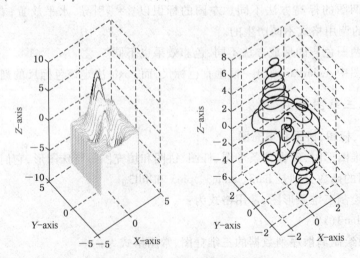

图 4-35 瀑布图和三维等高线图

五、三维图形特殊效果

1. 图形的透视

【例 4-32】 绘制大小不同二标准球面,并使大球面有透视效果。

>> [X0, Y0, Z0] = sphere(30); X = 2 * X0; Y = 2 * Y0; Z = 2 * Z0;

>> surf(X0, Y0, Z0); shading interp

>> hold on, mesh(X, Y, Z), colormap(hot), hold off

>> hidden off

>> axis equal, axis off

图 4-36　透视效果图

2. 图形的镂空

【例 4-33】 利用"非数"NaN,对图形进行剪切处理。

>> t = linspace(0, 2 * pi, 100); r = 1 - exp(- t/2) . * cos(4 * t);

>> [X, Y, Z] = cylinder(r, 60);

>> ii = find(X < 0 & Y < 0); Z(ii) = NaN;

>> surf(X, Y, Z); colormap(spring), shading interp

>> light('position', [- 3, - 1, 3], 'style', 'local')

>> material([0.5, 0.4, 0.3, 10, 0.3])

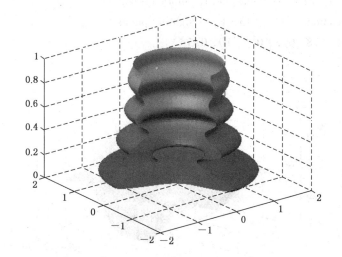

图 4-37　三维图形剪切处理

【例 4-34】 利用"非数"NaN,对图形进行镂空处理。

>> P = peaks(30); P(18:20, 9:15) = NaN;

>> surfc(P); colormap(summer)

>> light('position', [50, - 10, 5]), lighting flat

>> material([0.9, 0.9, 0.6, 15, 0.4])

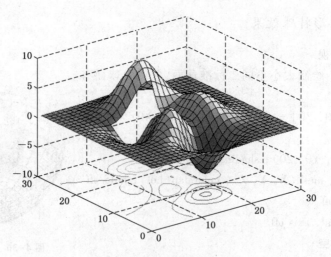

图 4-38 三维曲面镂空处理

3. 表现切面

【例 4-35】 用 $z = 0$ 表现切面。

```
>> clf, x = [-8:0.05:8]; y = x; [X, Y] = meshgrid(x, y); ZZ = X.^2 - Y.^2;
>> ii = find(abs(X) > 6 | abs(Y) > 6);
>> ZZ(ii) = zeros(size(ii));
>> surf(X, Y, ZZ), shading interp; colormap(copper)
>> light('position', [0, -15, 1]); lighting phong
>> material([0.8, 0.8, 0.5, 10, 0.5])
```

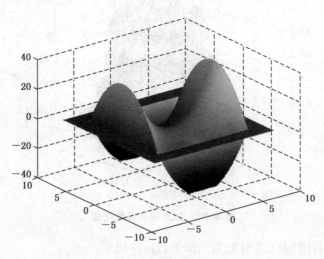

图 4-39 切面表现

六、平面与曲面相交

在 MATLAB 中可以求直线与平面相交、直线与曲线相交、平面与平面相交、平面与曲面以及曲面与曲线相交,求出交线(交点)坐标,主要方法是求出两个相交对象相应点的 z 坐标

重合或 z 坐标相差一个 eps，eps 与坐标网格的划分有关，如果网格较密（因计算机速度较快，网格密度是可以较大的），eps 可以较小，达到解析解的精度。

1. 曲面与单一平面相交

【例 4-36】 求平面 $z=2$ 与曲面 $z=x^2+y^2$ 的交线。

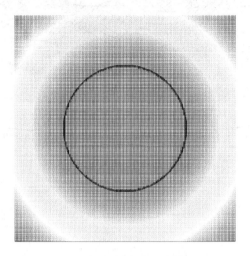

图 4-40 平面与曲面交线图

```
>> x = -9:0.1:8                              % 网格范围及密度
>> y = x;[X,Y] = meshgrid(x,y)
>> Z1 = 2 * ones(size(X))                    % 平面方程 z = 2
>> Z2 = X.^2 + Y.^2                          % 曲面方程
>> mesh(X,Y,Z1);hold on;mesh(X,Y,Z2)
>> r0 = (abs(Z2 - Z1) < =0.65)               % 求交线,eps = 0.65
>> zz = r0.* Z1                              % 计算交线 z 坐标
>> yy = r0.* Y                               % 计算交线 y 坐标
>> xx = r0.* X                               % 计算交线 x 坐标
>> plot3(xx(r0~=0),yy(r0~=0),zz(r0~=0),'k*');view(0,90);axis equal
```

2. 曲面与曲面相交

【例 4-37】 求曲面 $z=x^2-2y^2$ 与曲面 $z=x^2+y^2-5$ 的交线。

```
>> [x,y] = meshgrid(-1:0.1:2)                % 网格范围及密度
>> z1 = x.*x - 2*y.*y;                       % 曲面方程 1
>> z2 = x.*x + y.*y - 5                      % 曲面方程 2
>> mesh(x,y,z1);hold on;mesh(x,y,z2)
>> r0 = (abs(z2 - z1) < 0.1)                 % 求交线,eps = 0.1
>> zz = r0.*z1;yy = r0.*y;xx = r0.*x         % 计算交线坐标
>> plot3(xx(r0~=0),yy(r0~=0),zz(r0~=0),'k*')
>> colormap(cool);view(-137,-6)
```

通过以上实例可以看出，在 MATLAB 中求交线是很方便的，并且可以画出交线图。

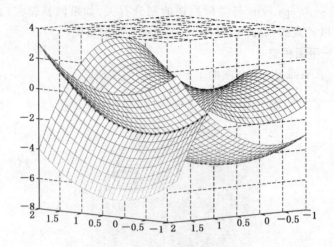

图 4-41 曲面与曲面相交

七、动态图形

1. 二维动态图形

画二维动态图的函数是 comet，调用格式为：

(1) comet(y); (2) comet(x, y); (3) comet(x, y, p)。   % 默认为 p = 0.10

【例 4-38】 用 comet 函数演示二维动态图形。

>> t = - pi: pi/200: pi;

>> comet(t, tan(sin(t)) - sin(tan(t)), 0.001)

2. 三维动态图形

【例 4-39】 卫星返回地球的运动轨线示意。

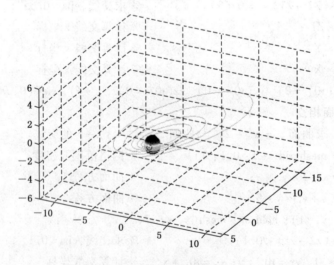

图 4-42 三维动态演示图

>> shg; R0 = 1; a = 12 * R0; b = 9 * R0; T0 = 2 * pi; T = 5 * T0; dt = pi/100; t = [0: dt:T]';

>> f = sqrt(a^2 - b^2); th = 12.5 * pi/180; E = exp(-t/20);
>> x = E. * (a * cos(t) - f); y = E. * (b * cos(th) * sin(t)); z = E. * (b * sin(th) * sin(t));
>> plot3(x, y, z, 'g')
>> [X, Y, Z] = sphere(30); X = R0 * X; Y = R0 * Y; Z = R0 * Z; grid on, hold on,
>> surf(X, Y, Z), shading interp
>> x1 = -18 * R0; x2 = 6 * R0; y1 = -12 * R0; y2 = 12 * R0; z1 = -6 * R0; z2 = 6 * R0;
>> axis([x1 x2 y1 y2 z1 z2])
>> view([117 37]), comet3(x, y, z, 0.02), hold off

第三节 图形修饰处理

一、视点处理

MATLAB 提供了设置视点的函数 view,其调用格式为：

view(az, el)

其中 az 为方位角,el 为仰角,它们均以度为单位。系统缺省的视点定义为方位角 -37.5°,仰角 30°。

【例 4-40】 绘制多峰函数三维曲面,并改变其视角。

>> shg; clf; [X, Y] = meshgrid([-2: .2: 2]); Z = 4 * X. * exp(-X.^2 - Y.^2);
>> G = gradient(Z); subplot(1, 2, 1), surf(X, Y, Z, G)
>> subplot(1, 2, 2), h = surf(X, Y, Z, G);
>> rotate(h, [-2, -2, 0], 30, [2, 2, 0]), colormap(jet)

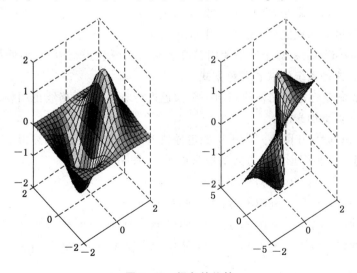

图 4-43 视角的旋转

二、色彩处理

1. 颜色的向量表示

MATLAB 除用字符表示颜色外,还可以用含有 3 个元素的向量表示颜色。向量元素在 [0,1] 范围取值,3 个元素分别表示红、绿、蓝 3 种颜色的相对亮度,称为 RGB 三元组。

2. 色图

色图(Color map)是 MATLAB 系统引入的概念。在 MATLAB 中,每个图形窗口只能有一个色图。色图是 m×3 的数值矩阵,它的每一行是 RGB 三元组。色图矩阵可以人为地生成,也可以调用 MATLAB 提供的函数来定义色图矩阵。

常用色图函数见表 4-4。

表 4-4 常用色图函数

函 数	颜 色	函 数	颜 色
cool	冷色,青和品红浓淡色图	jet	hsv 彩色图的变形
copper	纯铜色,线性变化纯铜色图	bone	蓝色色调的灰度彩色图
gray	灰色,线性灰度	flag	红、白、蓝、黑交互的彩色图
hot	暖色,黑-红-黄-白交错图	colorcube	增强的彩色立方体彩色图
hsv	Hsv 方式色图,饱和色彩图	spring	品红和黄阴影彩色图
pink	淡粉红色图	summer	绿和黄阴影彩色图
prism	光谱色图	autumn	红和黄阴影彩色图
white	全白色图	winter	蓝和绿阴影彩色图

3. 三维表面图形的着色

三维表面图实际上就是在网格图的每一个网格片上涂上颜色。surf 函数用缺省的着色方式对网格片着色。除此之外,还可以用 shading 命令来改变着色方式。

shading faceted 命令将每个网格片用其高度对应的颜色进行着色,但网格线仍保留着,其颜色是黑色。这是系统的缺省着色方式。

shading flat 命令将每个网格片用同一个颜色进行着色,且网格线也用相应的颜色,从而使得图形表面显得更加光滑。

shading interp 命令在网格片内采用颜色插值处理,得出的表面图显得最光滑。

【例 4-41】 三种图形着色方式的效果展示,见图 4-44。

```
>> [x, y, z] = sphere(20); colormap(copper);
>> subplot(1, 3, 1); surf(x, y, z); axis equal
>> subplot(1, 3, 2); surf(x, y, z); shading flat; axis equal
>> subplot(1, 3, 3); surf(x, y, z); shading interp; axis equal
```

三、光照处理

MATLAB 提供了灯光设置的函数,其调用格式为:

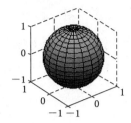 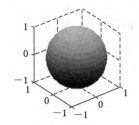 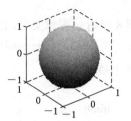

图 4-44　三维图形着色

light('Color',选项 1,'Style',选项 2,'Position',选项 3)

【例 4-42】　灯光、照明、材质指令所表现的图形,见图 4-45。

\>\> [X, Y, Z] = sphere(40); colormap(jet)
\>\> subplot(1, 2, 1); surf(X, Y, Z); shading interp
\>\> light ('position', [2, -2, 2], 'style', 'local')
\>\> lighting phong; material([0.5, 0.3, 0.5, 10, 0.5])
\>\> subplot(1, 2, 2); surf(X, Y, Z, -Z); shading flat
\>\> light; lighting flat
\>\> light('position', [-1, -1, -2], 'color', 'y')
\>\> light('position', [-1, 0.5, 1], 'style', 'local', 'color', 'w')
\>\> material([0.4, 0.5, 0.3, 10, 0.3])

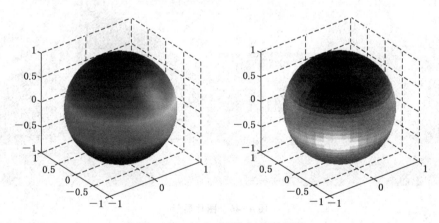

图 4-45　灯光、照明、材质效果图

第四节　图像处理与动画制作

一、图像处理

1. imread 和 imwrite 函数

imread 和 imwrite 函数分别用于将图像文件读入 MATLAB 工作空间,以及将图像数据和色图数据一起写入一定格式的图像文件。MATLAB 支持多种图像文件格式,如 .bmp、.jpg、

.tif 等。

【例 4-43】 图像文件的读取和写入。

```
>> [X, cmap] = imread('jlh.jpg');    %读取当前工作目录中的图像文件
>> class(X)
ans =
    uint8
>> size(X)
ans =
    683   1181    3
>> imwrite(X, 'jlh_new.jpg')          %生成新文件"jlh_new.jpg"
```

2. image 和 imagesc 函数

这两个函数用于图像显示。为了保证图像的显示效果,一般还应使用 colormap 函数设置图像色图。

【例 4-44】 有一图像文件 dh.jpg,在图形窗口中显示该图像。

```
>> [x, cmap] = imread('dh.jpg');      %读取图像的数据阵和色图阵
>> image(x); colormap(cmap);
>> axis image off                      %保持宽高比并取消坐标轴
```

图 4-46 图片显示

3. imshow 函数

在 MATLAB 的图像处理工具箱中,还提供了一个应用很广泛的图像显示函数,即 imshow 函数。imshow 函数的调用格式如下:

imshow 文件名

该文件名必须带有合法的扩展名,且该图像文件必须保存在当前工作目录下,或在 MATLAB 默认目录下,如显示一幅在当前目录下的"jlh.jpg"图片:

```
>> imshow jlh.jpg
```

显示结果见图 4-47。

图 4-47　直接显示图片文件

4. montage 函数

在 MATLAB 中,要同时显示多帧图像阵列,需要调用 montage 函数。

【例 4-45】　在一个图形窗口中同时显示两张照片。

图 4-48　例 4-45 图

```
>> A1 = imread('jlh.jpg');
>> A2 = imread('dh.jpg');
>> RGB1 = imcrop(A1,[0,0,512,680]);      % imcrop 为图像剪切函数,保证两图
                                          像大小相同
>> RGB2 = imcrop(A2,[0,0,512,680]);
>> RGB = cat(2,RGB1,RGB2);               % 用 cat 函数实现矩阵的合并
>> image(RGB)
>> axis image off
```

二、动画制作

MATLAB 提供 getframe、moviein 和 movie 函数进行动画制作和播放,也可以用 im2frame 函数由图形资料生成动画,或由 aviread 函数直接读取电影文件。

1. getframe 函数

getframe 函数可截取一幅画面信息(称为动画中的一帧),一幅画面信息形成一个很大的列向量。显然,保存 n 幅图面就需一个大矩阵。

2. moviein 函数

moviein(n)函数用来建立一个足够大的 n 列矩阵。该矩阵用来保存 n 幅画面的数据,以备播放。之所以要事先建立一个大矩阵,是为了提高程序运行速度。

3. movie 函数

movie(m,n)函数播放由矩阵 m 所定义的画面 n 次,缺省时播放一次。

【例 4-46】 绘制 peaks 函数曲面,并且将它绕 z 轴旋转 2 次。

```
>> [X,Y,Z] = peaks(30); surf(X,Y,Z); axis([-3,3,-3,3,-10,10])
>> axis off; shading interp; colormap(hot);
>> m = moviein(20);                      % 建立一个20列大矩阵
>> for i = 1:20
      view(-37.5 + 24*(i-1),30)          % 改变视点
      m(:,i) = getframe;                 % 将图形保存到 m 矩阵
>> end
>> movie(m,2);                           % 播放画面2次
```

4. aviread 函数

aviread 函数可以读取电影(movie)文件,以备播放,电影文件格式为 *.avi。例如当前目录下有 a.avi 电影文件,则执行以下命令,在 MATLAB 图形窗口中可播放该电影文件。

```
>> z = aviread('a.avi')
z =
1x37 struct array with fields:
       cdata
       colormap
>> movie(z)
```

与之相关的函数还有 aviinfo，avifile，frame2im 等。

练 习 题

1. 绘制函数 $y(t) = 1 - 2e^{-t}\sin(t)$ $(0 \leqslant t \leqslant 8)$ 图形，且在 x 轴上写"Time"标识，y 轴上写"Amplitude"标识，图形的标题为"Decaying Oscillating Exponential"。
2. 绘制下列极坐标图形（区间为 $0 \leqslant \theta \leqslant 2\pi$）：
   (1) $r = 2(1 - \cos\theta)$；　　　　(2) $r = 3(1 + \cos\theta)$；
   (3) $r = 3(1 + \sin\theta)$；　　　　(4) $r = \cos 3\theta$。
3. 在 $1 \leqslant x \leqslant 4$ 区间内，绘制曲线 $y = 2e^{-0.5x}\lg(2\pi x)$。
4. 在 $1 \leqslant x \leqslant 2\pi$ 区间内，绘制曲线 $y = 2\sin 2x$ 和 $y = 3\sin 3x$。
5. 求函数 z 的三维图形。定义区间与函数 z 的表达式如下：
$$z = \frac{1}{(x+1)^2 + (y+1)^2 + 1} - \frac{1.5}{(x-1)^2 + (y-1)^2 + 1} \quad (-5 \leqslant x \leqslant 5, -5 \leqslant y \leqslant 5)$$
6. 一般二维曲面方程为 $z = \pm c\sqrt{d - \frac{x^2}{a^2} - \frac{y^2}{b^2}}$，画出当 $a = 5$、$b = 4$、$c = 3$、$d = 1$ 的二次曲面。
7. 求直线与曲线相交，曲线方程为 $3\sin x$，直线由两点 $(0, 1)$ 和 $(2, 2)$ 决定，并绘出图形。
8. 求平面 $2x + 3y + z + 1 = 0$ 与球面 $(x-1)^2 + y^2 + z^2 = 4$ 相交，并绘出图形。
9. 绘制正十六边形，在十六边形内涂以紫红色。
10. 某三口家庭，月收入 5500 元。开支如下：

    住房还贷　　　　2200
    饮食费用　　　　1500
    文教费　　　　　600
    医药费用（平均）　200
    交通费　　　　　300
    储蓄　　　　　　700

    试绘制饼图，并把支出最大部分从饼图中分离出来。
11. 分别用 plot，fplot，ezplot 函数绘制函数 $y(x) = x^2\sin(x^2 - x - 2)$ $(-2 \leqslant x \leqslant 2)$ 的图形。
12. 绘制出一个半径为 5 的圆，并隐藏坐标轴。
13. 用 texlabel 函数生成如图 4-49 所示希腊字母。

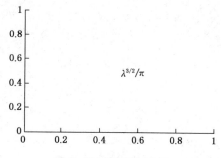

图 4-49　练习题 13 图

14. 采用 Tex 字符生成如图 4-50 所示的图形。

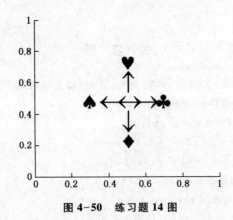

图 4-50　练习题 14 图

15. 在三个子坐标轴中分别显示三条曲线：上面两个坐标轴显示正弦曲线，且第一个无边框无网格，第二个有边框有主网格，第三个子坐标轴（在图形窗口的下半区）显示余弦曲线，且显示次坐标网格线。

第五章　MATLAB 符号运算

MATLAB 不仅具有数值运算功能,还开发了在 MATLAB 环境下实现符号计算的工具包 Symbolic Math Toolbox 和大量的符号运算函数,符号运算的主要功能有:
(1) 符号表达式、符号矩阵的创建;
(2) 符号线性代数;
(3) 因式分解、展开和简化;
(4) 符号方程(组)求解;
(5) 符号微积分;
(6) 符号微分方程(组)。

第一节　符号运算的基本操作

一、概述

1. 什么是符号运算

符号运算与数值运算的区别:
(1) 数值运算中必须先对变量赋值,然后才能参与运算;
(2) 符号运算无须事先对独立变量赋值,运算结果以标准的符号形式表达。

2. 特点

(1) 运算对象可以是没赋值的符号变量;
(2) 可以获得任意精度的解析解。

二、符号矩阵的创建

对于数值矩阵
>> A = [1, 2; 3, 4];
是可以的,但
>> A = [a, b; c, d]
??? Undefined function or variable 'a'
不可以。如果把 a、b、c、d 当作符号来对待,必须说明 a、b、c、d 为符号变量才行。
MATLAB 提供了两个建立符号对象的函数:sym 和 syms,两个函数的用法不同。

1. 创建单个符号变量函数

sym 函数用来建立单个符号变量,一般调用格式为:
符号变量名 = sym('符号字符串')
该函数可以建立一个符号变量,符号字符串可以是常量、变量、函数或表达式。
应用 sym 函数还可以定义符号常量,使用符号常量进行代数运算时和数值常量进行的运算不同。

【例 5-1】 创建一个符号矩阵,并显示其变量类型。

```
>> A = sym('[a,2*b;3*a,0]')
A =
    [  a, 2*b]
    [3*a,   0]
>> class(A)
ans =
    sym
```

这就完成了一个符号矩阵的创建。

注意:符号矩阵的每一行的两端都有方括号,这是与 MATLAB 数值矩阵的一个重要区别。符号变量是另一类型的变量,与数值型变量和字符型变量不同。符号运算函数的输出参数均为符号变量;大部分符号运算函数的输入参数要求是符号型变量。sym 函数的另一功能是将字符串表达式转换为符号型变量。

【例 5-2】 把字符表达式转换为符号变量。

```
>> y = sym('2*sin(x)*cos(x)')
y =
    2*sin(x)*cos(x)
>> y = simple(y)    % 化简函数
y =
    sin(2*x)
```

2. 创建多个符号变量函数

函数 sym 一次只能定义一个符号变量,使用不方便。MATLAB 提供了另一个函数 syms,一次可以定义多个符号变量。syms 函数的一般调用格式为:

syms 符号变量名1　符号变量名2　…　符号变量名 n

用这种格式定义符号变量时不要在变量名上加字符串分界符('),变量间用空格而不要用逗号分隔。

【例 5-3】 用符号计算验证三角等式 $\sin\varphi_1\cos\varphi_2 - \cos\varphi_1\sin\varphi_2 = \sin(\varphi_1 - \varphi_2)$。

```
>> syms fai1 fai2;
>> y = simple(sin(fai1)*cos(fai2)-cos(fai1)*sin(fai2))
y =
    sin(fai1-fai2)
```

【例 5-4】 求矩阵 $A = \begin{bmatrix} a_{11} & a_{12} \\ a_{21} & a_{22} \end{bmatrix}$ 的行列式值、逆和特征根。

```
>> syms a11 a12 a21 a22; A = [a11,a12;a21,a22]
A =
    [a11, a12]
    [a21, a22]
>> DA = det(A), IA = inv(A), EA = eig(A)
```

DA =
    a11 * a22 - a12 * a21
IA =
    [a22/(a11 * a22 - a12 * a21), -a12/(a11 * a22 - a12 * a21)]
    [-a21/(a11 * a22 - a12 * a21), a11/(a11 * a22 - a12 * a21)]
EA =
    [1/2 * a11 + 1/2 * a22 + 1/2 * (a11^2 - 2 * a11 * a22 + a22^2 + 4 * a12 * a21)^(1/2)]
    [1/2 * a11 + 1/2 * a22 - 1/2 * (a11^2 - 2 * a11 * a22 + a22^2 + 4 * a12 * a21)^(1/2)]

第二节 因式分解、展开和简化

一、因式分解

1. 因式分解

factor 指令的使用。

【例 5-5】 对多项式 $f(x) = x^4 - 5x^3 + 5x^2 + 5x - 6$ 进行因式分解。

```
>> syms a x; f1 = x^4 - 5 * x^3 + 5 * x^2 + 5 * x - 6;
>> fa = factor(f1)
fa =
    (x - 1) * (x - 2) * (x - 3) * (x + 1)
```

2. 嵌套型分解

horner 指令的使用。

【例 5-6】 对多项式 $f(x) = x^4 - 5x^3 + 5x^2 + 5x - 6$ 进行嵌套分解。

```
>> clear; syms a x; f1 = x^4 - 5 * x^3 + 5 * x^2 + 5 * x - 6;
>> ho = horner(f1)
ho =
    x * (x * (x * (x - 5) + 5) + 5) - 6
```

二、多项式展开

expand 指令的使用。

【例 5-7】 将例 5-5 和例 5-6 的结果展开。

```
>> expand(fa)
ans =
    x^4 - 5 * x^3 + 5 * x^2 + 5 * x - 6
>> expand(ho)
ans =
    x^4 - 5 * x^3 + 5 * x^2 + 5 * x - 6
```

三、多项式简化

simplify、simple 指令的使用。

【例 5-8】 简化 $f = \sqrt[3]{\dfrac{1}{x^3} + \dfrac{6}{x^2} + \dfrac{12}{x} + 8}$。

```
>> syms x; f = (1/x^3 + 6/x^2 + 12/x + 8)^(1/3);
>> sfy1 = simplify(f), sfy2 = simplify(sfy1)
sfy1 =
       ((2*x+1)^3/x^3)^(1/3)
sfy2 =
       ((2*x+1)^3/x^3)^(1/3)
>> g1 = simple(f), g2 = simple(g1)
g1 =
       (2*x+1)/x
g2 =
       2+1/x
```

【例 5-9】 简化 $ff = \cos x + \sqrt{-\sin^2 x}$。

```
>> syms x; ff = cos(x) + sqrt(-sin(x)^2);
>> ssfy1 = simplify(ff), ssfy2 = simplify(ssfy1)
ssfy1 =
       cos(x) + (-1 + cos(x)^2)^(1/2)
ssfy2 =
       cos(x) + (-1 + cos(x)^2)^(1/2)
>> gg1 = simple(ff), gg2 = simple(gg1)
gg1 =
       cos(x) + i*sin(x)
gg2 =
       exp(i*x)
```

simplify 与 simple 的区别:

(1) simplify——一般化简(simplify);

(2) simple——求最短式(Search for shortest form)。

第三节 符号微积分

一、极限

limit 函数的调用格式为:

(1) limit(f, x, a)——求符号函数 f(x) 的极限值。即计算当变量 x 趋近于常数 a 时, f(x) 函数的极限值。

(2) limit(f, a)——求符号函数 f(x) 的极限值。由于没有指定符号函数 f(x) 的自变量,则使用该格式时,符号函数 f(x) 的变量为函数 findsym(f) 确定的默认自变量,即变量 x 趋近于 a。

(3) limit(f)——求符号函数 f(x) 的极限值。符号函数 f(x) 的变量为函数 findsym(f) 确定的默认变量;没有指定变量的目标值时,系统默认变量趋近于 0,即 a=0 的情况。

(4) limit(f, x, a, 'right')——求符号函数 f 的极限值。'right'表示变量 x 从右边趋近于 a。

(5) limit(f, x, a, 'left')——求符号函数 f 的极限值。'left'表示变量 x 从左边趋近于 a。

【例 5-10】 求下列函数的极限:

$$\lim_{x \to a} \frac{x(e^{\sin(x)} + 1) - 2(e^{\tan(x)} - 1)}{x + a}; \qquad \lim_{x \to \inf}\left(1 + \frac{2t}{x}\right)^{3x};$$

$$\lim_{x \to \inf-} x(\sqrt{x^2 + 1} - x); \qquad \lim_{x \to 2+} \frac{\sqrt{x} - \sqrt{2} - \sqrt{x-2}}{\sqrt{x^2 - 4}}。$$

```
>> syms a m x; f = (x*(exp(sin(x)) + 1) - 2*(exp(tan(x)) - 1))/(x + a);
>> limit(f, x, a)
ans =
    exp(sin(a))/2 + 1/a - exp(sin(a)/cos(a))/a + 1/2
>> syms x t; limit((1 + 2*t/x)^(3*x), x, inf)
ans =
    exp(6*t)
>> syms x; f = x*(sqrt(x^2 + 1) - x);
>> limit(f, x, inf, 'left')
ans =
    1/2
>> syms x; f = (sqrt(x) - sqrt(2) - sqrt(x - 2))/sqrt(x*x - 4);
>> limit(f, x, 2, 'right')
ans =
    -1/2
```

二、符号导数

diff 函数用于对符号表达式求导数,该函数的一般调用格式为:

(1) diff(s)——没有指定变量和导数阶数,则系统按 findsym 函数指示的默认变量对符号表达式 s 求一阶导数;

(2) diff(s, 'v')——以 v 为自变量,对符号表达式 s 求一阶导数;

(3) diff(s, n)——按 findsym 函数指示的默认变量对符号表达式 s 求 n 阶导数,n 为正整数;

(4) diff(s, 'v', n)——以 v 为自变量,对符号表达式 s 求 n 阶导数。

【例 5-11】 求 $\dfrac{\mathrm{d}}{\mathrm{d}x}\begin{bmatrix} a & t^3 \\ t\cos x & \ln x \end{bmatrix}$、$\dfrac{\mathrm{d}^2}{\mathrm{d}t^2}\begin{bmatrix} a & t^3 \\ t\cos x & \ln x \end{bmatrix}$ 和 $\dfrac{\mathrm{d}^2}{\mathrm{d}x\mathrm{d}t}\begin{bmatrix} a & t^3 \\ t\cos x & \ln x \end{bmatrix}$。

```
>> syms a t x; f = [a, t^3; t*cos(x), log(x)];
>> df = diff(f)
>> dfdt2 = diff(f, t, 2)
>> dfdxdt = diff(diff(f, x), t)
```
df =
　　[0, 0]
　　[-t*sin(x), 1/x]

dfdt2 =
　　[0, 6*t]
　　[0, 0]

dfdxdt =
　　[0, 0]
　　[-sin(x), 0]

三、符号积分

符号积分由函数 int 来实现。该函数的一般调用格式为：

（1）int(s)——没有指定积分变量和积分阶数时，系统按 findsym 函数指示的默认变量对被积函数或符号表达式 s 求不定积分。

（2）int(s, v)——以 v 为自变量，对被积函数或符号表达式 s 求不定积分。

（3）int(s, v, a, b)——求定积分运算。a, b 分别表示定积分的下限和上限。该函数求被积函数在区间[a, b]上的定积分。a 和 b 可以是两个具体的数，也可以是一个符号表达式，还可以是无穷(inf)。当函数 f 关于变量 x 在闭区间[a, b]上可积时，函数返回一个定积分结果。当 a, b 中有一个是 inf 时，函数返回一个广义积分。当 a, b 中有一个符号表达式时，函数返回一个符号函数。

【例 5-12】 求符号函数矩阵积分 $\int \begin{bmatrix} ax & bx^2 \\ \dfrac{1}{x} & \sin x \end{bmatrix} dx$。

```
>> syms a b x; f = [a*x, b*x^2; 1/x, sin(x)];
>> int(f)
```
ans =
　　[1/2*a*x^2, 1/3*b*x^3]
　　[log(x), -cos(x)]

【例 5-13】 求积分 $\int_1^2 \int_{\sqrt{x}}^{x^2} \int_{\sqrt{xy}}^{x^2y} (x^2 + y^2 + z^2) dz dy dx$，内积分上下限都是函数。

```
>> syms x y z
>> F2 = int(int(int(x^2+y^2+z^2, z, sqrt(x*y), x^2*y), y, sqrt(x), x^2), x, 1, 2)
```
F2 =
　　1610027357/6563700 - 6072064/348075*2^(1/2) + 14912/4641*2^(1/4) + 64/

225 * 2^(3/4)
>> VF2 = vpa(F2)
VF2 =
224.92153573331143159790710032805

函数 vpa 和 subs 将在第四节中详细介绍：

（1） vpa——可变精度运算（Variable precision arithmetic）；

（2） subs——符号替换（Symbolic substitution）。

四、数值积分

1. 数值积分基本原理

求解定积分的数值方法多种多样，如简单的梯形法、辛普生（Simpson）法、牛顿—柯特斯（Newton-Cotes）法等都是经常采用的方法。它们的基本思想都是将整个积分区间 $[a, b]$ 分成 n 个子区间 $[x_i, x_{i+1}]$，$i = 1, 2, \cdots, n$，其中 $x_1 = a$，$x_{n+1} = b$。这样求定积分问题就分解为求和问题。

2. 数值积分的实现方法

基于变步长辛普生法，MATLAB 给出了 quad 函数来求定积分，该函数的调用格式为：

[I, n] = quad('fname', a, b, tol, trace)

基于变步长、牛顿—柯特斯法，MATLAB 给出了 quadl 函数来求定积分，该函数的调用格式为：

[I, n] = quadl('fname', a, b, tol, trace)

其中 fname 是被积函数名，a 和 b 分别是定积分的下限和上限，tol 用来控制积分精度，缺省时取 tol = 0.001，trace 控制是否展现积分过程，若取非 0 则展现积分过程，取 0 则不展现，缺省时取 trace = 0。返回参数 I 即定积分值，n 为被积函数的调用次数。

【例 5-14】 求 $I = \int_0^1 e^{-x^2} dx$，其精确值为 $0.74684204\cdots$。

① 符号解析法

>> syms x; IS = int('exp(-x*x)', 'x', 0, 1)
IS =
1/2*erf(1)*pi^(1/2)
>> vpa(IS)
ans =
.74682413281242702539946743613185

② 数值法

>> fun = inline('exp(-x.*x)', 'x');
>> Isim = quad(fun, 0, 1)
Isim =
0.746824180726425
IL = quadl(fun, 0, 1)
IL =

0.746824133988447

3. 梯形法求向量积分

trapz(x, y)——梯形法沿列方向求函数 y 关于自变量 x 的积分。

【例 5-15】 用向量法求 $I = \int_0^1 e^{-x^2} dx$。

① 调用积分函数时积分间距为 1

```
>> d = 0.001;
>> x = 0:d:1;
>> S = d * trapz(exp(-x.^2))
S =
    0.7468
```

② 积分间距为向量 x

```
>> format long g
>> x = 0:0.001:1;      % x 向量
>> y = exp(-x.^2);     % y 向量
>> S = trapz(x,y);     % 求向量积分
S =
    0.746824071499185
```

第四节　符号变量替换及计算精度

一、符号替换

符号替换是用数字或字符替换符号表达式中的某个变量。MATLAB 中的函数 subs 是利用同类软件 MAPLE 中的 subs 命令编写的,适用于单个符号矩阵、符号表达式、符号代数方程或微分方程,它们的具体使用格式如下:

（1）subs(S, NEW)——用新变量 NEW 替代 S 中的默认变量；

（2）subs(S, OLD, NEW)——用新变量 NEW 替代 S 中的指定变量 OLD。

【例 5-16】 分别用 π 和 7 替代符号矩阵中的 x 和 a。

```
>> syms x a b F = [cos(a+b)*x, a*x^2+b*x+a; exp(a*x), sqrt(a+x)]
>> F1 = subs(F, pi)        % 用 pi 替代 F 中的默认变量 x
>> F2 = subs(F, a, 7)      % 用 7 替代 F 中的变量 a
F =
    [cos(a+b)*x,   a*x^2+b*x+a]
    [  exp(a*x),   (a+x)^(1/2)]
F1 =
    [cos(a+b)*pi,  a*pi^2+b*pi+a]
    [  exp(a*pi),  (a+pi)^(1/2)]
F2 =
```

$$[\cos(7+b)*x, \quad 7*x\verb|^|2+b*x+7]$$
$$[\quad \exp(7*x), \quad (7+x)\verb|^|(1/2)]$$

二、数字替代

在 MATLAB 中,下列函数可以将符号解变成数值解的任意精度:

(1) digits(n)——使近似解的精度为 n 位有效数字;

(2) vpa(F,n)——求 F 的 n 位数字有效的近似解,n 缺省时,给出默认精度近似解。

【例 5-17】 对于 $f(x) = x^2 - x - 1$,求解 $\dfrac{\mathrm{d}}{\mathrm{d}x}f(x)$ 各种表现形式的值。

```
>> syms x f = 'x^2 - x - 1'
>> dx = diff(f), Dx = subs(dx, x, '1/3'), Vdx1 = vpa(Dx, 20)
>> digits(30), Vdx = vpa(Dx)
f =
    x^2 - x - 1
dx =
    2*x - 1
Dx =
    -1/3
Vdx1 =
    -.33333333333333333333
Vdx =
    -.333333333333333333333333333333
```

三、格式转换

在 MATLAB 中,允许将数字定义成符号类型,并像数值类型一样设置不同的格式。符号的数值表示格式如表 5-1。

表 5-1 符号格式定义函数

格式函数	说 明	4/3 的示例
sym(4/3, 'f')	浮点格式	'1.5555555555555' * 2^(0)
sym(4/3, 'r')	有理格式	4/3
sym(4/3, 'e')	有理浮点误差格式	4/3 - eps/3
sym(4/3, 'd')	十进制格式	1.3333333333333325931846502499

MATLAB 中的数值矩阵不能直接参与符号运算,必须转换为符号表达式才行,将数值矩阵 N 转换为符号矩阵的格式为:

sym(N)

【例 5-18】 将数值矩阵 N 转换为指定精度的符号矩阵。

```
>> N = [1/3 sqrt(2)/3; pi log2]
```

```
>> sym(N, 'd')
>> VN = vpa(N, 6)
N =
    0.3333    0.4714
    3.1416    0.6931
ans =
[ .33333333333333333314829616256247, .47140452079103173366192436333 2]
[3.1415926535897931159979634685 4, .69314718055994528622676398299 5]
VN =
[ .333333, .471403]
[3.14159, .693147]
```

第五节 符号方程求解

一、符号代数方程求解

在 MATLAB 中,求解用符号表达式表示的代数方程可由函数 solve 实现,其调用格式为:

(1) solve(s)——求解符号表达式 s 的代数方程,求解变量为默认变量;

(2) solve(s, v)——求解符号表达式 s 的代数方程,求解变量为 v;

(3) solve(s1, s2, …, sn, v1, v2, …, vn)——求解符号表达式 s1, s2, …, sn 组成的代数方程组,求解变量分别 v1, v2, …, vn。

【例 5-19】 求方程 $(x+2)^x = 2$ 的解。

```
>> clear all, syms x; s = solve('(x+2)^x=2', 'x')
s =
    .69829942170241042826920133106081
```

对于用 MATLAB 解多次的非线性方程组,主要是通过符号解法。

一般求解方法是先解出符号解,然后用 vpa(F, n)求出 n 位有效数字的数值解。具体步骤如下:

(1) 定义变量 syms x y z …;

(2) 求解 [x, y, z, …] = solve('eqn1', 'eqn2', …,' eqnN',' var1',' var2', …'varN');

(3) 求出 n 位有效数字的数值解 x = vpa(x, n);y = vpa(y, n);z = vpa(z, n);…。

【例 5-20】 解二元二次方程组 $\begin{cases} x^2 + 3y + 1 = 0, \\ y^2 + 4x + 1 = 0_\circ \end{cases}$

```
>> syms x y;
>> [x, y] = solve('x^2+3*y+1=0', 'y^2+4*x+1=0');
>> x = vpa(x, 4);
>> y = vpa(y, 4);
```

x =

   1.635 + 3.029 * i

   1.635 − 3.029 * i

   − .283

   − 2.987

y =

   1.834 − 3.301 * i

   1.834 + 3.301 * i

   − .3600

   − 3.307

二元二次方程组共 4 个实数根。

【例 5-21】 求方程组 $uy^2 + vz + w = 0$、$y + z + w = 0$ 关于 y、z 的解。

>> S = solve('u * y^2 + v * z + w = 0', 'y + z + w = 0', 'y', 'z')

>> disp('S.y'), disp(S.y), disp('S.z'), disp(S.z)

S =

   y: [2x1 sym]

   z: [2x1 sym]

S.y

   [−1/2/u * (−2 * u * w − v + (4 * u * w * v + v^2 − 4 * u * w)^(1/2)) − w]

   [−1/2/u * (−2 * u * w − v − (4 * u * w * v + v^2 − 4 * u * w)^(1/2)) − w]

S.z

   [1/2/u * (−2 * u * w − v + (4 * u * w * v + v^2 − 4 * u * w)^(1/2))]

   [1/2/u * (−2 * u * w − v − (4 * u * w * v + v^2 − 4 * u * w)^(1/2))]

【例 5-22】 解方程组 $\begin{cases} x^2 + xy + y = 3, \\ y^2 - 4x + 3 = 0 \end{cases}$。

>> [x, y] = solve('x^2 + x * y + y = 3', 'x^2 − 4 * x + 3 = 0', 'x', 'y')

x =

   1

   3

y =

   1

   − 3/2

即 x 等于 1 和 3；y 等于 1 和 −1.5。

二、符号常微分方程求解

在 MATLAB 中，用大写字母 D 表示导数。例如，Dy 表示 y'，D2y 表示 y''，Dy(0) = 5 表示 $y'(0) = 5$。D3y + D2y + Dy − x + 5 = 0 表示微分方程 $y''' + y'' + y' - x + 5 = 0$。符号常微分方程求解可以通过函数 dsolve 来实现，其调用格式为：

dsolve(e, c, v)

该函数求解常微分方程 e 在初值条件 c 下的特解。参数 v 描述方程中的自变量,省略时按缺省原则处理,若没有给出初值条件 c,则求方程的通解。

dsolve 在求常微分方程组时的调用格式为:

dsolve(e1, e2, …, en, c1, …, cn, v1, …, vn)

该函数求解常微分方程组 e1, …, en 在初值条件 c1, …, cn 下的特解,若不给出初值条件,则求方程组的通解,v1, …, vn 给出求解变量。

【例 5-23】 求解常微分方程 $\dfrac{d^2 y}{dx^2} + 2x = 2y$。

```
>> y = dsolve('D2y+2*x=2*y', 'x')
y =
    exp(2^(1/2)*x)*C2 + exp(-2^(1/2)*x)*C1 + x
```

【例 5-24】 求方程 $\dfrac{d^2 y}{dx^2} + 2\dfrac{dy}{dx} + 2y = 0$, $y(0) = 1$, $\dfrac{dy}{dx}(0) = 0$ 的解。

```
>> y = dsolve('D2y+2*Dy+2*y=0', 'y(0)=1', 'Dy(0)=0')
y =
    exp(-t)*cos(t) + exp(-t)*sin(t)
```

【例 5-25】 求解两点边值问题: $xy'' - 3y' = x^2$, $y(1) = 0$, $y(5) = 0$。

```
>> y = dsolve('x*D2y-3*Dy=x^2', 'y(1)=0, y(5)=0', 'x')
y =
    -1/3*x^3 + 125/468 + 31/468*x^4
```

【例 5-26】 求边值问题 $\dfrac{df}{dx} = 3f + 4g$, $\dfrac{dg}{dx} = -4f + 3g$, $f(0) = 0$, $g(0) = 1$ 的解。

```
>> S = dsolve('Df=3*f+4*g, Dg=-4*f+3*g', 'f(0)=0, f(3)=1')
>> S.f, S.g
S =
    f: [1x1 sym]
    g: [1x1 sym]
ans =
    exp(3*t)*sin(4*t)/sin(12)/(cosh(9)+sinh(9))
ans =
    exp(3*t)*cos(4*t)/sin(12)/(cosh(9)+sinh(9))
```

第六节 符号函数的可视化

一、直接绘图函数

直接绘图函数 fplot 命令的调用格式主要有:

(1) fplot(fun, lims, str, tol):直接绘制函数 y = fun(x) 的图形。其中,lims 为一个向量,若 lims 只包含两个元素则表示 x 轴的范围:[xmin, xmax]。若 lims 包含四个元素则前两个元素表示 x 轴的范围:[xmin, xmax],后两个元素表示 y 轴的范围:[ymin, ymax]。str 可以指定图形的线型和颜色。tol 的值小于 1,代表相对误差,默认值为 0.002,即 0.2%。

>> fplot(@humps, [-1, 5])

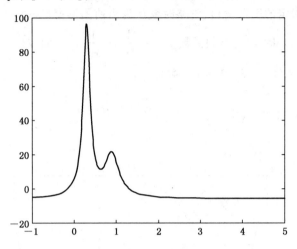

图 5-1　MATLAB 演示函数 humps 图形

上述命令中,@humps 表示以函数句柄的形式引用函数,详见第六章第六节。

（2）fplot(fun, lims, n):用最少 n+1 个点来绘制函数 fun 的图形,其中 n 大于等于 1。若要求函数值,用[X, Y] = fplot(fun, lims, n):返回 X 和 Y,不绘图。

>> fplot('x^2', [-1 1])

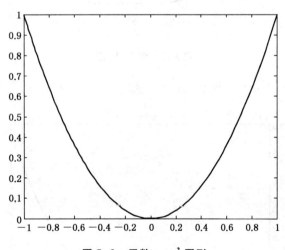

图 5-2　函数 $y = x^2$ 图形

二、简单绘图命令

1. 曲线绘图

ezplot 命令是绘制符号表达式的自变量和对应各函数值的二维曲线,ezplot3 命令用于绘制三维曲线。

命令格式:

ezplot(F, [xmin, xmax], fig)——画符号表达式 F 的图形

其中:F 是将要画的符号函数;[xmin, xmax]是绘图的自变量范围,省略时默认值为[-2π, 2π];fig 是指定的图形窗口,省略时默认为当前图形窗口。

【例 5-27】 用 ezplot 函数绘制函数 $y = -\frac{1}{3x^3} + \frac{1}{3x^4}$ 二维曲线。

```
>> y = sym('-1/3*x^3 + 1/3*x^4')
y =
    -1/3*x^3 + 1/3*x^4
>> ezplot(y)
```

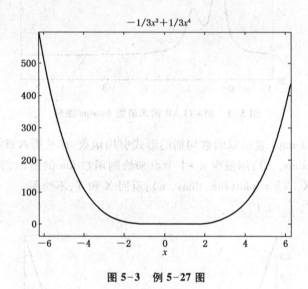

图 5-3 例 5-27 图

```
>> ezplot(y, [0, 100])    %绘制符号函数 y 在[0, 100]中的图形
```

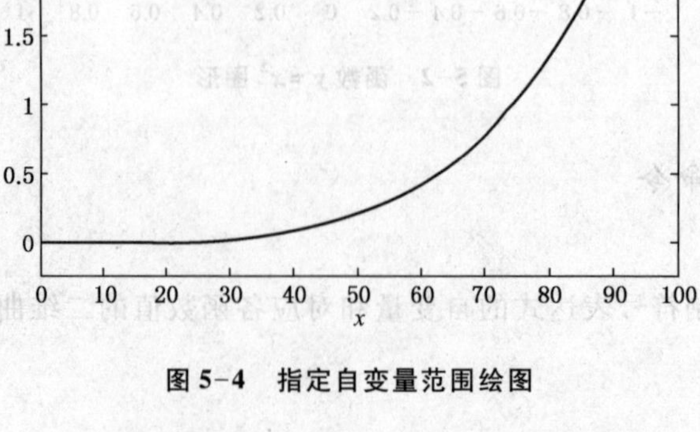

图 5-4 指定自变量范围绘图

【例 5-28】 用 ezplot3 绘制三维曲线图。
>> x = sym('sin(t)');
>> y = sym('cos(t)');
>> z = sym('t');
>> ezplot3(x, y, z, [0,10 * pi], 'animate') % 绘制 t 在[0, 10 * pi]范围的三维曲线

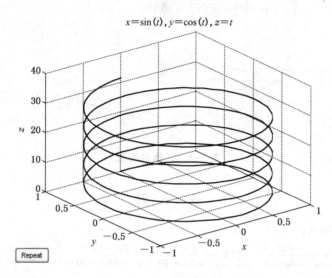

图 5-5　例 5-28 图

2. 其他绘图命令

MATLAB 还提供了其他一些符号函数绘图命令,见表 5-2。

表 5-2　常用符号函数绘图命令

命令名	含义	举例
ezcontour	画等高线	ezcontour('x * sin(t)', [-4, 4])
ezcontourf	画带填充颜色等高线	ezcontourf('x * sin(t)', [-4, 4])
ezmesh	画三维网线图	ezmesh('sin(x) * exp(-t)', 'cos(x) * exp(-t)', 'x', [0, 2 * pi])
ezmeshc	画带等高线的三维网线图	ezmeshc('sin(x) * t', [-pi, pi])
ezpolar	画极坐标图	ezpolar('sin(t)', [0, pi/2])
ezsurf	画三维曲面图	ezsurf('x * sin(t)', 'x * cos(t)', 't', [0, 10 * pi])
ezsurfc	画带等高线的三维曲面图	ezsurfc('x * sin(t)', 'x * cos(t)', 't', [0, pi, 0, 2 * pi])

这些命令的举例都是对字符串函数进行绘图,同样也可用于符号表达式绘图。以下命令绘出三维网格图,见图 5-6。

>> ezmesh('sin(x) * exp(-t)', 'cos(x) * exp(-t)', 'x', [0, 2 * pi]);

ezmesh 意为 Easy to use 3-D mesh plotter,所以其调用格式简单,绘图方便。

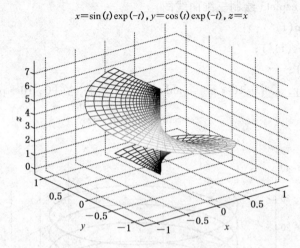

图 5-6 三维网格图

练 习 题

1. 化简下列分式多项式：

   (1) $\dfrac{2x-4}{x^2-5x+6} + \dfrac{x-1}{x^2-4x+3}$；　　(2) $\dfrac{2x-4}{x^2-7x+10} + \dfrac{3x-24}{x^2-13x+40}$。

2. 化简下列代数表达式：

   (1) $(x-1)^4 + 4(x-1)^3 + 6(x-1)^2 + (x-2)$；

   (2) $(x-3)^3 + 6(x-3)^2 + 9(x-3) + 1$。

3. 对下列函数求导：

   (1) x^n；　(2) $\dfrac{1}{x}$；　(3) e^x；　(4) a^x；　(5) $\ln x$；　(6) $\sin x$。

4. 求 $\lim\limits_{x\to\infty}\left(x+\dfrac{1}{x}\right)^x$；　$\lim\limits_{x\to+0}\left(x+\dfrac{1}{x}\right)^x$；　$\lim\limits_{x\to -1-0}\left(x+\dfrac{1}{x}\right)$。

5. 计算下列函数极限：

   (1) $\lim\limits_{x\to 0}\dfrac{\sqrt{x+\sqrt{x+\sqrt{x}}}}{\sqrt{x+1}}$；　(2) $\lim\limits_{x\to\frac{\pi}{4}^+}\dfrac{\cos 2x}{\sqrt{1-\sin 2x}}$；　(3) $\lim\limits_{x\to\frac{\pi}{4}^-}\dfrac{\cos 2x}{\sqrt{1-\sin 2x}}$；

   (4) $\lim\limits_{x\to 1}\dfrac{x^3-3x+2}{x^4-4x+3}$；　(5) $\lim\limits_{x\to 0}\dfrac{\sin 5x}{x}$；　(6) $\lim\limits_{x\to 0}\dfrac{\sqrt[n]{1+x}-1}{x}$；

   (7) $\lim\limits_{x\to 0}\dfrac{\sin x}{x}$；　(8) $\lim\limits_{x\to 0}\dfrac{\tan x - \sin x}{x^3}$。

6. 对下列函数求不定积分：

   (1) $\int a^x \mathrm{d}x$；　(2) $\int \tan x \mathrm{d}x$；　(3) $\int \sin^2 x \mathrm{d}x$；　(4) $\int \dfrac{1}{a^2-x^2}\mathrm{d}x$。

7. 计算下列函数定积分：

   (1) $\sqrt{\dfrac{2}{\pi}}\int_0^1 e^{-\frac{x^2}{2}}\mathrm{d}x$（准确数值为 0.682 69）；

   (2) $\int_0^1 \sqrt{x}\,\mathrm{d}x$（要求精确到 10^{-2}）；

   (3) $\int_0^3 e^x \sin x\,\mathrm{d}x$（要求精确到 10^{-6}）；

(4) $\int_0^{1.5} \dfrac{1}{1+x} dx$(要求精确到 10^{-4})。

8. 求解下列非线性方程:

(1) $x + \sin x - 2^x = 2$;

(2) $e^x - x + 6x = 4$。

9. 求解方程组
$\begin{cases} x + y + z = 0 \\ x^2 + yz + x = 10\,190 \\ x/y + z/y + y/x + y/z = 16\,327/225 \end{cases}$

10. 求方程组 $\begin{cases} \sin^2 x + y^3 + e^z = 7 \\ 5x^2 + 3^y - z^3 + 3 = 0 \\ x - y - z = 3 \end{cases}$ 的数值解。

第六章 MATLAB 程序设计

在工作或学习中,经常会需要处理如下问题:①重复做一件事情,如求 1 到 100 之和;②数值计算,如迭代法求非线性方程的解;③数据库操作,如在一个大型数据库中查找满足某一条件的记录;④在动态网页制作中,根据条件生成用户页面等等,都需要程序控制。

假如想灵活运用 MATLAB 去解决实际问题,想充分调动 MATLAB 资源,必须涉及比较深层的 MATLAB 程序设计内容:程序控制、函数(一般函数、内联函数、子函数)、函数句柄、程序调试、程序的编译等内容,以及面向对象编程,本章将重点介绍 MATLAB 程序控制、函数和函数句柄。

第一节 M 文件及程序运算符

一、M 文件概述

用 MATLAB 语言编写的程序,称为 M 文件。M 文件可以根据调用方式的不同分为两类:命令文件(Script File)和函数文件(Function File)。命令集的效用和将命令在命令窗口中逐一输入完全一样,因此,命令集可以直接使用工作空间的变量,而且在命令集中设定的变量,也都在工作空间中看得到。函数则需要用到输入自变量(Input arguments)和输出自变量(Output arguments)来传递信息,这就像是 C 语言的函数,或是 FORTRAN 语言的副程序(Subroutines)。

【例 6-1】 分别建立命令文件和函数文件,将华氏温度 F 转换为摄氏温度℃(exam6_1.m)。

① 首先建立命令文件并以文件名 exam6_1.m 存盘,文件内容如下:
```
clear;      % 清除工作空间中的变量
F = input('Input Fahrenheit temperature:');    % input 为键盘输入函数
C = 5 * (F - 32)/9
```
然后在 MATLAB 的命令窗口中输入 exam6_1,并回车,将会执行该命令文件,执行情况为:
```
>> exam6_1
Input Fahrenheit temperature:73
C =
    22.7778
```
工作空间中有 F 和 C 两个变量。

② 首先建立函数文件 f2c.m,文件内容如下:
```
function c = f2c(f)
c = 5 * (f - 32)/9;
```

然后在 MATLAB 的命令窗口调用该函数文件。
>> f2c(82.6)
ans =
    28.1111
工作空间中只有 ans 这一函数输出变量。

二、M 文件的建立与打开

M 文件是一个文本文件,它可以用任何文本编辑程序来建立和编辑,而一般常用且最为方便的是使用 MATLAB 提供的文本编辑器。

1. 建立新的 M 文件

为建立新的 M 文件,启动 MATLAB 文本编辑器有 3 种方法:

(1)菜单操作。从 MATLAB 主窗口的【File】菜单中选择【New】菜单项,再选择 M-file 命令,屏幕上将出现 MATLAB 文本编辑器窗口。

(2)命令操作。在 MATLAB 命令窗口输入命令 edit,启动 MATLAB 文本编辑器后,输入 M 文件的内容并存盘。

(3)命令按钮操作。单击 MATLAB 主窗口工具栏上的 New M-File 命令按钮,启动 MATLAB 文本编辑器后,输入 M 文件的内容并存盘。

2. 打开已有的 M 文件

打开已有的 M 文件,也有 3 种方法:

(1)菜单操作。从 MATLAB 主窗口的【File】菜单中选择【Open】命令,则屏幕出现 Open 对话框,在 Open 对话框中选中所需打开的 M 文件。在文档窗口可以对打开的 M 文件进行编辑修改,编辑完成后,将 M 文件存盘。

(2)命令操作。在 MATLAB 命令窗口输入命令:edit 文件名,回车,则打开指定的 M 文件。

(3)命令按钮操作。单击 MATLAB 主窗口工具栏上的 Open File 命令按钮,再从弹出的对话框中选择所需要打开的 M 文件。

三、程序运算符

编程语言运算符主要为算术运算符、关系运算符和逻辑运算符,还包括一些特殊运算符。下面介绍 MATLAB 语言的各种运算符。

1. 算术运算符

MATLAB 算术运算符分为两类:矩阵运算和数组运算。矩阵运算是按线性代数的规则进行运算,而数组运算是数组对应元素间的运算。算术运算符及相关运算方式、说明见表 6-1。

表 6-1 MATLAB 算术运算符

运算符	运算方式	说　明	运算符	运算方式	说　明
+,-	矩阵运算	加、减	+,-	数组运算	加、减
*,/	矩阵运算	乘、除	.*	数组运算	数组乘
\	矩阵运算	左除,左边为除数	./	数组运算	数组右除

续表 6-1

运算符	运算方式	说 明	运算符	运算方式	说 明
^	矩阵运算	乘方	.\	数组运算	数组左除
'	矩阵运算	转置	.^	数组运算	数组乘方
:	矩阵运算	索引,用于增量操作	.'	数组运算	数组转置

MATLAB 数组的算术运算,是两个同维数组对应元素之间的运算。一个标量与数组的运算,是标量与数组每个元素之间的运算。

2. 关系运算

关系运算用于比较两个同维数组或同维向量的对应元素,结果为一个同维的逻辑数组。关系运算符及说明见表 6-2。

表 6-2 MATLAB 关系运算符

关系运算符	关 键 字	说 明
<	lt	小于
<=	le	小于等于
>	gt	大于
>=	ge	大于等于
==	eq	等于
~=	ne	不等于

3. 逻辑运算

MATLAB 提供了两种类型的逻辑运算:一般逻辑运算和捷径逻辑运算,见表 6-3。

表 6-3 MATLAB 逻辑运算符

运算类型	运算符与函数	说 明
一般逻辑运算	&(and)	逻辑与
	|(or)	逻辑或
	~(not)	逻辑非
	xor	逻辑异或
捷径运算	&&	对标量值的捷径与
	||	对标量值的捷径或

捷径运算符只对标量值执行逻辑与和逻辑或运算。捷径运算首先判断第一个运算对象,如果可以知道结果,直接返回,而不继续判断第二个运算对象。捷径运算提高了程序运算效率,可以避免一些不必要的错误。例如:

>> x = b&&(a/b>10)   % 相当于 x = (b&(a/b>10))

如果 b=0,捷径运算符不会计算(a/b>10)的值了,也就避免了被 0 除的错误。

4. 特殊运算符

除了以上运算符,MATLAB 还经常使用一些特殊的运算符,见表 6-4。

表 6-4 MATLAB 特殊运算符

运算符	说明	运算符	说明
[ ]	生成向量和矩阵	…	续行符
{ }	给单元数组赋值	,	分隔矩阵下标和函数参数
( )	在算术运算中优先计算;封装函数参数;封装向量或矩阵下标	;	在括号内结束行;禁止表达式显示结果;隔开声明
=	用于赋值语句	:	创建矢量、数组下标;循环迭代
'	两个'之间的字符为字符串	%	注释;格式转换定义中的初始化字符
.	结构数组域访问	@	函数句柄,类似于 C 语言中的取址运算

第二节 程序控制结构

程序编写主要靠程序控制语句。计算机语言程序控制模式主要有三大类:顺序结构、选择结构和循环结构,这一点 MATLAB 与其他编程语言完全一致。

一、顺序结构

程序按顺序执行,没有分支或跳跃;程序中每个语句执行一次,没有重复。顺序结构功能单一,常用于赋值和显示输出,常用到 input(键盘输入)函数和 disp(命令窗口输出)函数。

1. 数据的输入

从键盘输入数据,则可以使用 input 函数来进行,该函数的调用格式为:

A = input(提示信息,选项);

其中提示信息为一个字符串,用于提示用户输入什么样的数据。

如果在 input 函数调用时采用's'选项,则允许用户输入一个字符串。例如,想输入一个人的姓名,可采用如下命令:

xm = input('What's your name?', 's');

2. 数据的输出

MATLAB 提供的命令窗口输出函数主要有 disp 函数,其调用格式为:

disp(输出项)

其中输出项既可以为字符串,也可以为矩阵。

【例 6-2】 键盘输入函数和窗口输出函数的用法。

① 输入 x, y 的值,并将它们的值互换后输出(exam6_2_1.m)。

x = input('Input x please.');

y = input('Input y please.');

z = x;

```
x = y;
y = z;
disp(x);
disp(y);
```

② 求一元二次方程 $ax^2+bx+c=0$ 的根(exam6_2_2.m)。

```
a = input('a = ?');
b = input('b = ?');
c = input('c = ?');
d = b*b - 4*a*c;
x = [(-b+sqrt(d))/(2*a),(-b-sqrt(d))/(2*a)];
disp(['x1 = ',num2str(x(1)),',x2 = ',num2str(x(2))]);
```

3. 程序的暂停

暂停程序的执行可以使用 pause 函数,其调用格式为:

pause(延迟秒数)

如果省略延迟时间,直接使用 pause,则将暂停程序,直到用户按任一键后程序继续执行。

若要强行中止程序的运行可使用 Ctrl + C 命令。

二、选择结构(又称分支结构)

程序将根据条件来执行特定的分支,某些分支中的语句将不被执行。MATLAB 提供三种选择结构,分别是 if 语句、switch 语句和 try 语句。

1. if 语句

在 MATLAB 中,if 语句有 3 种格式:

(1) 单分支 if 语句:

if 条件
　　语句组
end

当条件成立时,则执行语句组,执行完之后继续执行 if 语句的后继语句,若条件不成立,则直接执行 if 语句的后续语句。

(2) 双分支 if 语句:

if 条件
　　语句组1
else
　　语句组2
end

当条件成立时,执行语句组1,否则执行语句组2,语句组1或语句组2执行后,再执行 if 语句的后续语句。

【例6-3】 计算分段函数的值(exam6_3.m)。

$$f(x) = \begin{cases} \dfrac{x+\sqrt{\pi}}{e^2} & x \leqslant 0 \\ \dfrac{\log(x+\sqrt{1+x^2})}{2} & x > 0 \end{cases}$$

```
x = input('请输入 x 的值:');
if x <= 0
    y = (x + sqrt(pi))/exp(2);
else
    y = log(x + sqrt(1 + x * x))/2;
end
y
```

(3) 多分支 if 语句：

```
if 条件 1
    语句组 1
elseif 条件 2
    语句组 2
……
elseif 条件 m
    语句组 m
else
    语句组 n
end
```

多分支 if 语句用于实现多分支选择结构，或使用 switch 语句，switch 语句执行效率更高。

【例 6-4】 输入一个字符，若为大写字母，则输出其对应的小写字母；若为小写字母，则输出其对应的大写字母；若为数字字符，则输出其对应的数值；若为其他字符，则原样输出（exam6_4.m）。

```
c = input('请输入一个字符','s');
if c >= 'A' & c <= 'Z'
    disp(setstr(abs(c) + abs('a') - abs('A')));
elseif c >= 'a' & c <= 'z'
    disp(setstr(abs(c) - abs('a') + abs('A')));
elseif c >= '0' & c <= '9'
    disp(abs(c) - abs('0'));
else
    disp(c);
end
```

2. switch 语句

switch 语句根据表达式的取值不同，分别执行不同的语句，其语句格式为：

```
switch 表达式
    case 值1
        语句组1
    case 值2
        语句组2
    ……
    case 值m
        语句组m
    otherwise
        语句组n
end
```

当表达式的值等于值1时,执行语句组1,当表达式的值等于值2时,执行语句组2,…,当表达式的值等于值m时,执行语句组m,当表达式的值不等于case所列的表达式的值时,执行语句组n。当任意一个分支的语句执行完后,直接执行switch语句的后续语句。

【例6-5】 某商场对顾客所购买的商品实行打折销售,标准如下(商品价格用price来表示):

price < 200	没有折扣
200 ≤ price < 500	3%折扣
500 ≤ price < 1000	5%折扣
1000 ≤ price < 2500	8%折扣
2500 ≤ price < 5000	10%折扣
5000 ≤ price	14%折扣

输入所售商品的价格,求其实际销售价格(exam6_5.m)。

```
price = input('请输入商品价格');
switch fix(price/100)
    case {0,1}                   % 价格小于200
        rate = 0;
    case {2,3,4}                 % 价格大于等于200但小于500
        rate = 3/100;
    case num2cell(5:9)           % 价格大于等于500但小于1000
        rate = 5/100;
    case num2cell(10:24)         % 价格大于等于1000但小于2500
        rate = 8/100;
    case num2cell(25:49)         % 价格大于等于2500但小于5000
        rate = 10/100;
    otherwise                    % 价格大于等于5000
        rate = 14/100;
end
price = price * (1 - rate)       % 输出商品实际销售价格
```

otherwise 是可以省略的。当某一 case 条件为真并执行了匹配的语句后,余下的 case 语句不再执行。switch 语句的结构比 if 语句结构更好,使用更方便。

3. try 语句

语句格式为:

try

　　语句组 1

catch

　　语句组 2

end

try 语句先试探性执行语句组 1,如果语句组 1 在执行过程中出现错误,则将错误信息赋给保留的 lasterr 变量,并转去执行语句组 2。

【**例 6-6**】 矩阵乘法运算要求两矩阵的维数相容,否则会出错。先求两矩阵的乘积,若出错,则自动转去求两矩阵的点乘(exam6_6.m)。

A = [1, 2, 3; 4, 5, 6]; B = [7, 8, 9; 10, 11, 12];

try

　　C = A * B;

catch

　　C = A. * B;

end

C

lasterr　　　% 显示出错原因

三、循环结构

重复执行某一段相同的语句,用循环控制结构。如果已知循环次数,用 for 语句;如果未知循环次数,但有循环条件,则用 while 语句。

1. for 语句

for 语句的格式为:

for 循环变量 = 表达式 1:表达式 2:表达式 3

　　循环体语句

end

其中表达式 1 的值为循环变量的初值,表达式 2 的值为步长,表达式 3 的值为循环变量的终值。步长为 1 时,表达式 2 可以省略。

【**例 6-7**】 一个三位整数各位数字的立方和等于该数本身则称该数为水仙花数。输出全部水仙花数(exam6_7.m)。

for m = 100:999　　　　　　　% 循环变量可以是任何 MATLAB 变量名,一般用 i、j 或 k

　　m1 = fix(m/100);　　　　　% 求 m 的百位数字

　　m2 = rem(fix(m/10),10);　　% 求 m 的十位数字

　　m3 = rem(m,10);　　　　　% 求 m 的个位数字

　　if m == m1 * m1 * m1 + m2 * m2 * m2 + m3 * m3 * m3

```
        disp(m)
    end
end
```

2. while 语句

while 语句的一般格式为:

while (条件)

    循环体语句

end

其执行过程为:若条件成立,则执行循环体语句,执行后再判断条件是否成立,如果不成立则跳出循环。

【例6-8】 从键盘输入若干个数,当输入 0 时结束输入,求这些数的平均值和它们的和 (exam6_8.m)。

```
sum = 0;        % 定义变量
cnt = 0;        % 定义变量
val = input('Enter a number (end in 0):');
while val ~= 0
    sum = sum + val;
    cnt = cnt + 1;
    val = input('Enter a number (end in 0):');
end
if cnt > 0
    sum
    mean = sum/cnt
end
```

3. break 语句和 continue 语句

与循环结构相关的语句还有 break 语句和 continue 语句。它们一般与 if 语句配合使用。

break 语句用于终止循环的执行。当在循环体内执行到该语句时,程序将跳出循环,继续执行循环语句的下一语句。

continue 语句控制跳过循环体中的某些语句。当在循环体内执行到该语句时,程序将跳过循环体中所有剩下的语句,继续下一次循环。

【例6-9】 求[100,200]之间第一个能被 21 整除的整数(exam6_9.m)。

```
for n = 100:200
    if rem(n, 21) ~= 0
        continue
    end
    break
end
n
```

4. 循环的嵌套

如果一个循环结构的循环体又包括另一个循环结构,就称为循环的嵌套,或称为多重循环结构。

【例 6-10】 若一个数等于它的各个真因子之和,则称该数为完数,如 6 = 1 + 2 + 3,所以 6 是完数。求[1, 500]之间的全部完数(exam6_10.m)。

```
for m = 1:500
    s = 0;
    for k = 1:m/2
        if rem(m,k) == 0
            s = s + k;
        end
    end
    if m == s
        disp(m);
    end
end
```

for 语句、while 语句和 if 语句也可以嵌套使用。M 文件也可以嵌套使用,即在一个 M 文件中调用另一个 M 文件。

第三节 函 数 文 件

一、函数文件的基本结构

函数文件由 function 语句引导,其基本结构为:

function 输出形参表 = 函数名(输入形参表)

注释说明部分

函数体语句

其中以 function 开头的一行为引导行,表示该 M 文件是一个函数文件。函数名的命名规则与变量名相同。输入形参为函数的输入参数,输出形参为函数的输出参数。当输出形参多于一个时,则应该用方括号括起来。

【例 6-11】 编写函数文件求半径为 r 的圆的面积和周长(exam6_11.m)。

函数文件如下:

```
function [s, p] = exam6_11(r)
% CIRCLE calculate the area and perimeter of a circle of radii r
% r——圆半径
% s——圆面积
% p——圆周长
% 2010 年 3 月 30 日编
s = pi * r * r;
```

p = 2 * pi * r;

二、函数调用

函数调用的一般格式是：

[输出实参表] = 函数名(输入实参表)

要注意的是，函数调用时各实参出现的顺序、个数，应与函数定义时形参的顺序、个数一致，否则会出错。函数调用时，先将实参传递给相应的形参，从而实现参数传递，然后再执行函数的功能。

【例6-12】 利用函数文件，实现直角坐标(x, y)与极坐标(ρ, θ)之间的转换(exam6_12.m)。

函数文件 tran.m：

```
function [rho, theta] = tran(x, y)
rho = sqrt(x * x + y * y);
theta = atan(y/x);
```

执行该函数，结果如下：

```
>> [R, S] = tran(1, 2)
R =
    2.2361
S =
    1.1071
```

或通过命令文件调用该函数，调用 tran.m 的命令文件 exam6_12.m 为：

```
x = input('Please input x =:');
y = input('Please input y =:');
[rho,the] = tran(x,y);
rho
the
```

在 MATLAB 中，函数可以嵌套调用，即一个函数可以调用别的函数，甚至调用它自身。一个函数调用它自身称为函数的递归调用。

【例6-13】 利用函数的递归调用，求 n！(exam6_13.m)。

n！本身就是以递归的形式定义的。显然，求 n！需要求 (n-1)！，这时可采用递归调用。递归调用函数文件 exam6_13.m 如下：

```
function f = exam6_13(n)
if n <= 1
   f = 1;
else
   f = exam6_13(n-1) * n;   % 递归调用求 (n-1)!
end
```

三、函数参数的可调性

在调用函数时,MATLAB 用两个永久变量 nargin 和 nargout 分别记录调用该函数时的输入实参和输出实参的个数。只要在函数文件中包含这两个变量,就可以准确地知道该函数文件被调用时的输入输出参数个数,从而决定函数如何进行处理。

【例 6-14】 nargin 用法示例(exam6_14.m)。

函数文件 charray.m:
```
function fout = charray(a,b,c)
if nargin == 1
    fout = a;
elseif nargin == 2
    fout = a + b;
elseif nargin == 3
    fout = (a*b*c)/2;
end
```

命令文件 exam6_14.m 为:
```
x = [1:3];
y = [1; 2; 3];
charray(x)
charray(x, y')
charray(x, y, 3)
>> exam6_14
ans =
     1     2     3
ans =
     2     4     6
ans =
    21
```

四、全局变量与局部变量

全局变量用 global 命令定义,格式为:

global 变量名1 变量名2 …   %变量名之间用空格隔开

【例 6-15】 全局变量应用示例(exam6_15.m)。

先建立函数文件 wadd.m,该函数将输入的参数加权相加。
```
function f = wadd(x, y)
global ALPHA BETA
f = ALPHA*x + BETA*y;
```
在命令窗口中执行 exam6_15.m 文件,文件内容如下:
```
global ALPHA BETA
```

```
ALPHA = 1;
BETA = 2;
s = wadd(1,2)
```

第四节　程序调试及优化

一、程序调试

1. 程序调试概述

一般来说,应用程序的错误有两类,一类是语法错误,另一类是运行时的错误。语法错误包括词法或文法的错误,例如函数名的拼写错误、表达式书写错误等。

程序运行时的错误是指程序的运行结果有错误,这类错误也称为程序逻辑错误。逻辑错误可以通过程序调试器来检查。在程序中设置断点,然后单步执行来查看程序走向或查看某些变量的中间值。

2. 调试器

(1)【Debug】菜单项。该菜单项用于程序调试,需要与【Breakpoints】菜单项配合使用。

(2)【Breakpoints】菜单项。该菜单项共有 6 个菜单命令,前两个是用于在程序中设置和清除断点的,后 4 个是设置停止条件的,用于临时停止 M 文件的执行,并给用户一个检查局部变量的机会,相当于在 M 文件指定的行号前加入了一个 keyboard 命令。

3. 常用调试指令

(1) return 指令。通常,当被调函数执行完后,MATLAB 会自动地把控制转至主调函数或者指令窗口。如果在被调函数中插入了 return 指令,可以强制 MATLAB 结束执行该函数并把控制转出。

(2) keyboard 指令。当程序遇到 keyboard 时,MATLAB 将控制权交给键盘,用户可以从键盘输入各种合法的 MATLAB 指令,只有当用户使用 return 指令结束输入后,控制权才交还给程序。

二、程序的优化

对于大型计算往往要花很长的时间,如果能优化内存管理,则会大大提高程序执行效率。常用方法有变量向量化和预定义变量维数。

1. 循环向量化

由于 MATALB 对矩阵的单个元素循环时速度很慢,如果把循环向量化,不但能缩短程序的长度,而且能提高程序的执行效率。所以在编程时,应尽量对矩阵或向量编程,而不是对矩阵的元素编程。

【例 6_16】　循环向量化速度的比较(exam6_16.m)。

```
format long
echo off
tic      % 循环开始计时
for k = 1:1000
```

```
y(k) = exp(k);
end
toc         % 计时结束,显示计算时间
tic         % 向量化开始计时
i = 1:1000;
x = exp(i);
toc         % 计时结束,得到计算时间
```
运行以上代码,得到结果如下,后一种方法速度要快一些。
Elapsed time is 0.003991 seconds.
Elapsed time is 0.001983 seconds.

2. 预定义变量

由于 MATLAB 文件是面向矩阵的语言,MATLAB 将任何一个变量都看成一个矩阵。如果变量是一个数,就认为是 1×1 的矩阵。一般,变量不需要定义,在程序执行过程中,变量维数也会根据变量值自动增加的。但是预定义一个变量及其维数,可使程序在执行循环结构时的速度加快。

【例 6-17】 预定义变量速度的比较(exam6_17.m)。

```
format long
y1 = zeros(1, 10000);
tic; for i = 1:10000; y(i) = exp(i); end; toc      % 变量 y 没有定义,较慢
tic; for i = 1:10000; y1(i) = exp(i); end; toc     % 变量 y1 先有定义,较快
```
执行结果如下:
Elapsed time is 0.073843 seconds.
Elapsed time is 0.000225 seconds.
由于变量 y 没有预定义,所以程序在每次循环中都重新定义 y 的维数。

第五节　程序的编译

一、P 码文件

一个 M 文件首次被调用(运行文件名,或被 M 文本编辑器打开)时,MATLAB 将首先对该 M 文件进行语法分析,并把生成的相应内部代码(Psedocode,简称 P 码)文件存放在内存中,并没有形成磁盘文件。此后,当再次调用该 M 文件时,将直接调用该文件在内存中的 P 码文件,而不会对原码文件重新进行语法分析。

P 码文件有与原码文件相同的文件名,但其扩展名是".p"。P 码文件是二进制码,本质上说 P 码文件运行速度高于原码文件。

在 MATLAB 中,假如存在同名的 P 码文件和原码文件,那么当该文件名被调用时,被执行的肯定是 P 码文件。P 码文件可用以下命令生成:

pcode FunName

P 码文件是二进制码,难以阅读,程序保密性好。

二、独立可执行文件

1. MATLAB Compiler 概述

在所有 MATLAB 应用程序集成与发布工具中，最为重要的工具就是 MATLAB Compiler。MATLAB Compiler 能将 MATLAB 的 M 语言函数文件转变成独立可执行的应用程序，能够脱离 MATALB 环境在不同的平台上应用。这样就可以扩展 MATLAB 功能，使 MATLAB 能够同其他高级编程语言例如 C/C++语言进行混合应用，取长补短，丰富程序开发的手段。

2. 安装与配置

在最新版本的 MATLAB 安装盘中，都带有 MATLAB Compiler，安装时只要勾选该项目即可成功安装并运行 MATLAB Compiler。

用户在正式使用 MATLAB Compiler 之前必须进行编译器的配置。配置工作在 MATALB 的命令窗口中完成。配置编译器所使用的命令是 mbuild。用户只要在命令窗口中执行如下指令：

>> mbuild -setup

就可以开始编译工作了。当执行上述指令后，在 MATLAB 命令窗口中将显示：

Please choose your compiler for building standalone MATLAB applications:

Would you like mbuild to locate installed compilers [y]/n?

询问用户是否希望由 mbuild 自动查找编译器，则直接按回车或者键入 y，然后再回车。这样 MATLAB 将列出当前系统中能够使用的编译器：

Select a compiler:

[1] Lcc-win32 C 2.4.1 in D:\PROGRA~1\MATLAB\R2007b\sys\lcc

[0] None

Compiler: 1

MATLAB 在等待用户选择。如果计算机上安装有不同的编译器，则会显示更多的内容。这里只能选择数字 1 并回车即可。

如果用户在上面选择编译器提示信息为"Would you like mbuild to locate installed compilers [y]/n?"的时候选择了 n，那么 MATLAB Compiler 将列出所有 MATLAB Compiler 可支持的编译器，用户可从这些编译器中选择希望使用的一种即可，不过前提是所选择的编译器已经在计算机中成功安装：

Select a compiler:

[1] Borland C++ Compiler (free command line tools) 5.5

[2] Borland C++ Builder 6.0

[3] Borland C++ Builder 5.0

[4] Lcc-win32 C 2.4.1

[5] Microsoft Visual C++ 6.0

[6] Microsoft Visual C++ .NET 2003

[7] Microsoft Visual C++ 2005

[8] Microsoft Visual C++ 2005 Express Edition

[0] None

Compiler:8

当用户选择了具体的编译器时,则 MATLAB 会列出编译器所在的路径,并且由用户确认:

Please verify your choices:

Compiler: Lcc-win32 C 2.4.1
Location: D:\PROGRA~1\MATLAB\R2007b\sys\lcc
Are these correct? ([y]/n): y

如果上述信息与用户安装编译的信息一致,那么用户可以按回车继续编译器的配置工作。
Trying to update options file: C:\Documents and Settings\seu\Application Data\MathWorks\MATLAB\R2007b\compopts.bat
From template: D:\PROGRA~1\MATLAB\R2007b\bin\win32\mbuildopts\lcccompp.bat

Done...

完成了 MATLAB Compiler 的配置之后,用户就可以使用 MATLAB Compiler 进行应用程序的编译与发布工作。

3. mcc 的应用

以下介绍 MATLAB Compiler 的使用方法,主要介绍如何用 mcc 命令生成独立可执行的应用程序。所谓生成独立可执行应用程序,是指将 MATLAB 的 M 语言函数文件直接编译生成为可以脱离 MATLAB 环境使用的可执行应用程序。该独立可执行应用程序是基于 C 语言的。下面是编译 mtetris.m 的运行结果。

```
>> mcc -m mtetris.m
>> dir
.                          mtetris.prj
..                         mtetris_main.c
mccExcludedFiles.log       mtetris_mcc_component_data.c
mtetris.ctf               mtetris_mcr
mtetris.exe               readme.txt
mtetris.m
```

编译后生成可执行文件 mtetris.exe。mtetris.m 的内容见本书应用案例 exam10_17m。

第六节 函数句柄和匿名函数

一、串演算函数

1. eval 函数

利用字符串建立运算式后,再用 eval 命令执行它,可以使程序设计更加灵活。但是注意表达式一定要是字符串。其命令格式为：
eval('字符串')

【例6-18】 先定义字符串 t 为平方根运算,再用 eval 求出 1 到 10 的平方根,以后只要修改 t 的表达式即可(exam6_18.m)。

```
clear
t = 'sqrt(i)';
for i = 1:10
    f(i) = {char([ 'The square root of', int2str(i), 'is', num2str(eval(t))])};
end
f(:)
```

串演算函数可用于：
① 计算"表达式"串,产生向量值。
>> clear, t = pi; cem = '[t/2, t*2, sin(t)]'; y = eval(cem)
y =
    1.5708   6.2832   0.0000

② 计算"语句"串,创建变量。
>> clear, t = pi; eval('theta = t/2, y = sin(theta)'); who
theta =
    1.5708
y =
    1
Your variables are:
    t   theta   y

2. feval 函数

指令 feval 的调用格式为：
feval('字符串',数组)

与 eval 不同之处在于 feval 用于模拟功能函数如 cos, sin, sqrt 等,而不像 eval 那样模拟字符串运算式,所以 cos(pi)的值同样可以用 feval(cos, pi)求出。

【例6-19】 利用 feval 求 1 到 10 的平方根(exam6_19.m)。

```
clear
t = 'sqrt';
for i = 1:10
    f(i) = {char([ 'The square root of', int2str(i), 'is', num2str(feval(t, i))])};
end
f(:)
```

feval 和 eval 的区别在于 feval 的"字符串"不能是表达式,只能是函数名。如果想用feval 计算表达式的值,请使用内联函数创建。以下是错误使用 feval 函数实例：
>> x = pi/4; Ve = eval('1 + sin(x)')
Ve =

```
    1.7071
>> Vf = feval('1 + sin(x)', x)
??? Error using ==> feval
Invalid function name '1 + sin(x)'.
```

二、内联函数

内联函数就是在声明以及定义函数时用上 inline 关建字的函数。MATLAB 中内联函数 inline() 的优点为不必将函数存为单独的文件,而可以在函数体内直接调用。内联函数只能由一个 MATLAB 表达式组成,并且只能返回一个变量。以下通过实例来说明内联函数的创建和使用方法。

① 简单内联函数的创建和使用

```
>> clear, F1 = inline('sin(rho)/rho')
F =
    Inline function:
    F(rho) = sin(rho)/rho      % 注意以 rho 为输入变量
>> f = F(2)
f =
    0.4546
```

② 使内联函数适于"数组运算"

```
>> FF = vectorize(F)
FF =
    Inline function:
    FF(rho) = sin(rho)./rho
>> x = [0.5, 1, 1.5, 2]; ff = FF(x)
ff =
    0.9589    0.8415    0.6650    0.4546
```

③ 第一种内联函数创建格式的缺陷

```
>> G1 = inline('a * exp(x(1)) * cos(x(2))'), G1(2, [-1, pi/3])
G1 =
    Inline function:
    G1(a) = a * exp(x(1)) * cos(x(2))      % 缺省以 a 为输入变量,显然不对
??? Error using ==> inline/subsref
Too many inputs to inline function.
```

④ 含向量的多宗量输入的赋值,指定变量名

```
>> G2 = inline('a * exp(x(1)) * cos(x(2))','a','x'), G2(2,[-1, pi/3])
G2 =
    Inline function:
    G2(a, x) = a * exp(x(1)) * cos(x(2))      % 两个输入变量 a 和 x
ans =
```

0.3679

⑤ 产生向量输入和向量输出的内联函数及调用方法

```
>> Y2 = inline('[x(1)^2; 3*x(1)*sin(x(2))]')
>> argnames(Y2)
Y2 =
    Inline function：
    Y2(x) = [x(1)^2; 3*x(1)*sin(x(2))]
ans =
    'x'
>> x = [4, pi/6];
>> y = Y2(x)
y =
    16.0000
     6.0000
```

⑥ 另一种简单格式创建内联函数，内联函数可被 feval 指令调用

```
>> Z = inline('P1*x*sin(x^2+P2)', 2)
Z =
    Inline function：
Z(x, P1, P2) = P1*x*sin(x^2+P2)        % 有三个输入变量
>> z = Z(2, 2, 3)
z =
    2.6279
>> fz = feval(Z, 2, 2, 3)
fz =
    2.6279
```

1. 函数句柄

函数句柄是一种特殊的数据类型，它提供了间接调用函数的方法，类似于 C 语言中的指针，只不过这里是指向一个函数而已。

函数句柄包含了函数的路径、函数名、类型以及可能存在的重载方法，必须通过专门的定义创建，而一般的图像句柄是自动建立的。

可以使用函数句柄来调用其他函数，也可以将函数句柄存储在数据结构中，方便以后使用（如句柄图形中的回调函数）。

创建函数句柄使用 @ 或者 srt2func 命令。采用 @ 创建函数句柄，是在函数名前加一个"@"标志，并且不能附加函数的路径，即函数句柄 = @ 函数名。

MATLAB 映射句柄到指定的函数，并在句柄中保存映射信息。由于没有附加函数路径信息，如果同一个名字的函数有多个，函数句柄映射到哪个函数呢？

这取决于函数调用的优先原则。函数调用的优先级从高到低排列如下：

① 变量。调用优先级最高。MATLAB 搜索工作空间是否存在同名变量，如有则停止搜索。

② 子函数。

③ 私有函数。

④ 类构造函数。

⑤ 重载方法。

⑥ 当前目录中的同名函数。

⑦ 搜索路径中其他目录中的函数。调用优先级最低。如果函数不在搜索路径中,则不能被调用。

如果查询同名函数中究竟哪个函数被调用了,用 which 函数查询。例如:

>> which zoom

D:\Program Files\MATLAB\R2009a\toolbox\matlab\graph2d\zoom.m

当一个函数句柄被创建时,它将记录函数的详细信息。因此,当使用函数句柄调用该函数时,MATLAB 会立即执行,不进行文件搜索。当反复调用一个文件时,可以节省大量的搜索时间,从而提高函数的执行效率。

使用函数句柄有如下好处:

① 提高运行速度。因为 MATLAB 在调用函数时每次都要搜索所有路径,而路径又非常多,所以一个函数在程序中需要经常用到的话,使用函数句柄会提高运行速度。

② 使用方便。比如说,用户在某个目录运行函数句柄后,创建了本目录的一个函数句柄,当用户转到其他目录下时,创建的函数句柄可以直接调用,而不需要把相应的函数文件拷贝过来。因为在用户所创建的函数中,已经包含了路径。

2. 匿名函数

下面代码创建一个内联函数 a_humps。

>> a_humps = inline('1./((x-.3).^2+0.01)+1./((x-.9).^2+0.04)-6','x')

a_humps =

Inline function:

a_humps(x) = 1./((x-.3).^2+0.01)+1./((x-.9).^2+0.04)-6

上例中,函数 inline 从一个字符串创建一个函数,并以 x 为输入变量。要在一个函数中调用内联函数,只要将该内联函数的名字作为输入参数传递给函数即可。例如,要将 quad(Fun, low, high)中的 Fun 换为上面的内联函数 a_humps,只要按下面的方式调用即可:

quad(a_humps, low, high)

要验证一个由字符串表示的函数或一个内联函数,可以使用 feval 函数。下面的代码验证了正弦函数和前面创建的 a_humps 函数:

>> y = feval('sin', pi*(0:4)/4)

y =

   0   0.7071   1.0000   0.7071   0.0000

>> z = feval(a_humps, [-1 0 1])

z =

   -5.1378   5.1765   16

除了字符串函数和内联函数外,还有一种函数类型:匿名函数,并用函数句柄表示它。在应用中并不鼓励用户使用前两种方法,而是要尽量使用匿名函数句柄来引用函数。下面

代码给出了一个匿名函数的例子:

b_humps = @(x)1./((x-.3).^2+0.01) + 1./((x-.9).^2+0.04) - 6;

其中,@符号意味着等号左边是一个函数句柄。@后面的(x)定义了函数的输入参数,最后一部分是函数表达式。我们同样可以利用 feval 函数来验证匿名函数,例如,可以使用下面代码验证 b_humps:

>> z = feval(b_humps, [-1 0 1])
z =
    -5.1378   5.1765   16.0000

其实,用户根本没有必要利用 feval 函数来验证匿名函数,因为匿名函数可以使用自己的函数句柄直接进行验证,例如,上面的例子可以简写为:

>> z = b_humps([-1 0 1])
z =
    -5.1378   5.1765   16.0000

匿名函数在定义过程中可以调用任何 MATLAB 函数(包括用户自定义的函数),也可以使用当时 MATLAB 工作区中存在的任何变量。例如,下例中的匿名函数 b_humpsab 在定义时就使用了 MATLAB 工作区中的变量 a 和 b:

>> a = -.3; b = -.9;
>> b_humpsab = @(x)1./((x+a).^2+0.01) + 1./((x+b).^2+0.04) - 6;
>> b_humpsab([-1 0 1])
ans =
    -5.1378   5.1765   16.0000

我们看到:b_humpsab 在定义时引用了前面定义的变量 a 和 b。应当注意,当 a 或 b 的值变化时,匿名函数并不改变,这是因为函数句柄值捕捉它创建时刻的变量的值,并不随变量的变化而变化。

>> a = 0;   % 改变 a 的值
>> b_humpsab([-1 0 1])   % 得到同样的结果
ans =
    -5.1378   5.1765   16.0000

我们也可以针对一个内置函数或一个 M 文件函数创建匿名函数句柄。下面函数分别给予 M 文件函数 humps 和 MATLAB 内置函数 cos 创建了两个函数句柄:

>> c_Mfile = @humps   % M 文件函数句柄
c_Mfile =
        @humps
>> c_Mfile(1)   % 计算 humps(1)值
ans =
     16
>> c_builtin = @cos   % 内置函数句柄
c_builtin =
        @cos

```
>> c_builtin(pi)
ans =
    -1
```

由上面代码可知,要创建一个内置函数或一个 M 文件函数的句柄也很容易,只要在等号右边使用@符号,并在该符号后紧跟内置函数名或 M 文件函数名即可。

我们还可以利用单元数组同时创建多个内置函数和 M 文件函数的句柄,验证这些函数时,只要引用该函数所在单元即可。例如,下面的代码将上面两个独立创建的句柄利用一个单元数组 c_dan 创建在一起:

```
>> c_dan = {@humps @cos}
c_dan =
    @humps    @cos
>> c_dan{1}(1)        % 计算 humps(1)
ans =
    16
>> c_dan{2}(pi)       % 计算 cos(pi)
ans =
    -1
```

MATLAB 还专门提供了一些函数来处理和应用句柄。例如,函数 functions 将返回一个句柄的详细信息,如下例所示:

```
>> functions(c_Mfile)
ans =
    function:'humps'
    type:'simple'
    file:'C:\Program Files\MATLAB\R2009a\toolbox\matlab\demos\humps.m'
>> functions(c_builtin)
ans =
    function:'cos'
    type:'simple'
    file:''
>> functions(b_humps)
ans =
    function: '@(x)1./((x+a).^2+0.01)+1./((x+b).^2+0.04)-6'
    type: 'anonymous'
    file:''
    workspace:{[1x1 struct]}
```

需要注意的是:fuctions 函数通常只在调试程序时使用,因为它的返回值很容易发生变化。

练 习 题

1. 用 for-end 循环建立矩阵 $A = \begin{bmatrix} 1 & 2 & 3 & 4 & 5 \\ 6 & 7 & 8 & 9 & 10 \\ 11 & 12 & 13 & 14 & 15 \end{bmatrix}$。

2. 用 for 循环或 while 循环计算数组 $1, 2, 3, \cdots, 99, 100$ 之和。

3. 编制一个程序，计算三角形面积 A，已知三角形的 3 条边为 a, b, c，面积计算公式为 $A = \sqrt{s(s-a)(s-b)(s-c)}$，其中 $s = (a+b+c)/2$。

4. 用内联函数表示 $y = \sin x + \sin^2 x$，并求 $x = \pi/4$ 时的函数值。

5. 用迭代法求解 $x^3 - 3x^2 - 5 = 0$ 的一个实根（迭代形式：$x = 3 + 5/x^2$）。

6. 输入一整数，若能被 2 除尽，则显示它为偶数并显示除 2 后的商，否则显示此数为奇数。

7. 用二次方程判别式来判别任一方程根的情况，其中判别式为 $d = b^2 - 4ac$。

8. 在整数 2～100 中，找出不能被 2、3、5、7、9 整除的数。

9. 求 $[10, 99]$ 之间能被 5 整除的数的个数。

10. 求分段函数 $y = \begin{cases} 2\sqrt{x}, & 0 \le x \le 1 \\ 1+x, & x > 1 \end{cases}$ 的值。

11. 已知 $y = \dfrac{1}{1^2} + \dfrac{1}{2^2} + \dfrac{1}{3^2} + \cdots + \dfrac{1}{n^2}$，求：

    （1）任意给定 n 求 y 的值；

    （2）当 $y \ge 1.5$ 时，求 n 的值。

12. 求 $\sum\limits_{n=1}^{10} \dfrac{1}{2^n}$ 的值。

13. 求 $y = \sum\limits_{n=1}^{100} \dfrac{1}{n^3}$。

14. 求 $[100, 200]$ 之间第一个能被 13 整除的整数。

15. 编写输入月份并输出对应季节的函数。

16. 对任意实数 a、b，编写一函数文件，求出所有的 $(a+b)^n$ 和 $(a-b)^n$，$(n = 1, 2, \cdots, 10)$。

第七章　MATLAB 文件操作

第一节　文件的打开与关闭

一、文件的打开

磁盘文件打开后才能进行读写操作,打开文件用 fopen 函数。fopen 函数的调用格式为:
fid = fopen(文件名,打开方式)
其中文件名用字符串形式,表示待打开的数据文件。常见的打开方式有:
(1) 'r'——表示对打开的文件读数据;
(2) 'w'——表示对打开的文件写数据;
(3) 'a'——表示在打开的文件末尾添加数据;
(4) 'r+'——可读可写。
fid 用于存储文件句柄值,句柄值用来标识该数据文件,其他文件操作函数可以利用它对该数据文件进行操作。MATLAB 可同时打开多个文件,由文件句柄标识。
【例 7-1】　分别以只读方式和添加方式打开磁盘文件"aa.dat"(exam7_1.m)。
fid = fopen('aa.dat','r');
fid = fopen('aa.dat','w');
文件数据格式有两种形式,一是二进制文件,二是文本文件。在读写文件时需要使用不同的读写函数。对于二进制文件要指定数据类型;对于文本文件,通常需要指定数值精度。

二、文件的关闭

文件在进行完读、写等操作后,应及时关闭,否则会影响对该文件进行其他操作。关闭文件用 fclose 函数,调用格式为:
status = fclose(fid)
该函数关闭 fid 所表示的文件。status 表示关闭文件操作的返回代码,若关闭成功,返回 0,否则返回 -1。

第二节　文件的读写操作

一、二进制文件的读写操作

二进制文件的读写用到 fread 和 fwrite 两个函数。fread 函数读二进制文件的全部或部分数据到一个矩阵中;fwrite 函数用指定的格式将矩阵的元素转换精度后写到指定的文件里,并返回写的元素数。默认情况下,fread 函数输出的是 double 数组。

1. 写二进制文件

fwrite 函数按照指定的数据类型将矩阵中的元素写入到文件中。其调用格式为:

COUNT = fwrite(fid, A, precision)

其中 COUNT 返回所写的数据元素个数,fid 为文件句柄,A 用来存放写入文件的数据,precision 用于控制所写数据的类型,有 int32、float32 等。

【例 7-2】 建立一数据文件 magic5.dat,用于存放 5 阶魔方阵(exam7_2.m)。

fid = fopen('magic5.dat', 'w');
A = magic(5);
count = fwrite(fid, A, 'int32');
fclose(fid);

2. 读二进制文件

fread 函数可以读取二进制文件的数据,并将数据存入矩阵。其调用格式为:

[A, COUNT] = fread(fid, size, precision)

其中 A 用于存放读取的数据,COUNT 返回所读取的数据元素个数,fid 为文件句柄,size 为可选项,若不选用则读取整个文件内容,若选用则它的值可以是下列值:

(1) N 表示读取 N 个元素到一个列向量;

(2) Inf 表示读取整个文件;

(3) [M, N]表示读数据到 M×N 的矩阵中。

precision 代表读写数据的类型,其形式与 fread 函数相同。

【例 7-3】 将例 7-2 建立的数据文件读到 5×5 的 B 矩阵中(exam7_3.m)。

fid = fopen('magic5.dat', 'r');
[B, count] = fread(fid, [5, 5], 'int32')
fclose(fid);
\>> exam7_3
B =
    17   24   1   8   15
    23   5   7   14   16
    4   6   13   20   22
    10   12   19   21   3
    11   18   25   2   9
count =
    25

二、文本文件的读写操作

文本文件将文件看作由一个一个字节组成,每个字节最高位都是 0。文本文件只使用了一个字节中的低 7 位来储存所有的信息,而二进制文件将字节中的所有位都用上了。

文件按照文本方式或二进制方式打开,都是一连串的 0 和 1,但是打开方式不同,对于这些 0 和 1 的处理方式也就不同。按照文本方式打开,打开时要进行转换,将每个字都转换成 ASCII 码;而按照二进制方式打开时,不会进行任何转换。

文本文件和二进制文件的编辑方式也不同。例如,在用记事本进行文本编辑时,进行编辑的最小单位是字节;而对二进制文件进行编辑时,最小单位是位,可使用 UltraEdit 软件编辑二进制文件。

从文件编码方式来看,文件可分为 ASCII 码文件和二进制码文件。ASCII 码文件也称为文本文件,这种文件在磁盘中存放时每个字符对应一个字节,用于存放对应字符的 ASCII 码。

1. 读文本文件

fscanf 函数的调用格式为:

[A, COUNT] = fscanf(fid, format, size)

其中 A 用以存放读取的数据,COUNT 返回所读取的数据元素个数,fid 为文件句柄。format 用以控制读取的数据格式,由 % 加上格式符组成,常见的格式符有 c,f,g,d,s,用于读取:

(1) %c——表示单个字符;
(2) %f,%e——表示浮点数值;
(3) %g——%f 和 %e 的紧凑格式,表示浮点数值,小数点后无意义的零不输出;
(4) %d——表示十进制整数;
(5) %s——表示字符串。

size 为可选项,决定矩阵 A 中数据的排列形式。

【**例 7-4**】 将第二章第一节利用数据文件创建矩阵中生成的 Excel 文件 sw.xls 另存为文本文件 sw.txt,然后用读文本文件函数将数据读到向量 x 中(exam7_4.m)。

fid = fopen('sw.txt', 'r');
[x, count] = fscanf(fid, '%g')
status = fclose(fid);
x =
  62.52
  63.02
  63.85
  65.72
  63.96
  63.81
  63.61
  64.69
  64.65
  64.12
  ……
count =
  365

2. 写文本文件

fprintf 函数的调用格式为:

COUNT = fprintf(fid, format, A)

其中 A 存放要写入文件的数据,先按 format 指定的格式将数据矩阵 A 格式化,然后写入到 fid 所指定的文件。格式符与 fscanf 函数相同。

【例 7-5】 将图 7-1(a)和图 7-1(b)所示两个文本文件 zhong.txt 和 zdm.txt 合并为如图 7-2 所示一个数据文件 zhong1.txt(exam7_5.m)。

(a)

(b)

图 7-1 已知数据文件

```
fid = fopen('zhong.txt', 'r');
[a, count] = fscanf(fid, '%g');
status = fclose(fid);
fid = fopen('zdm.txt', 'r');
[b, count] = fscanf(fid, '%g');
status = fclose(fid);
fid = fopen('zhong1.txt', 'a');
for i = 1:length(a);
    X = a(i); Y = b(i);
    fprintf(fid, '%s', ' ');
    fprintf(fid, '%6.2f', X);
    fprintf(fid, '%s', ' ');
    fprintf(fid, '%6.2f \n', Y);
end
status = fclose(fid);
```

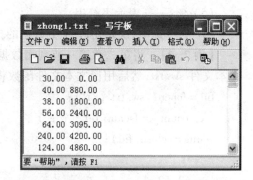

图 7-2 目标数据文件

【例 7-6】 将例 7-5 中的已知数据文件合并,并在每行数据前面加上序号(exam7_6.m)。

```
N = 0;                    % 计数器,用于生成序号
a = load('zhong.txt');    % 对于数组形式的数据文件,将全部文件内容赋给指定变量
b = load('zdm.txt');
fid = fopen('zhong2.txt', 'a');
for i = 1:length(a);
    N = N + 1; X = a(i); Y = b(i);
```

```
        fprintf(fid,'%d',N);
        fprintf(fid,'%s',' ');
        fprintf(fid,'%6.1f',X);
        fprintf(fid,'%s',' ');
        fprintf(fid,'%6.1f \n',Y);
    end
    status = fclose(fid);
```

输出的新的文件 zhong2.txt 内容见图 7-3。

3. save 指令和 load 指令

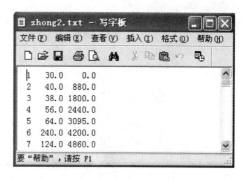

图 7-3 数据文件示意图

save 指令的调用格式为：

save filename 变量1 变量2 …… ——将变量1,变量2 等存于文件 filename 中。

如果要保存为 ASCII 码文件,就要在后面加上 -ascii 选项。格式为：

save filename 变量1 变量2 …… -ascii

load 指令的调和格式为：

load filename

用 save 指令保存的数据文件,可以使用 load 命令,即可把变量1、变量2、……调出来。

【例 7-7】 用 load 方式打开数据文件 zhong2.txt,并用 save 指令存为另一 ASCII 文件 z001.dat(exam7_7.m)。

```
clear
load zhong2.txt
save z001.dat zhong2 -ascii
```

对于 save 指令,还可以使用其函数形式调用格式,即：

save('filename','变量1','变量2',……)

由于 filename 是用字符串表示的,所以可以使用程序进行控制,在处理大量数据文件存取时非常有用。使其每处理完一次就存一个不同的文件名称。

【例 7-8】 计算 1 到 9 的平方,并将结果连同该数本身分别存于 9 个文件中(exam7_8.m)。

```
clear
m = 1:9;
for i = 1:length(m)
    n = i^2;
    nf = [i n];
    save(['data',int2str(i),'.txt'],'nf','-ascii')
end
```

程序将产生 9 个 ASCII 文件,如图 7-4。

load 指令也可以使用函数形式,即：load(文件名),见例 7-6。由于文件名是用字符串表示的,所以也可以使用程序进行控制,使其每处理完一次就打开一个不同的文件名称。

图7-4 MATLAB工作路径

【例7-9】 已知有10个磁盘文件aq1.txt到aq10.txt,文件内容见图7-5。请将文件改写为图7-6所示磁盘文件(exam7_9.m)。

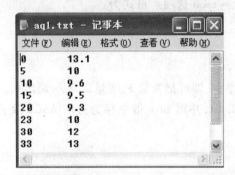

图7-5 原文件   图7-6 目标文件

```
for i = 1:10;                              % 文件个数,从aq1.txt到aq10.txt
  N = 0;
  w = ['aq', num2str(i), '.txt'];          % 原文件名字符串
  a = load(w);                             % 打开第i个文件
  ww = ['hy', num2str(i), '.txt'];         % 目标文件名字符串
  for j = 1:length(a);                     % 每个文件中的记录个数
    N = N + 1; X = a(j, 1); Y = a(j, 2);
    fid = fopen(ww, 'a');                  % 打开第i个目标文件
    fprintf(fid, '%d', N);
    fprintf(fid, '%s', ' ');
    fprintf(fid, '%6.1f', X);
    fprintf(fid, '%s', ' ');
    fprintf(fid, '%6.1f \n', Y);
    status = fclose(fid);
    clear X Y
  end
  clear w ww
end
```

三、综合实例

1. 实际问题

【例 7-10】 如图 7-7 所示数据文件，文件名称为 csd12.txt，这是天然河流横断面测量数据，这是其中的一个断面文件。文件中第 1 列为序号；第 2 列为起点距（局部坐标 x）；第 3 列为河底高程（局部坐标 y），已知多个测量文件（文件名中的数字为文件序号）为自动写成。

现要求在每个测量段面文件中加上如下信息（方便其他应用程序调用）：段面编号、起点坐标（局部坐标 0 点的大地坐标）、断面第一点起点距和高程以及断面方位角。

需要的文件内容如下（还是以第 12 个断面为例）：

csd12   % 增加的内容
3499283.848, 402947.018, 0, 15.00, 31
                         % 增加的内容，以下是原文件内容
1   0   15.0
2   130   14.9
3   187   14.6
……

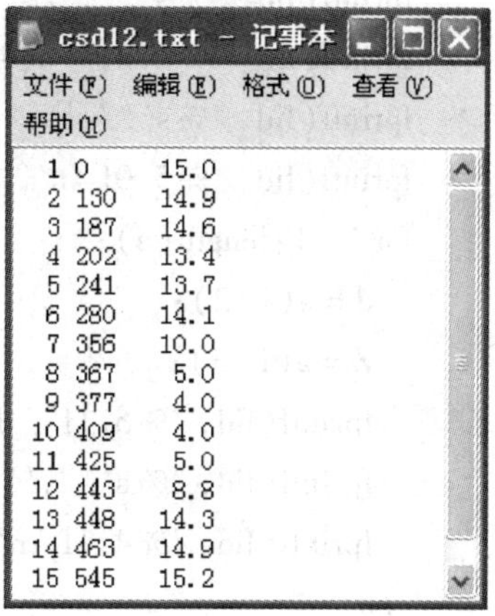

图 7-7 测量断面数据

2. 程序实现

本程序实现有两个辅助文件：qdcsd.txt 和 zdcsd.txt，包含断面起点大地坐标和终点大地坐标，用于计算断面线方位角 arf，该过程略去，其中 qdcsd.txt 中的坐标内容如图 7-8。

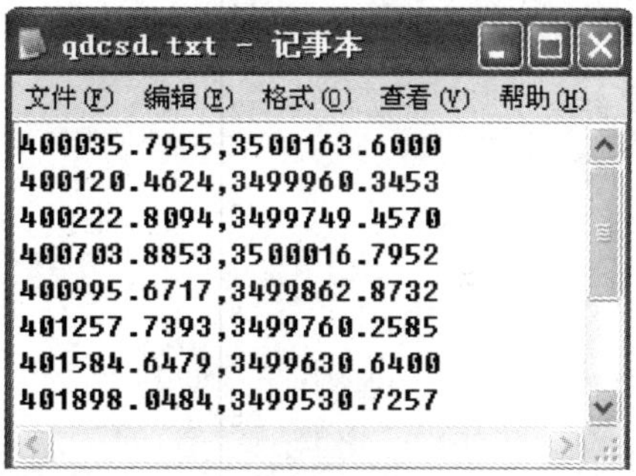

以下是程序内容（exam7_10.m）：

load('qdcsd.txt');

X1 = qdcsd(12, 1);   % 在批量处理时，断面号 12 可用循环变量代替

Y1 = qdcsd(12, 2);

图 7-8 断面起点大地坐标

以同样的方法打开 zdcsd.txt，读取断面最后一点大地坐标 X2, Y2，用于计算方位角 α，变量 arf 的计算过程略。

a = load('csd12.txt');   % 通过循环变量的方式可一次完成多个文件打开和写
                            入操作，见例 7-9
ww = ['c:\sjy\', 'cs12.txt'];   % 将文件 csd12.txt 写为 cs12.txt
fid = fopen(ww, 'a');
w = ['csd', num2str(12)];   % 字符串变量，写入文件第一行
fprintf(fid, '%s \n', w);
fprintf(fid, '%11.3f', Y1);   % 开始写目标文件第二行
fprintf(fid, '%s', ',');

```
fprintf(fid, '%10.3f', X1);
fprintf(fid, '%s', ',');
fprintf(fid, '%2.0f', a(1, 2));
fprintf(fid, '%s', ',');
fprintf(fid, '%5.2f', a(1, 3));
fprintf(fid, '%s', ',');
fprintf(fid, '%5.0f \n', arf);
for i = 1:length(a);            % 对于每一个文件,重写第2、3列内容,每个文件记录不等
   d = a(i, 2);
   Z = a(i, 3);
   fprintf(fid, '%5.1f', d);
   fprintf(fid, '%s', ',');
   fprintf(fid, '%4.1f \n', Z);
end
plot(a(:, 2), a(:, 3))
status = fclose(fid);
```

运行该程序,在 c:\sjy 目录下生成 cs12.txt 文件,并绘出该断面图,见图 7-9。

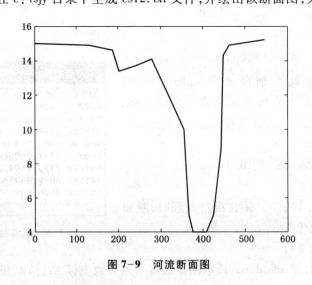

图 7-9 河流断面图

第三节 数据文件定位

当正确打开文件并进行数据的读写时,MATLAB 自动创建一个位置指针来管理数据读写的起始位置。当以读写模式打开文件时,每次读操作或写操作的起始位置均由文件位置指针指定。文件打开时,指针在文件开头的位置;每读或写一个元素,指针后移一位,只有用相应函数才能控制指针的位置。例如,判断文件位置指针是否已到达文件尾部,将文件位置指针移动到指定位置,获取文件位置指针的位置以及重置文件指针到文件开头等等。

MATLAB 提供了两个常用的与文件定位操作有关的函数 fseek 和 ftell。

fseek 函数用于定位文件位置指针,其调用格式为:

status = fseek(fid, offset, origin)

其中 fid 为文件句柄,offset 表示位置指针相对移动的字节数,offset 的取值分三种情况:

(1) > 0——向文件尾部移动指针;

(2) = 0——指针位置不变;

(3) < 0——向文件首部移动指针。

origin 表示位置指针移动的参照位置,origin 的取值分三种情况:

(1) 'bof' or -1——从文件首部开始;

(2) 'cof' or 0——从当前位置开始;

(3) 'eof' or 1——从文件尾部开始。

若定位成功,status 返回值为 0,否则返回值为 -1。

ftell 函数返回文件指针的当前位置,其调用格式为:

position = ftell(fid)

返回值为从文件开始到指针当前位置的字节数。若返回值为 -1,表示获取文件当前位置失败。

【例 7-11】 直接用命令的方式演示 fseek 函数和 ftell 函数的使用。

```
>> FID = fopen('sw.m', 'r')     % 打开第二章第一节所创建的数据 M 文件
>> ftell(FID)
ans =
    0
>> fseek(FID, 10, -1);
>> ftell(FID)
ans =
    10
>> fseek(FID, 0, 1);             % 将指针移到文件尾
>> ftell(FID)
ans =
    2183
>> fseek(FID, -10, 1);
>> ftell(FID)
ans =
    2173
```

另外,frewind 函数可以设置文件指针到指定文件的首部,feof 则可以判断文件是否结束。

练 习 题

1. 已知矩阵 $A = \begin{bmatrix} 1 & 4 & 7 & 10 \\ 2 & 5 & 8 & 11 \\ 3 & 6 & 9 & 12 \end{bmatrix}$，将 A 以二进制形式写入文件 A.MAT，数据的类型为 int32，然后从文件 A.MAT 中读取数据，生成 B 矩阵，B 矩阵的大小为 4×3。

2. 生成一个 10×10 均匀分布的随机矩阵 C，并将矩阵 C 保存到文本文件 c.txt 中，数据类型为浮点型，保留 6 位小数。然后把文件 c.txt 的内容读到向量 d 中。

3. 将例 7-10 中的目标文件内容改写为如下形式写到文本文件中：

   csd12   % 增加的内容
   1   0   15.0   % 原文件内容
   2   130 14.9
   3   187 14.6
   ……

4. 已知河流横断面数据如图 7-7 所示，用文件操作函数编写 AutoCAD 脚本文件(*.scr)，在 AutoCAD 中自动绘出该断面。

   提示：AutoCAD 脚本文件(*.scr)的内容如下：

   layer m dmt color 1

   pline 0, 15.0 130, 14.9 187, 14.6 202, 13.4 241, 13.7 280, 14.1 356, 10.0 367, 5.0 377, 4.0 409, 4.0 425, 5.0 443, 8.8 448, 14.3 463, 14.9 545, 15.2

5. 有一个矩阵[1,2,3;4,5,6;7,8,9]，编程将其存入 a.txt 中，存储格式如下：

   $A = \begin{bmatrix} 1 & 2 & 3 \\ 4 & 5 & 6 \\ 7 & 8 & 9 \end{bmatrix}$

6. 批量产生字符串 001.jpg, 002.jpg, …, 100.jpg。

7. 输出九九乘法表到文本文件，格式自定。

8. 随机产生一个 1×10 的数组 a，写入文件 file1.txt 中，然后分别使用 fscanf 和 textscan 将数据读取出来。

9. 创建文件 file.dat 并将数组 A=[1:10]写入，随后将数组 A 的第 4 个元素 4 换成 11，将倒数第二个数 9 换成 12，再获取当前位置，并从当前位置向文件首部移动三个元素，将所指位置的元素换成 13，最后将该文件中的元素全部读出。要求只使用一次 fopen 和 fclose 函数。

第八章　MATLAB 图形句柄

句柄概念在 Windows 编程中是一个很重要的概念，在许多地方都扮演着重要的角色，在 MATLAB 中同样重要。例如，在上一章中我们接触到的文件句柄。在 Windows 环境中，句柄是用来标识项目的，这些项目包括模块(module)、任务(task)、实例(instance)、文件(file)、内存块(block of memory)、菜单(menu)、控件(control)、字体(font)、资源(resource)、图标(icon)、光标(cursor)、字符串(string)等，在 MATLAB 中还有函数句柄。

在图形窗口中，与第四章的高层绘图指令相比，本章的内容更深入 MATLAB 可视化功能的内核：①更深入地理解高层绘图指令，通过对图形句柄属性设置，从而可绘制出更精细更生动更个性的图形；②能利用低层图形指令和图形对象属性开发专用绘图函数；③为更好地学习下一章菜单和控件打下基础。

本章内容有如下特点：

（1）保证概念、结构和方法的完整性。由表及里、由浅入深的原则系统阐述句柄图形体系、图形对象、属性和操作方法。

（2）突出要点、新点和难点。句柄图形体系有 11 个基本图形对象，每个对象的属性少则 20 几个，多则近百个。因此，本章只对最常用的、不可或缺的内容进行说明。

（3）强调"可操作性"，体现"范例引导概念"的本书宗旨。本章设计了部分算例，读者通过阅读或操作这些范例，可掌握各指令、属性之间的有机配合，从而更具体更真切地理解句柄图形。

第一节　图形对象及其句柄

MATLAB 语言的句柄绘图可以对图形各基本对象进行更为细腻的修饰，可以产生更为复杂的图形，而且为动态图形的制作奠定了基础。句柄图形绘制一般使用底层绘图函数。

高层绘图与底层绘图的区别：

（1）高层绘图函数是对整个图形进行操作的，图形每一部分的属性都是按缺省方式设置的，充分体现了 MATLAB 语言的实用性。

（2）底层绘图函数可以定制图形，对图形的每一部分进行控制，用户可以用来开发用户界面以及各专业的专用图形。MATLAB 提供底层绘图函数，充分体现了 MATLAB 语言的开发性。

一、图形对象

MATLAB 的图形对象包括计算机屏幕、图形窗口、坐标轴、用户菜单、用户控件、曲线、曲面、文字、图像、光源和区域块等。系统将每一个对象按树型结构组织起来，见图 8-1。

根——图形对象的根，对应于计算机屏幕，根只有一个，其他所有图形对象都是根的后代。

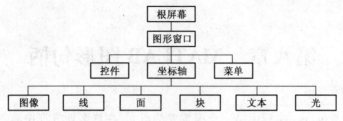

图 8-1 MATLAB 图形系统

图形窗口——根的子代,窗口的数目不限,所有图形窗口都是根屏幕的子代,除根之外,其他对象则是图形窗口的后代。

界面控制——图形窗口的子代,创建用户界面控制对象,使得用户可采用鼠标在图形上作功能选择,并返回句柄。

界面菜单——图形窗口的子代,创建用户界面菜单对象。

轴——图形窗口的子代,创建轴对象,并返回句柄,是线、面、字、块、图像的父辈。

线——轴的子代,创建线对象。

面——轴的子代,创建面对象。

字——轴的子代,创建字对象。

块——轴的子代,创建块对象。

像——轴的子代,创建图像对象。

【例 8-1】 以河流断面面积计算及断面绘制程序说明图形属性设置的必要性(exam8_1.m)。

z = 14.6;   % 测量时的水位

h = [0, 1.6, 5.83, 5.83, 9.83, 10.33, 9.93, 10.43, 11.63, 12.83, 13.5300, 12.93, 12.93, 12.03, 9.93, 10.63, 0.00];   % 测量水深

x = [0, 80, 190, 245, 290, 330, 400, 460, 535, 580, 620, 665, 730, 810, 860, 890, 900];   % 起点距

Hf_1 = figure('NumberTitle', 'off', 'name', '断面面积计算');   % 图形标题

plot(x, h)   % 绘断面图,见图 8-2,断面图方向与通常习惯不同

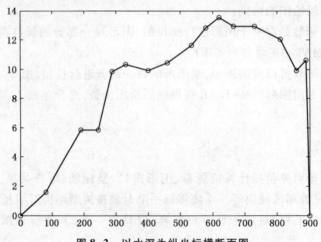

图 8-2 以水深为纵坐标横断面图

set(gca,'Xdir','Normal','Ydir','reverse','Box','off');   % 将坐标轴反向,见图 8-3

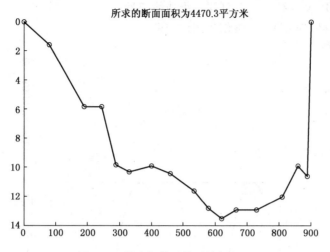

图 8-3　纵坐标轴反转后的断面图

s = input('请输入水位值:');   % 计算任一水位(1.14~14.6 m)时水位以下面积
ss = s - (z - h);   % 相对水深
r = ss >= 0; sss = r.*ss;   % 相对水深大于 0 的点
Q = trapz(x, sss);
title(['所求的断面面积为',num2str(Q),'平方米'],'FontSize',14,'color','red')

通过以上实例说明,对图形进行属性设置是必须的。本例中除了 Ydir 属性外,出现了 NumberTitle、name、Xdir、Box、FontSize、color 等属性。

二、图形对象句柄

MATLAB 在创建每一个图形对象时,都为该对象分配唯一的一个值,称其为图形对象句柄(Handle)。句柄是图形对象的唯一标识符,不同对象的句柄不可能重复和混淆。

计算机屏幕作为根对象由系统自动建立,其句柄值为 0,而图形窗口对象的句柄值为一正整数,并显示在该窗口的标题栏,其他图形对象的句柄为浮点数。MATLAB 提供了若干个函数用于获取已有图形对象的句柄。句柄图形(Handle Graphics)是利用底层绘图函数,通过对对象属性的设置与操作实现绘图:

(1) 句柄图形中所有图形操作都是针对图形对象而言的;
(2) 句柄图形充分体现了面向对象的程序设计方法;
(3) 句柄图形可以随意改变 MATLAB 生成图形的方式;
(4) 句柄图形允许你定制图形的许多特性,无论是对图形做一点小改动,还是影响所有图形输出的整体改动;
(5) 句柄图形的特性是高层绘图函数无法实现的。

在高层绘图中对图形对象的描述一般是缺省的或由高层绘图函数自动设置的,因此对用户来说几乎是不透明的。

【例 8-2】　用高层绘图函数创建图形对象,并查看其句柄值(exam8_2.m)。

```
x = 0:2*pi/180:2*pi; y1 = sin(2*x); y2 = cos(2*x);
h = plot(x, y1, x, y2)      %创建二维曲线句柄
l = legend('sin', 'cos')    %创建图例句柄
>> exam8_2
h =
    103.0026
      3.0059
l =
    104.0031
```

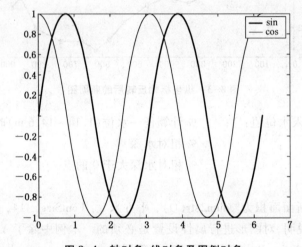

图 8-4　轴对象、线对象及图例对象

三、创建图形对象的底层函数

1. 创建图形窗口

figure——创建图形窗口。

调用格式：

h = figure(n);

n 为窗口序号。例如，创建 10 号窗口，返回句柄。

```
>> h = figure(10)
h =
    10
```

返回值为窗口号数。

2. 图形界面控制对象

uicontrol——图形界面控制对象。

调用格式：

h = uicontrol('property', value)

由 property/value 确定控制对象类型，包括按钮、编辑框等，将在下一章详细介绍。

3. 创建用户界面菜单

uimenu——创建用户界面菜单。

调用格式：

h = uimenu('property', value)

由 property/value 确定菜单形式及级别，将在下一章详细介绍。

4. 创建轴对象

axes——创建轴对象。

调用格式：

h = axes('property', value)

定义轴对象的位置与大小。

5. 创建线对象

line——创建线对象。

调用格式：

h = line(x, y, z)

例如，用底层绘图函数创建一个线对象并返回其句柄。

>> h = line(1:6, 1:6)

h =

    3.0066

创建线对象的同时也建立了一个唯一的句柄变量 h，是句柄值（浮点数）。

6. 创建块对象

patch——创建块对象。

调用格式：

h = patch(x, y, z, c);

其中 x, y, z 定义多边形，c 确定填充颜色。

7. 创建面对象

surface——创建面对象。

调用格式：

h = surface(x, y, z, c);

其中 x, y, z 三维曲面坐标，c 是颜色矩阵。

8. 显示图像

image——显示图像。

调用格式：

h = image(x);

其中 x 为图像矩阵。

9. 标注文字

text——标注文字。

调用格式：

h = text(x, y, 'string');

其中 x, y 是坐标位置，'string' 是字符串或字符串变量。

每个底层函数只能创建一个图形对象,并将它们置于适当的父辈对象中。

【例8-3】 用高层绘图指令绘制多峰函数网格图,并通过其句柄获取当前图形窗口句柄值(exam8_3.m)。

```
clf reset; H_mesh = mesh(peaks(20))
H = get(get(H_mesh,'Parent'),
'Parent')
disp('图柄 轴柄'),disp([gcf gca])
% gcf:当前图形;gca:当前坐标轴
>> exam8_3
H_mesh =
    101.0039
H =
    1
图柄    轴柄
1.0000  100.0033
```

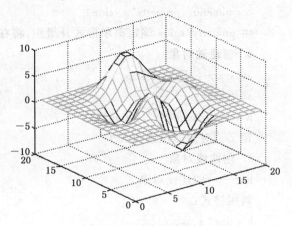

图8-5 多峰函数网格图

【例8-4】 用底层绘图函数创建线对象和文字对象,并查看其句柄类型(exam8_4.m)。

```
clf reset, t = (0:100)/100 * 2 * pi; H_line = line('Xdata', t, 'Ydata', sin(t))
text(pi, 0.8, '\fontsize{14}sin(t)')
H_c = get(get(H_line, 'parent'), 'children')
T = get(H_c, 'Type')
>> exam8_3
H_line =
    100.0035
H_c =
    102.0061
    100.0035
T =
    'text'
    'line'
```

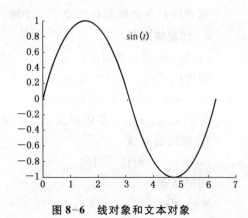

图8-6 线对象和文本对象

第二节 图形对象属性及其设置

从本节开始,有四个重要对象必须了解,它们是:
(1) gcf——当前图形窗口的句柄;
(2) gca——当前坐标轴的句柄;
(3) gco——当前对象的句柄;
(4) gcbo——当前回调对象的句柄。

另外,对象属性的获取与设置,必须使用以下两个重要的函数:

get——获取对象属性值;
set——设置对象属性及属性值。

一、属性名与属性值

1. 定义

MATLAB 给每种对象的每一个属性规定了一个名字,称为属性名,而属性名的取值称为属性值。

2. 查询方法

用 get 函数查询。

例如,对以下直线对象对应的图形窗口、轴对象及线对象本身进行查询,见图 8-7。

>> line([0;10],[0;10])

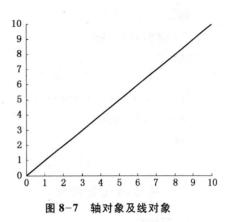

图 8-7 轴对象及线对象

(1) 获取当前图形窗口的属性值,命令和结果如下(部分,其他略):

>> get(gcf)

Units = pixels

WindowStyle = normal

Children = [101.006]

Parent = [0]

Type = figure

Visible = on

……

或

>> get(gcf,'color')

ans =

   0.8000   0.8000   0.8000

(2) 获取当前轴的属性名及属性值,命令及结果如下(部分,其他略):

>> get(gca)

Box = off

Color = [1 1 1]

Position = [0.13 0.11 0.775 0.815]

TickDirMode = auto

Units = normalized

XDir = normal

XGrid = off

XLim = [0 10]

XLimMode = auto

Children = [3.0083]

Type = axes

Visible = on

……
或
```
>> get(gca,'Color')
ans =
     1     1     1
>> h = get(gca,'Children');
>> get(h,'type')
ans =
    line
```

二、属性的设置操作

1. 属性值

(1) 可设置的属性名及属性值根据对象的不同而不同,例如,对于当前窗口,如果不写具体的设置内容,则显示所有属性名和属性可设置的值,命令和结果如下(部分,其他略):

```
>> set(gcf)
```
Units：[inches | centimeters | normalized | points | {pixels} | characters]
Visible：[{on} | off]
……

或

```
>> set(gcf,'Units','normalized')
>> set(gcf,'Color','red')
```

(2) 对于当前轴,同样可以得到可设置的属性名及属性值,命令和结果如下(部分,其他略):

```
>> set(gca)
```
Box：[on | {off}]
FontUnits：[inches | centimeters | normalized | {points} | pixels]
FontWeight：[light | {normal} | demi | bold]
GridLineStyle：[- | -- | {:} | -. | none]
LineWidth
NextPlot：[add | {replace} | replacechildren]
XColor
XDir：[{normal} | reverse]
XGrid：[on | {off}]
XLabel
XAxisLocation：[top | {bottom}]
XLim
XLimMode：[{auto} | manual]
XMinorGrid：[on | {off}]
XMinorTick：[on | {off}]

XScale：[{linear} | log]
XTick
XTickLabel
XTickLabelMode：[{auto} | manual]
XTickMode：[{auto} | manual]
YColor
YDir：[{normal} | reverse]
YGrid：[on | {off}]
……

或

>> set(gco,'Marker','square')   % 必须先在图形窗口中选中直线对象

2. set 函数的使用

set 函数的调用格式为：

set(句柄,属性名1,属性值1,属性名2,属性值2,…)

其中句柄用于指明要操作的图形对象。如果在调用 set 函数时省略全部属性名和属性值,则将显示出句柄所有的允许属性,这一点有时非常有用。以下是两个 set 函数用法示例。

>> set(gcf, 'color', [0.5 0.5 0.5])
>> set(gca, 'color', [0.2 0.2 0.2])

【例 8-5】 创建线对象,并用 set 函数改变线型外观(exam8_5.m)。

x = -pi:pi/10:pi; y = tan(sin(x)) - sin(tan(x));
H = line(x, y)
set(H, 'LineWidth', 2,...
　　'LineStyle', '--',...
　　'Marker', 'square',...
　　'Color', 'g',...
　　'MarkerSize', 10)

对象属性还可以直接在命令参数中设置,见第四章例 4-8、图 4-9。

3. get 函数的使用

get 函数的调用格式为：

V = get(句柄,属性名)

其中 V 是返回的属性值。如果在调用 get 函数时省略属性名,则将返回句柄所有的属性值。

【例 8-6】 作正弦、余弦曲线,然后通过属性设置,将正弦曲线改为虚线,将余弦曲线幅度减为 1/2 高度(exam8_6.m),见图 8-8。

x = 0:2*pi/180:2*pi; y1 = sin(x); y2 = cos(x);
plot(x, y1, x, y2)
hh = get(gca, 'children')   % 获取两根线的句柄
y11 = get(hh(2), 'ydata');   % 第二根线的 y 坐标

```
y22 = y11/2;
set(hh(2),'ydata',y22)
set(hh(1),'linestyle',':')      % 第一根线的线型
>> exam8_6
hh =
    102.0125
      3.0103
```

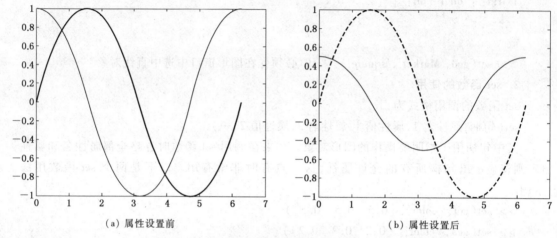

(a) 属性设置前　　　　　　　　　　　(b) 属性设置后

图 8-8　正弦曲线和余弦曲线

4. 对象的搜索

MATLAB 还提供了一种通过属性值搜索对象的方法——findobj 函数。findobj 函数能够快速地获得指定属性值的对象句柄。下面的命令将把一个文本从当前位置移动到新的位置：

```
>> h_text = findobj('String','\leftarrowsin(t) = 0.070');   % 查找对象并获取句柄
>> set(h_text,'Position','[3*pi/4,sin(3*pi/4),0]')
```

5. 对象属性的继承操作

对象属性的继承操作是通过父代对象设置缺省对象属性来实现的。父代句柄属性中设置缺省值后，所有子代对象均可以继承该属性的缺省值。

属性缺省值的描述结构为：

Default + 对象名称 + 对象属性，例如：

(1) DefaultFigureColor——图形窗口的颜色；

(2) DefaultAxesAspaceRatio——轴的视图比率；

(3) DefaultLineLineWide——线的宽度；

(4) DefaultLineColor——线的颜色。

缺省值的获得与设置也是由 get、set 函数实现的，例如：

(1) get(0,'DefaultFigureColor')——获得图形窗口的颜色缺省值；

(2) set(gca,'DefaultLineColor','r')——设置线的颜色缺省值为红色。

又如，下面的指令将在图上添加文字注释，颜色为红色：

```
>> set(gca,'DefaultTextColor',[1 0 0])
>> gtext('正弦')
>> gtext('余弦')
```

在轴对象上设置文字对象的颜色缺省值为红色,则继承该缺省值在图上添加红色的文字注释。

【例 8-7】 改变图形窗口颜色和坐标轴颜色的缺省值绘图(exam8_6.m)。

```
set(0,'DefaultFigureColor',[0.5 0.5 0.5])   %将所有新图形窗口的颜色由缺省值黑色设置为适中的灰色
set(0,'defaultfigurecolor','b')     %改变图形窗口颜色
set(0,'defaultaxescolor','g')       %改变坐标轴的缺省颜色
x=0:2*pi/180:2*pi; y=sin(2*x);
h=line(x,y)
set(h,'color','m','linewidth',2,'linestyle','*')
```

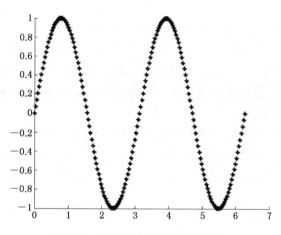

图 8-9 改变了窗口和坐标轴颜色

【例 8-8】 改变曲面对象局部颜色缺省值(exam8_8.m)。

```
set(0,'defaultsurfaceedgecolor','w')
h=surf(peaks(30))
set(gca,'defaultsurfaceedgecolor','default')
```

6. 其他操作

还可以使图形对象属性恢复出厂设置,有如下属性值:

(1) default——由父代继承;

(2) factory——厂家设定缺省值;

(3) remove——清除设定缺省值。

例如:

```
>> set(gca,'defaultlinecolor','remove')
>> set(0,'defaultsurfaceedgecolor','factory')
```

第三节　图形对象的创建

一、图形窗口对象

建立图形窗口对象使用 figure 函数,其调用格式为:

句柄变量 = figure(属性名1,属性值1,属性名2,属性值2,…)

MATLAB 通过对属性的操作来改变图形窗口的形式和外观。也可以使用 figure 函数按 MATLAB 缺省的属性值建立图形窗口:

figure;或　句柄变量 = figure

要关闭图形窗口,使用 close 函数,其调用格式为:

close(窗口句柄)

另外,close all 命令可以关闭所有的图形窗口;clf 命令则是清除当前图形窗口的内容,但不关闭窗口。

MATLAB 为每个图形窗口提供了很多属性,这些属性及其取值控制着图形窗口对象。除公共属性外,其他常用属性如下:MenuBar 属性、Name 属性、NumberTitle 属性、Resize 属性、Position 属性、Units 属性、Color 属性、Pointer 属性、KeyPressFcn(键盘键按下响应)、WindowButtonDownFcn(鼠标键按下响应)、WindowButtonMotionFcn(鼠标移动响应)及 WindowButtonUpFcn(鼠标键释放响应)等。

例如,建立一个图形窗口。该图形窗口没有图形编号,标题名称为"我的图形窗口",起始于屏幕[50,50]、宽度和高度分别为 700 像素点和 500 像素点,命令如下:

>> H_f = figure('NumberTitle','off','name','我的图形窗口','Position',[50,50,700,500])

>> get(H_f,'position')

ans =

　　　50　50　700　500

二、坐标轴对象

建立坐标轴对象使用 axes 函数,其调用格式为:

句柄变量 = axes(属性名1,属性值1,属性名2,属性值2,…)

调用 axes 函数用指定的属性在当前图形窗口创建坐标轴,并将其句柄赋给左边的句柄变量。也可以使用 axes 函数按 MATLAB 缺省的属性值在当前图形窗口创建坐标轴:

axes 或　句柄变量 = axes

用 axes 函数建立坐标轴之后,还可以调用 axes 函数将其设定为当前坐标轴,且坐标轴所在的图形窗口自动成为当前图形窗口:

axes(坐标轴句柄)

MATLAB 为每个坐标轴对象提供了很多属性。除公共属性外,其他常用属性如下:Box 属性、GridLineStyle 属性、Position 属性、Units 属性、Title 属性等。

【例 8-9】 绘制正弦曲线,并将纵坐标轴标识改为图 8-10 的形式(exam8_9.m)。

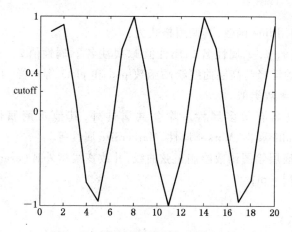

图 8-10 改变坐标轴刻度位置和标识

t = 1:20
plot(t, sin(t))
set(gca,'ytick',[-1 0 0.2 0.4 1])
set(gca, 'yticklabel', '-1|0|cutoff|0.4|1')

【例 8-10】 对第四章第一节例 4-5(图 4-6)进行坐标轴标注(exam8_10.m)。
x = 0:900; a = 1000; b = 0.005;
y1 = 2 * x;
y2 = cos(b * x);
[haxes, hline1, hline2] = plotyy(x, y1, x, y2,'semilogy','plot');
axes(haxes(1))
ylabel('semilog plot');
axes(haxes(2))
ylabel('linear plot');

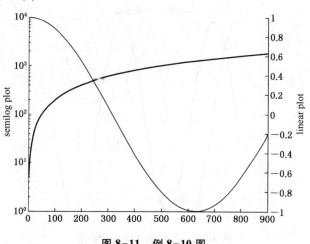

图 8-11 例 8-10 图

三、曲线对象

建立曲线对象使用 line 函数,其调用格式为:

句柄变量 = line(x, y, z,属性名 1,属性值 1,属性名 2,属性值 2,…)

其中对 x, y, z 的解释与高层曲线绘图函数 plot 和 plot3 等一样,其余的解释与前面介绍过的 figure 和 axes 函数类似。

每个曲线对象也具有很多属性。除公共属性外,其他常用属性如下:Color 属性、LineStyle 属性、LineWidth 属性、Marker 属性、MarkerSize 属性等。

【例 8-11】 用底层绘图函数绘制正弦曲线,并改变线型外观(exam8_11.m)。

x = [-2:0.01:2] * pi;
y = sin(x);
H_sin = line(x, y)
set(H_sin, 'color', [1 .5 0], 'linewidth', 3);

【例 8-12】 在图 8-12 坐标轴上再添加一条余弦曲线,并改变其颜色(exam8_12.m)。

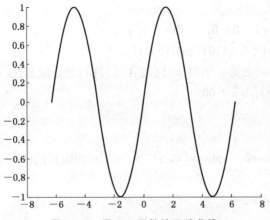

图 8-12 用 line 函数绘正弦曲线

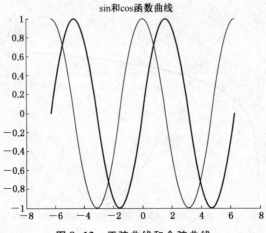

图 8-13 正弦曲线和余弦曲线

```
z = cos(x);
hold on
H_cos = line(x, z);
set(H_cos, 'color', [0.75 0 1])
hold off
title('sin 和 cos 函数曲线', 'fontsize', 16, 'color', 'green')
```

四、文字对象

使用 text 函数可以在指定位置和根据属性值添加文字说明,并保存句柄。该函数的调用格式为:

句柄变量 = text(x, y, z,'说明文字',属性名1,属性值1,属性名2,属性值2,…)

其中说明文字中除使用标准的 ASCII 字符外,还可使用 LaTeX 格式的控制字符。

除公共属性外,文字对象的其他常用属性如下:Color 属性、String 属性、Interpreter 属性、FontSize 属性、Rotation 属性。

【例 8-13】 按图 8-14 在图形中进行文字标注(exam8_13.m)。

```
t = 0:0.1:3*pijalpha = 0:0.1:3*pi;
plot(t, sin(t),'r-'); hold on
plot(alpha, 3*exp(-0.5*alpha), 'b:')
xlabel('t(deg)')
ylabel('magnitude')
title('\it{sine wave and {itAe}^{-\alpha{\itt}} wav from zero to 3\pi}');
text(6, sin(6), ['\fontname{times} Value = ', num2str(sin(6)), ' at {\itt} = 6\rightarrow\bullet'], 'HorizontalAlignment', 'right')
text(2, 3*exp(-0.5*2), ['\bullet\leftarrow\fontname{times} The {\it3e}^{-0.5\itt} at {\itt} = 2'], 'HorizontalAlignment', 'left');
```

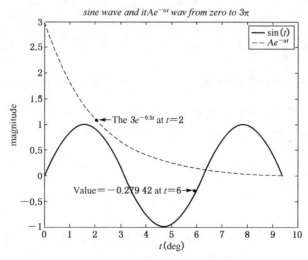

图 8-14 文字对象标注内容

```
legend('sin(t)','{\itAe}^{-\alphat}');
```

五、曲面对象

建立曲面对象使用 surface 函数,其调用格式为:

句柄变量 = surface(x, y, z, 属性名1, 属性值1, 属性名2, 属性值2, ⋯)

其中对 x, y, z 的解释与高层曲面绘图函数 mesh 和 surf 等一样,其余的解释与前面介绍过的 figure 和 axes 等函数类似。

每个曲面对象也具有很多属性。除公共属性外,其他常用属性如下:EdgeColor 属性、FaceColor 属性、LineStyle 属性、LineWidth 属性、Marker 属性、MarkerSize 属性等。

【例 8-14】 用底层绘图函数绘制曲面(exam8_14.m)。

```
[x, y] = meshgrid([-2:0.4:2]); z = x.*exp(-x.^2-y.^2);
fh = figure('position',[350 275 400 300],'Color','w');
ah = axes('Color',[0.8 0.8 0.8],'XTick',[-2 -1 0 1 2],...
    'YTick',[-2 -1 0 1 2]);
sh = surface('XData', x, 'YData', y, 'ZData', z,...
    'FaceColor', get(ah, 'Color') + 0.1,...
    'EdgeColor','k','Marker','o',...
    'MarkerFaceColor',[0.5 1 0.85]);
```

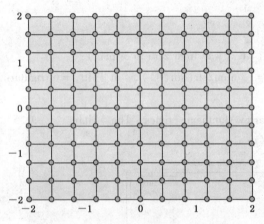

图 8-15 由 surface 函数绘制的曲面

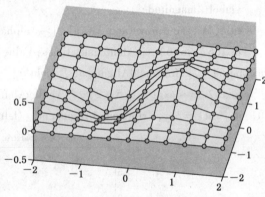

图 8-16 改变三维曲面的视角

furface 函数并不像 surf 函数那样使用三维视图,视图相当于 view(0, 90)。为了清楚地观察创建的各个图形对象,可以通过 view 命令改变视角,例如,通过下面的指令可使图形变为图 8-16 所示外观。

```
>> view(10, 60)
```

六、综合实例

【例 8-15】 制作一个双坐标系用来表现高压和低温两个不同量的变化过程(exam8_15.m)。

```
tp = (0:100)/100*5; yp = 8+4*(1-exp(-0.8*tp)).*cos(3*tp);
tt = (0:500)/500*40; yt = 120+40*(1-exp(-0.05*tt)).*cos(tt);
```

```
clf reset, h_ap = axes('Position',[0.13, 0.13, 0.7, 0.75]);
set(h_ap,'Xcolor','b','Ycolor','b','Xlim',[0,5],'Ylim',[0,15]);    %使纵
坐标轴以0为下限
nx = 10; ny = 6;
pxtick = 0:((5-0)/nx):5; pytick = 0:((15-0)/ny):15;    %保证两套坐标轴刻度位
置一致的技术
set(h_ap,'Xtick',pxtick,'Ytick',pytick,'Xgrid','on','Ygrid','on')    %绘制分格线
h_linet = line(tp, yp,'Color','b');
set(get(h_ap,'Xlabel'),'String','时间 \rightarrow（分）')
set(get(h_ap,'Ylabel'),'String','压力 \rightarrow( \times10 ^{5} Pa )')
h_at = axes('Position', get(h_ap,'Position'));    %保证两套坐标的轴位框重合的技巧
set(h_at,'Color','none','Xcolor','r','Ycolor','r');    %保证重合坐标系图形都
可看的技术,设置'Color'的属性值为'none'是必须的
set(h_at,'Xaxislocation','top')
set(h_at,'Yaxislocation','right','Ydir','rev')
set(get(h_at,'Xlabel'),'String','\fontsize{15}\fontname{隶书}时间 \rightarrow（分）')
set(get(h_at,'Ylabel'),'String','( {\circ}C )\fontsize{15} \leftarrow \fontname{隶
书}零下温度')
set(h_at,'Ylim',[0,210])    %使纵坐标轴以0为下限
line(tt, yt,'Color','r','Parent', h_at)    %保证温度曲线被绘制在 h_at 坐标系中
xpm = get(h_at,'Xlim');    %获取 h_at 坐标系横轴的取值范围
txtick = xpm(1):((xpm(2) - xpm(1))/nx):xpm(2);
tytick = 0:((210-0)/ny):210;
set(h_at,'Xtick', txtick,'Ytick', tytick)    %保证两套坐标轴刻度位置一致的技术
```

运行该程序,生成如图 8-17 所示坐标系统、曲线和坐标轴标注。

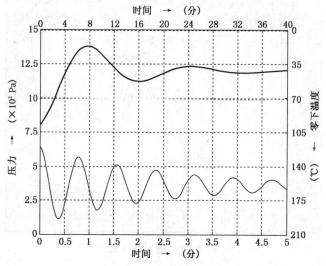

图 8-17　自制双坐标轴系统

练习题

1. 绘制[0,2π]区间内的一条正弦曲线,采用线条宽度为2的蓝色点画线,标记为边缘红色,填充绿色,大小为12像素的五角星。
2. 用句柄设置双坐标轴,左边坐标轴绘制一条 $y = x$ 直线,右边坐标轴绘制一条余弦曲线,如图8-18所示。

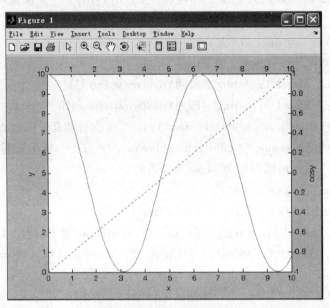

图8-18 练习题2图

3. 用函数peaks生成三维网格曲面,通过get函数获取属性Xdata、Ydata、Zdata的值,找出最大值与最小值,并用获取的x、y、z坐标进行图形标注,如图8-19所示。

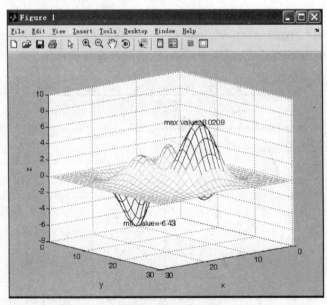

图8-19 练习题3图

4. 将第二章第一节图2-3横坐标改为12个月份。

第九章 MATLAB 用户界面设计

用户界面(或接口)是指人与计算机(或程序)之间交互作用的工具和方法。如键盘、鼠标都可成为与计算机交换信息的接口。

图形用户界面(Graphical User Interfaces,GUI)则是由窗口、光标、按钮、菜单、文字说明等对象(Objects)构成的一个用户界面。用户通过一定的方法(如鼠标或键盘)选择、激活这些图形对象,使计算机产生某种动作或变化,比如实现计算、绘图等。

假如读者所从事的是数据分析、解方程、计算结果可视化等比较单一的工作,那么一般不会考虑 GUI 的制作。但是,如果读者想向别人提供应用程序,想进行某种技术、方法的演示,想制作一个供反复使用且操作简单的专用工具,那么图形用户界面也许是最好的选择之一。

第一节 菜 单 设 计

一、图形窗口的标准菜单

在缺省情况下产生的 MATLAB 图形窗口总有一个顶层菜单条。它包含七个标准菜单项:文件(File)、编辑(Edit)、查看(View)、插入(Insert)、工具(Tools)、窗口(Window)和帮助(Help)。每个顶层菜单在点击时都会产生一个下拉菜单。

这个标准菜单受界面菜单"MenuBar"属性管理。该属性有两个取值[none|{figure}]。例如,以下指令可以隐藏和恢复标准菜单的显示,见图 9-1。

1. 产生新图形窗口并获得图形窗口句柄
>> H_fig = figure
2. 隐去标准菜单
>> set(H_fig, 'MenuBar', 'none');
3. 恢复图形上的标准菜单
>> set(H_fig, 'menubar', 'figure');

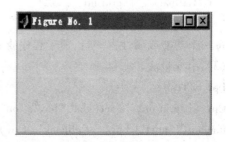

(a) 显示标准菜单　　　　　　　　　　　(b) 隐藏标准菜单

图 9-1　显示和隐藏标准菜单

二、菜单对象常用属性

菜单对象具有 Children、Parent、Tag、Type、UserData、Visible 等公共属性,除公共属性外,还有一些常用的特殊属性。

1. 菜单名属性

属性"Label"用来命名用户菜单的名称,它的属性一定是字符串。该字符串应选得简短扼要反映相应操作本质。

2. 回调属性

回调函数属性的取值也是字符串。该字符串可以包含任何 MATLAB 的合法命令和 M 文件名。当用户选用该菜单时,回调的作用是将那些属性值字符串送给 eval 去执行,以实现该菜单的功能。如果不设置回调,则用户选择菜单时,将没有任何反应。

例如,在图形窗口上自制一个名为【Test】的"顶层菜单项",当用鼠标点击该菜单项时,将产生一个带网格的封闭坐标轴,如图 9-2 所示。该命令的内容是:

```
>> grid on, set(gca,'box','on')
```

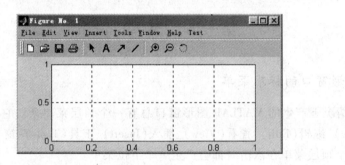

图 9-2 显示坐标网格及坐标轴封闭

将该命令用于回调指令的编写,有以下四种方法:

(1) 直接用字符串的形式

uimenu('Label', 'Test', 'Callback', 'grid on, set(gca, "box", "on"),')

注意原指令中的单引号对变为双引号对,是两个单引号。

(2) 回调属性字符串全部放在方括号内,并有续行标志

uimenu('Label', 'Test', ...
　　'Callback', ['grid on,', ...
　　'set(gca, "box", "on");'])

每一个功能或属性占一行,便于程序查看。

(3) 串变量法

Lpv = 'Test';

Cpv = ['grid on, ', 'set(gca, "box", "on"),'];

uimenu('Label', Lpv, ' Callback', Cpv)

将回调指令作为字符串变量,预先定义好,集中放在程序的赋值区域。

(4) 结构数组表示法

PS. Label = 'Test';

PS. Callback = ['grid on;',' set(gca,″box″,″on″);'];

uimenu(PS)

以上四种方法也适用于第二节将要介绍的用户控件回调属性的设置,其中第二种方法最为常用。

三、用户自制菜单

要建立用户菜单可用 uimenu 函数,因其调用方法不同,该函数可以用于建立一级菜单项和子菜单项。

建立一级菜单项的函数调用格式为:

一级菜单项句柄 = uimenu(图形窗口句柄,属性名1,属性值1,属性名2,属性值2,…)

建立子菜单项的函数调用格式为:

子菜单项句柄 = uimenu(一级菜单项句柄,属性名1,属性值1,属性名2,属性值2,…)

【例 9-1】 自制一个带下拉菜单的用户菜单。该菜单能使图形窗口背景颜色设置为蓝色或红色(exam9_1.m)。

figure

h_menu = uimenu(gcf,'label','Color');

h_submenu1 = uimenu(h_menu,'label','Blue',...

    'callback','set(gcf,″Color″,″blue″)');

h_submenu2 = uimenu(h_menu,'label','Red',...

    'callback','set(gcf,″Color″,″red″)');

图 9-3 简单的用户自制菜单

四、设置简捷键和快捷键

【例 9-2】 自制如图 9-4 所示菜单,设置简捷键和快捷键(exam9_2.m)。

figure

h_menu = uimenu(gcf,'Label','&Color');

h_submenu1 = uimenu(h_menu,'Label','&Blue',...

    'Callback','set(gcf,″color″,″blue″)');

h_submenu2 = uimenu(h_menu,'label','Red',...

    'Callback','set(gcf,″color″,″red″)',...

    'Accelerator','r');

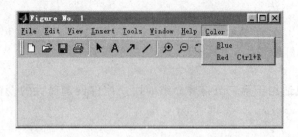

图 9-4 可使用快捷键操作的用户自制菜单

五、用户菜单的外观设计

用户菜单的外观主要取决于四个属性：位置（Position）、分隔线（Separator）、检录符（Checked）、前景颜色（ForgroundColor）。

1. 位置和分隔线

【例 9-3】 自制用户菜单【Option】，并满足以下要求（exam9_3.m）：

(1) 把用户菜单【Option】设置为顶层的第 3 菜单项；
(2) 下拉菜单被两条分隔线分为三个菜单区；
(3) 最下面菜单项又由两个子菜单组成，如图 9-5。

```
figure
BackColor = get(gcf, 'Color');
h_menu = uimenu('label', 'Option', 'Position', 3);
h_sub1 = uimenu(h_menu, 'label', 'grid on', 'callback', 'grid on');
h_sub2 = uimenu(h_menu, 'label', 'grid off', 'callback', 'grid off');
h_sub3 = uimenu(h_menu, 'label', 'box on', 'callback', 'box on',...
    'separator', 'on');
h_sub4 = uimenu(h_menu, 'label', 'box off', 'callback', 'box off');
h_sub5 = uimenu(h_menu, 'label', 'Figure Color', 'Separator', 'on');
h_subsub1 = uimenu(h_sub5, 'label', 'Red', 'callback', 'set(gcf, "Color", "r")');
h_subsub2 = uimenu(h_sub5, 'label', 'Reset',...
    'callback', 'set(gcf, "Color", BackColor)');
```

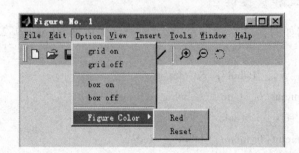

图 9-5 有二级子菜单的用户自制菜单

菜单的位置属性可以通过以下指令获取：
>> Pos_O = get(h_menu, 'position'),   % 查询 Option 菜单位置值
Pos_O =
    3
>> Pos_BoxOn = get(h_sub3, 'position')   % 查询 box on 子菜单位置值
Pos_BoxOn =
    3
>> Pos_Red = get(h_subsub1, 'position')   % 查询 Red 子菜单的位置值
Pos_Red =
    1

2. 检录符的使用

【例 9-4】 自制用户菜单【Option】，并添加两个菜单选项。当某菜单项选中后，使该菜单项标上检录符"√"(exam9_4.m)。

```
figure
h_menu = uimenu('label', 'Option');
h_sub1 = uimenu(h_menu, 'label', 'Grid on',...
    'callback',[...
    'grid on,',...
    'set(h_sub1, "checked", "on"),',...
    'set(h_sub2, "checked", "off"),',...
    ]);
h_sub2 = uimenu(h_menu, 'label', 'Grid off',...
    'callback',[...
    'grid off,',...
    'set(h_sub2, "checked", "on"),',...
    'set(h_sub1, "checked", "off"),',...
    ]);
```

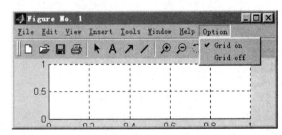

图 9-6 带检录符的自制用户菜单

六、快捷菜单

快捷菜单是用鼠标右键单击某对象时在屏幕上弹出的菜单。这种菜单出现的位置是不固定的，而且总是和某个图形对象相联系，又叫现场菜单。在 MATLAB 中，可以使用 uicontextmenu 函数和图形对象的 uicontextmenu 属性来建立快捷菜单，具体步骤为：

(1) 利用 uicontextmenu 函数建立快捷菜单；
(2) 利用 uimenu 函数为快捷菜单建立菜单项；
(3) 利用 set 函数将该快捷菜单和某图形对象联系起来。

【例 9-5】 绘制一条 Sa 曲线，创建一个与之相联系的现场菜单，用以控制 Sa 曲线的颜

色(exam9_5.m)。

```
t = (-3*pi:pi/50:3*pi) + eps; y = sin(t)./t;
hline = plot(t, y);
cm = uicontextmenu;
uimenu(cm, 'label', 'Red', 'callback', 'set(hline, "color", "r")，')
uimenu(cm, 'label', 'Blue', 'callback', 'set(hline, "color", "b")，')
uimenu(cm, 'label', 'Green', 'callback', 'set(hline, "color", "g")，')
set(hline, 'uicontextmenu', cm)
```

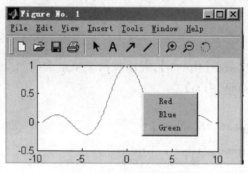

图9-7 用户自制现场菜单

第二节 用户控件

一、控件种类

除菜单外,控件是另一种实现用户与计算机交互的工具。利用这些控件可以实现有关控制。这些控件名称如下：

(1) 按钮(Push Button);
(2) 双位按钮(Toggle Button);
(3) 单选按钮(Radio Button);
(4) 复选框(Check Box);
(5) 列表框(List Box);
(6) 弹出框(Popup Menu);
(7) 编辑框(Edit Box);
(8) 滑动条(Slider);
(9) 静态文本(Static Text);
(10) 边框(Frame)。

二、控件制作方法

1. 建立控件对象方法

MATLAB提供了用于建立控件对象的函数uicontrol,其调用格式为：

对象句柄 = uicontrol(图形窗口句柄,属性名1,属性值1,属性名2,属性值2,…)

其中最重要的 callback 属性名及属性值和前面介绍的 uimenu 函数完全相同,但也有不同之处,就是属性中必须有一项要说明控件的类型(10 种之一),即"style"属性。下面将介绍一些 uicontrol 常用的属性。

2. 控件对象的属性

MATLAB 的 10 种控件对象使用相同的属性类型,但是这些属性对于不同类型的控件对象,其含义不尽相同。除 Children、Parent、Tag、Type、UserData、Visible 等公共属性外,还有一些常用的特殊属性。最常用的有:

(1) unit——屏幕单位。共有六种,它们是英寸(inches)、厘米(centimeters)、归一化(normalized)、点(points)、像素(pixels)和字符(characters),其中像素是缺省单位。使用较方便的是归一化单位,即屏幕(或窗口)左下角为(0,0),右上角为(1,1),一般在初始化时将整个窗口的单位按缺省值设置。

(2) posion——位置。标识控件在当前窗口中所处的位置,以数组的形式表述,即[a, b, c, d]。其中 a, b 代表控件左下角起始位置,c, d 代表控件大小。

(3) fontsize——字体大小。控件名称字符串字体大小设置,同 unit 属性一样,一般定义整个窗口为统一的缺省设置值。

(4) string——控件名称。即字符串变量,用来说明控件的功能或作用,提示用户选择相应操作;在编辑框控件中,用来设置初值。

(5) value——控件的值。在单选按钮中,设置"1"表示选中,设置"0"表示非选中,且只能有 1 个处于选中状态。

(6) max, min——最大值与最小值。在滑动条控件中,用来设置滑动值范围。

(7) sliderstep——步长。在滑动条控件中,用来设置点击滑动条两端的小尖头或点击滑动区域滑动条滑动的距离。

三、制作示例

1. 静态文本、双位按键、单选按钮、边框示例

【例 9-6】 创建一个界面包含静态文本、单选按钮、双位按键和边框用户界面(exam9_6.m)。

```
clf reset
set(gcf, 'menubar', 'none')
set(gcf, 'unit', 'normalized', 'position', [0.2, 0.2, 0.64, 0.32]);
set(gcf, 'defaultuicontrolunits', 'normalized');
h_axes = axes('position', [0.05, 0.2, 0.6, 0.6]);
t = 0:pi/50:2*pi; y = sin(t); plot(t, y);
set(h_axes, 'xlim', [0, 2*pi]);
set(gcf, 'defaultuicontrolhorizontal', 'left');
htitle = title('正弦曲线');
set(gcf, 'defaultuicontrolfontsize', 12);
uicontrol(gcf, 'style', 'frame',...
    'position', [0.67, 0.55, 0.25, 0.25]);
uicontrol(gcf, 'style', 'text',...
```

```
            'string','正斜体图名:',...
            'position',[0.68,0.77,0.18,
0.1],...
            'horizontal','left');
        hr1 = uicontrol(gcf,'style',
'radio',...
            'string','正体',...
            'position',[0.7,0.69,0.15,
0.08]);
        set(hr1,'value',1);
        set(hr1,'callback',[...
            'set(hr1,"value",1),',...
            'set(hr2,"value",0),',...
            'set(htitle,"fontangle","normal"),',...
            ]);
        hr2 = uicontrol(gcf,'style','radio',...
            'string','斜体',...
            'position',[0.7,0.58,0.15,0.08],...
            'callback',[...
            'set(hr1,"value",0),',...
            'set(hr2,"value",1),',...
            'set(htitle,"fontangle","italic")',...
            ]);
        ht = uicontrol(gcf,'style','toggle',...
            'string','Grid',...
            'position',[0.67,0.40,0.15,0.12],...
            'callback','grid');
```

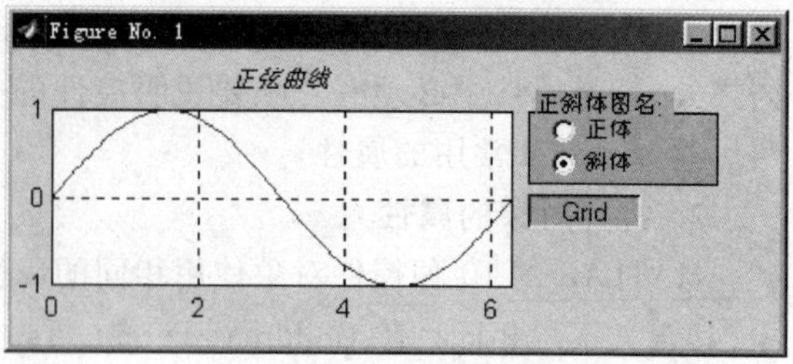

图 9-8 静态文本、单选按钮、双位按键和边框

2. 静态文本框、滑动条、复选框示例

【**例 9-7**】 演示"归一化二阶系统单位阶跃响应"的交互界面。在该界面中,阻尼比可在[0.02,2.02]中连续调节,标志当前阻尼比值;可标志峰值时间和大小;可标志(响应从 0 到 0.95 所需的)上升时间。并完成以下核心内容:

(1) 静态文本的创建和实时改写;
(2) 滑动键的创建、'Max'和'Min'的设置、'Value'的设置和获取;
(3) 检录框的创建、'Value'的获取;
(4) 受多个控件影响的回调操作(exam9_7.m)。

```
clf reset
set(gcf,'unit','normalized','position',[0.1,0.2,0.64,0.35]);
set(gcf,'defaultuicontrolunits','normalized');
set(gcf,'defaultuicontrolfontsize',12);
```

```
set(gcf,'defaultuicontrolfontname','隶书');
set(gcf,'defaultuicontrolhorizontal','left');
str = '归一化二阶系统阶跃响应曲线';
set(gcf,'name',str,'numbertitle','off');
h_axes = axes('position',[0.05,0.2,0.6,0.7]);
set(h_axes,'xlim',[0,15]);
str1 = '当前阻尼比 = ';
t = 0:0.1:10; z = 0.5; y = step(1,[1 2*z 1],t);
hline = plot(t,y);
htext = uicontrol(gcf,'style','text',...
    'position',[0.67,0.8,0.33,0.1],...
    'string',[str1,sprintf('%1.4g\',z)]);
hslider = uicontrol(gcf,'style','slider',...
    'position',[0.67,0.65,0.33,0.1],...
    'max',2.02,'min',0.02,...
    'sliderstep',[0.01,0.05],...
    'Value',0.5);
hcheck1 = uicontrol(gcf,'style','checkbox',...
    'string','最大峰值',...
    'position',[0.67,0.50,0.33,0.11]);
vchk1 = get(hcheck1,'value');
hcheck2 = uicontrol(gcf,'style','checkbox',...
    'string','上升时间(0->0.95)',...
    'position',[0.67,0.35,0.33,0.11]);
vchk2 = get(hcheck2,'value');
set(hslider,'callback',[...
    'z = get(gcbo,"value");',...
    'callcheck(htext,str1,z,vchk1,vchk2)']);
set(hcheck1,'callback',[...
    'vchk1 = get(gcbo,"value");',...
    'callcheck(htext,str1,z,vchk1,vchk2)']);
set(hcheck2,'callback',[...
    'vchk2 = get(gcbo,"value");',...
    'callcheck(htext,str1,z,vchk1,vchk2)']);
[callcheck.m]
function callcheck(htext,str1,z,vchk1,vchk2)
cla, set(htext,'string',[str1,sprintf('%1.4g\',z)]);
dt = 0.1; t = 0:dt:15; N = length(t); y = step(1,[1 2*z 1],t); plot(t,y);
if vchk1
```

```
    [ym, km] = max(y);
    if km < (N-3)
        k1 = km - 3; k2 = km + 3; k12 = k1:k2; tt = t(k12);
        yy = spline(t(k12), y(k12), tt);
        [yym, kkm] = max(yy);
        line(tt(kkm), yym, 'marker', '.', ...
            'markeredgecolor', 'r', 'markersize', 20);
        ystr = ['ymax = ', sprintf('%1.4g\', yym)];
        tstr = ['tmax = ', sprintf('%1.4g\', tt(kkm))];
        text(tt(kkm), 1.05*yym, {ystr; tstr})
    else
        text(10, 0.4*y(end), {'ymax --> 1'; 'tmax --> inf'})
    end
end
if vchk2
    k95 = min(find(y>0.95)); k952 = [(k95-1), k95];
    t95 = interp1(y(k952), t(k952), 0.95);
    line(t95, 0.95, 'marker', 'o', 'markeredgecolor', 'k', 'markersize', 6);
    tstr95 = ['t95 = ', sprintf('%1.4g\', t95)];
    text(t95, 0.65, tstr95)
end
```

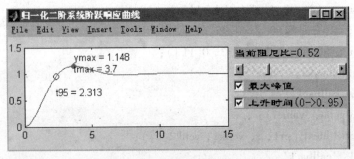

图9-9 滑动条、复选框

3. 可编辑框、弹出框、列表框、按钮示例

【例9-8】 制作一个能绘制任意图形的交互界面。它包括:可编辑文本框、弹出框、列表框,编辑框中允许输入多行指令(exam9_8.m)。

```
clf reset
set(gcf, 'unit', 'normalized', 'position', [0.1, 0.4, 0.85, 0.35]);
set(gcf, 'defaultuicontrolunits', 'normalized');
set(gcf, 'defaultuicontrolfontsize', 11);
set(gcf, 'defaultuicontrolfontname', '隶书');
set(gcf, 'defaultuicontrolhorizontal', 'left');
```

```
set(gcf,'menubar','none');
str='通过多行指令绘图的交互界面';
set(gcf,'name',str,'numbertitle','off');
h_axes=axes('position',[0.05,0.15,0.45,0.70],'visible','off');
uicontrol(gcf,'Style','text',...
    'position',[0.52,0.87,0.26,0.1],...
    'String','绘图指令输入框');
hedit=uicontrol(gcf,'Style','edit',...
    'position',[0.52,0.05,0.26,0.8],...
    'Max',2);
hpop=uicontrol(gcf,'style','popup',...
    'position',[0.8,0.73,0.18,0.12],...
    'string','spring|summer|autumn|winter');
hlist=uicontrol(gcf,'Style','list',...
    'position',[0.8,0.23,0.18,0.37],...
    'string','Grid on|Box on|Hidden off|Axis off',...
    'Max',2);
hpush=uicontrol(gcf,'Style','push',...
    'position',[0.8,0.05,0.18,0.15],'string','Apply');
set(hedit,'callback','calledit(hedit,hpop,hlist)');
set(hpop,'callback','calledit(hedit,hpop,hlist)');
set(hpush,'callback','calledit(hedit,hpop,hlist)');
set(hlist,'callback','calledit(hedit,hpop,hlist)');
[calledit.m]
function calledit(hedit,hpop,hlist)
ct=get(hedit,'string');
vpop=get(hpop,'value');
vlist=get(hlist,'value');
if ~isempty(ct)
    eval(ct')
    popstr={'spring','summer','autumn','winter'};
    liststr={'grid on','box on','hidden off','axis off'};
    invstr={'grid off','box off','hidden on','axis on'};
    colormap(eval(popstr{vpop}))
    vv=zeros(1,4);vv(vlist)=1;
    for k=1:4
        if vv(k);eval(liststr{k});else eval(invstr{k});end
    end
end
```

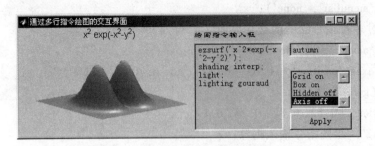

图 9-10 编辑框、弹出框、列表框、按钮

可选的绘图指令：

ezsurf('x.^2 * exp(- x.^2 - y.^2)');

shading interp;

light;

lighting gouraud

四、综合练习

1. 对图形窗口标准按钮进行修改

【例9-9】 删除窗口的标准菜单，并且修改标准工具栏的工具按钮依次为如下四个：放大(Zoom In)、缩小(Zoom Out)、拖拽(Pan)、数据光标(Data Cursor)(exam9_9.m)。

```
figure(2)      % 创建窗口
hm = findall(2, 'type', 'uimenu');    % 查找标准菜单
delete(hm)     % 删除标准菜单
h = findall(2, 'type', 'uipushtool', '-or', 'type', 'uitoggletool');    % 查找工具按钮
set(h, 'visible', 'off')    % 隐藏工具按钮
h1 = findall(2, 'Tooltip', 'Zoom In', '-or', 'Tooltip', 'Zoom Out', ...
         '-or', 'Tooltip', 'Pan', '-or', 'Tooltip', 'Data Cursor');
set(h1, 'visible', 'on', 'Separator', 'off')       % 显示指定的4个工具按钮
```

程序运行结果见图9-11。

图 9-11 自定义工具按钮

2. 河流断面面积计算程序

【例9-10】 根据河流断面面积计算程序(exam8_1.m)，要求编写用户控制界面，用菜

单或编辑框输入断面资料数据文件(起点距和高程);用编辑框输入任一水位,然后通过按钮计算断面面积,并绘出断面图,最后将面积显示在断面图的标题中(exam9_10.m)。

(1) 用户界面程序文件(mainp.m)

```
clf reset
set(gcf,'unit','normalized','position',[0.02,0.15,0.28,0.40]);
set(gcf,'defaultuicontrolunits','normalized');
set(gcf,'defaultuicontrolfontsize',10);
set(gcf,'defaultuicontrolfontname','黑体');
set(gcf,'defaultuicontrolhorizontal','left');
str = '河流断面面积计算系统';
set(gcf,'MenuBar','none','name',str,'numbertitle','off');
colormenug = uimenu(gcf,'label','文件操作');
colormenuh = uimenu(gcf,'label','输入输出文件格式');
colormenun = uimenu(gcf,'label','辅助功能');
uimenu(colormenuh,'label','文件格式查看','callback','uiopen("*")');
uimenu(colormenug,'label','打开文件','callback',...
  '[str11,str12] = uigetfile({"*.*"});wj = [str12,str11]'); % uigetfile 函数参见第三节
uimenu(colormenug,'label','退出系统','callback','close;clear');
uimenu(colormenun,'label','清理内存变量','callback','clear');
uimenu(colormenun,'label','M 文件编辑窗口','callback','edit');
s = 5.2;         % 初值
wj = 'g:\dmzl.txt';
uicontrol(gcf,'Style','text',...
    'position',[0.1,0.5,0.4,0.045],...
    'String','输入文件位置及文件名');
hpopf = uicontrol(gcf,'style','edit',...
    'position',[0.55,0.5,0.38,0.04],...
    'string','g:\dmzl.txt',...
    'callback',[...
    'wj = get(gcbo,"string");']);
uicontrol(gcf,'Style','text',...
    'position',[0.1,0.6,0.4,0.04],...
    'String','输入计算水位');
hpopi = uicontrol(gcf,'Style','edit',...
    'position',[0.5,0.6,0.4,0.04],...
    'string','5.2',...
    'callback',[...
    's = str2num(get(gcbo,"string"));']);
```

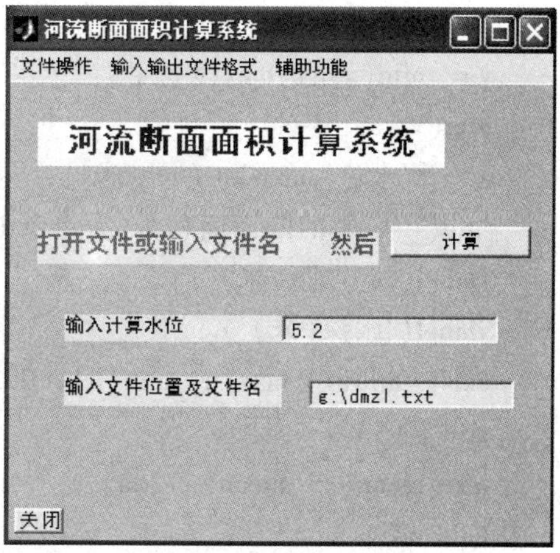

图 9-12 计算系统界面

```
uicontrol(gcf,'Style','text',...
    'position',[0.05,0.72,0.63,0.05],...
    'foregroundcolor','red',...
    'fontsize',12,...
    'String','打开文件或输入文件名   然后');
hpushk = uicontrol(gcf,'Style','push',...
    'position',[0.7,0.73,0.26,0.05],...
    'String','计算');
set(hpushk,'callback','tic;sub(wj,s)');
He_ver = uicontrol(gcf,'Style','text',...
    'BackgroundColor',[1 1 0],'ForegroundColor',[0 0 1],...
    'HorizontalAlignment','center','FontWeight','bold',...
'Position',[0.050 0.87 0.75 0.07],'String',...
    ['河流断面面积计算系统'],'FontName','黑体','FontSize',15)
He_vee = uicontrol(gcf,'Position',[0.010 0.010 0.090 0.04],'String',...
    ['关闭'],'FontName','MS Sans Serif','FontSize',5,'Callback','close;clear')
```

(2) 计算、绘图函数文件(sub.m)

```
function sub(wj,s)
Hf_1 = figure('NumberTitle','off','name','面积计算','Position',[50,80,700,460]);
dm = load(wj); x = dm(:,1); a = dm(:,2);
plot(x,a)
set(gca,'Xdir','Normal','Ydir','Normal','Box','off');
ss = s - a;
r = ss >= 0; sss = r.*ss;
Q = trapz(x,sss);
hold on
y = [min(x):1:max(x)];
plot(y,s,'r-')
aa = ['水位',num2str(s),'米'];
title(['所求的断面面积为',num2str(Q),'平方米'],'FontSize',14,'color','red'),
xlabel('起点距(米)')
ylabel('水深(米)')
axis([min(x) max(x) min(a)-0.5 max(a)+0.5]);
grid
text(mean(x),mean(a),aa)
hold off
```

计算结果及图形输出见图9-13。

其中断面资料 dmzl.txt 文件的内容如图 9-14 所示。

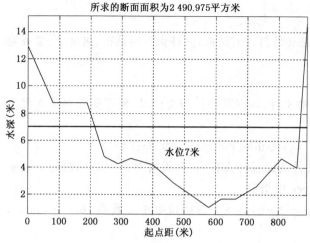

图 9-13 横断面图、面积和水位

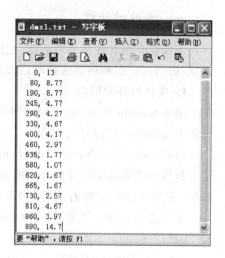

图 9-14 断面数据文件

第三节 预定义对话框

预定义对话框是要求用户输入某些特定信息或给用户提供某些信息的一类窗口,它是用户与计算机之间进行交互操作的另一种手段。预定义对话框本身不是一个句柄图形对象,而是一个包含一系列句柄图形子对象的图形窗口。

对话框分为两类:公共对话框和 MATLAB 自定义的对话框,见表 9-1。公共对话框是利用 Windows 资源建立的对话框,包括文件打开、文件保存、颜色设置、字体设置及打印设置等。MATLAB 自定义的对话框是对基本 GUI 对象,采用 GUI 函数编写封装的一类用于实现特定交互功能的图形窗口,包括进度条、对话框、错误对话框、警告对话框、帮助对话框、信息对话框、提问对话框、输入对话框、目录选择对话框和列表选择对话框等。

表 9-1 预定义对话框调用函数

函 数	含 义	函 数	含 义
uigetfile	文件打开对话框	uiputfile	文件保存对话框
uisetcolor	颜色设置对话框	uisetfont	字体设置对话框
pagesetupdlg	打印设置对话框	printpreview	打印预览对话框
printdlg	打印对话框	waitbar	进度条
menu	菜单选择对话框	dialog	普通对话框
errordlg	错误对话框	warndlg	警告对话框
helpdlg	帮助对话框	msgbox	信息对话框
questdlg	提问对话框	inputdlg	输入对话框
uigetdir	目录选择对话框	listdlg	列表选择对话框

一、常用对话框

下面仅介绍6种常用对话框，它们是文件打开对话框、文件保存对话框、进度条、普通对话框、提问对话框和列表选择对话框。

1. 文件打开对话框

函数 uigetfile 要求用户选择要打开的文件，返回其路径与文件名，便于随后对该文件进行数据读操作。常用格式为：

[FileName, PathName, FilterIndex] = uigetfile(FilterSpec,'DialogTitle')

检索由指定后缀的文件返回所选文件的路径与文件名，并设置对话框的标题为 DialogTitle。缺省显示的文件名也可在 FilterSpec 中指定。

若要指定 n 种文件类型，则 FilterSpec 为一个 n×1 的字符串单元数组，如{'*.bmp';'*.jpg';'*.gif'}。即：

>> [FileName, PathName, FilterIndex] = uigetfile({'*.bmp';'*.jpg';'*.gif'},'选择图片')

弹出的对话框如图 9-15 所示。

图 9-15　打开文件对话框

若要选择 *.jpg 文件，文件类型索引值为 2，FilterIndex 的逻辑值为真；若用户单击"取消"按钮，返回值 FileName、PathName、FilterIndex 均为 0，通过对 FilterIndex 进行逻辑判断，可防止对 FileName 进行误操作。

2. 文件保存对话框

文件保存对话框由 uiputfile 函数创建，通过对话框获取用户的输入，返回用户选择的路径和设置文件名的字符串，便于随后对该文件进行数据写操作。uiputfile 常用格式为：

[FileName, PathName] = uiputfile(FilterSpec,'DialogTitle','DefaultName')

设置用于保存数据文件的文件名(带扩展名)和文件路径，文件类型由 FilterSpec 指定，

并设置文件保存对话框的标题,同时设置默认保存的文件名。如:
>> [FileName, PathName] = uiputfile({'*.m';'*.fig'},'文件另存为','abc.m')
生成的对话框如图9-16所示。

图9-16 保存文件对话框

3. 进度条

在进行GUI设计过程中,有时会用到进度条,便于用户观察数据处理的进度,以免引起误操作。进度条的调用格式为:

h = waitbar(x, 'title')

创建一个标题为title的进度条,数据处理完成进度为x(x可根据计算过程由0~1完成进度显示),返回该进度条的句柄h。如:

>> h = waitbar(0.5,'请等待...')
h =
    0.0214

生成的进度条如图9-17所示。

图9-17 进度条

4. 普通对话框

对话框是MATLAB预定义的一类特殊窗口,可分为普通对话框和标准对话框。标准对话框是具有特定功能的对话框,而普通对话框只给用户提供某些信息。

函数dialog创建或显示普通对话框,并返回其句柄。调用格式如下:

h = dialog('PropertyName', PropertyValue,...)

图9-18 普通对话框

例如,下面的脚本创建一个带"确定"按钮的对话框,如图9-18。

>> h = dialog('name', '关于…', 'position', [200 200 200 70]);
>> uicontrol('style', 'text', 'position', [50 40 120 20], 'fontsize', 10,…
    'parent', h, 'string', '欢迎使用本软件!')

```
>> uicontrol('position',[80 10 50 20],'fontsize',10,'parent',h,…
        'string','确定','callback','delete(gcf)')
```

5. 提问对话框

函数 questdlg 创建一个提问对话框。常用格式为：

button = questdlg('q_str','title','default')

创建一个标题为 title,字符串为 q_str 的提问对话框,返回用户选择的按钮名(值)。若直接回车,返回按钮名 default, default 的有效值为 Yes、No 或 Cancel。例如,生成如图 9-19 所示对话框,并选择 Yes,结果如下：

```
>> button = questdlg('你学过 MATLAB 吗?','问题调查')
button =
    Yes
```

图 9-19　提问对话框

或自定义选择项作为按钮名称,用户选择后返回用户选择的按钮名(值)。若直接回车,则返回缺省的按钮名。例如,生成如图 9-20 所示对话框,并回车,结果如下：

```
>> button = questdlg('你会 MATLAB 吗?','问题调查',
'会','不会','会')
button =
    会
```

图 9-20　自定义选择按钮

6. 列表选择对话框

创建一个列表对话框采用 listdlg 函数。调用格式为：

[Sel, ok] = listdlg('属性名1',值1,'属性名2',值2,…)

创建一个可从列表中选择单项或多项的模式对话框。当单击 OK 按钮时,返回的 ok 值为 1,Sel 表示选项的索引值(例如,选择列表中的第 2 项,则 Sel = 2);当单击 Cancel 或关闭对话框时,返回的 ok 值为 0, Sel 值为空。

例如,下面的指令创建一个单选模式的列表对话框：

```
>> [Sel, ok] = listdlg('ListString',{'A','B','C','D'},…
        'Name','请选择一项:',…
        'OKString','确定',…
        'CancelString','取消',…
        'SelectionMode','single',…
        'ListSize',[180 80])
```

创建的列表对话框如图 9-21 所示。

若在图 9-21 中选择 D 并确定,则 Sel 和 ok 的值为：

```
Sel =
     4
ok =
     1
```

图 9-21　列表选择对话框

二、综合练习

1. 打开并显示图片文件

【例 9-11】 编写一段程序,实现如下功能:弹出一个文件选择对话框,等待用户选择 jpg 或 bmp 文件,然后把选择的文件显示在 figure 窗口中(exam9_11.m)。

[FileName, PathName, FilterIndex] = uigetfile({'*.jpg';'*.bmp'},'选择图片');
if FilterIndex
    str = [PathName, FileName];
    X = imread(str);
    imshow(X);
end

运行该程序,首先出现图 9-22 所示打开文件对话框。

图 9-22 选择图片文件对话框

然后选择要显示的图片文件,就可以显示在 figure 内了,如图 9-23 所示。

2. 为进度条添加取消按钮

【例 9-12】 创建一个进度条,每秒进度大约为 10%,并添加一个取消按钮(exam9_12.m)。

取消按钮的默认 String 为"Cancel",要设置为"取消",需要用到 findall 函数查找到该 pushbutton 对象,方法如下:

h = waitbar(0,'请等待...','Name','进度条',...

图 9-23 显示选择的图片文件

```
        'CreateCancelBtn','delete(h); clear h');
    h1 = findall(h,'style','pushbutton');    %查找"取消"按钮
    set(h1,'String','取消','fontsize',10);
    try
        for i = 1:100
            waitbar(i/100,h,['进度完成',num2str(i),'%'])
            pause(0.1)
        end
        delete(h)
        clear(h)
    end
```

生成的进度条如图 9-24 所示。

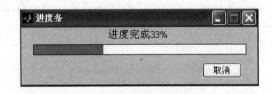

图 9-24　动态显示进度条

第四节　采用 GUIDE 创建 GUI

GUIDE 是 MATLAB 图形用户接口开发环境(Graphical User Interface Development Environment)的简称,它提供了一系列工具用于建立 GUI 对象。这些工具极大简化了设计和创建 GUI 的过程。使用 GUI 可以完成如下两项工作:

(1) GUI 图形界面布局;

(2) GUI 编程。

下面简要介绍使用 GUIDE 创建 GUI 界面的方法,更详细的内容(GUI 组件详解)请参阅相关文献。

一、GUIDE 界面基本操作

1. 启动 GUIDE

有三种方法可以启动 GUIDE:

(1) 在命令行输入:

>> guide

(2) 单击 MATLAB 主窗口的 ■(GUIDE)按钮;

(3) 单击 MATLAB 主窗口中的【Start】按钮,出现弹出菜单,在主程序组【MATLAB】中选择"GUIDE(GUI Builder)"选择项,生成 GUIDE 快速启动对话框,如图 9-25 所示。

从 GUIDE 快速启动对话框,可以打开已存在的 GUI,或创建新的 GUI。要打开当前所在路径下的 GUI,可在命令行直接输入:

>> guide filename   %打开 filename.fig 对应的 GUI

创建新的 GUI 时,样板可以选择以下 4 种:

(1) Blank GUI——一个空的样板;

(2) GUI with Uicontrols——打开包含一些 uicontrol 对象的 GUI 编辑器;

(3) GUI with Axes and Menu——打开包含菜单和一些坐标轴图形对象的 GUI 编辑器;

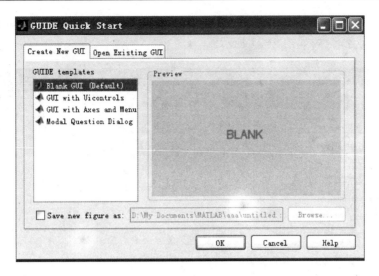

图 9-25　GUIDE 快速启动对话框

(4) Modal Question Dialog——打开一个对话框编辑器,默认为一个问题对话框。
一般采用 Blank GUI 样板。单击 OK 按钮后,进入 GUI 编辑界面,如图 9-26 所示。

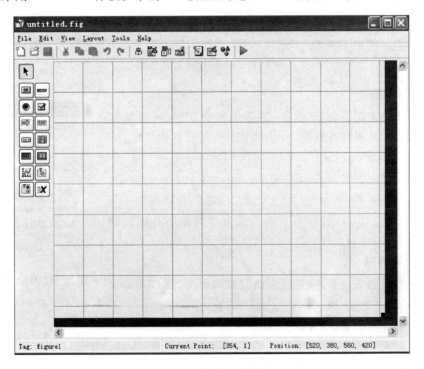

图 9-26　新建 GUI 窗口

2. GUI 编辑界面组成

GUI 编辑界面主要包括 3 部分:GUI 对象选择区、GUI 工具栏和 GUI 布局区。下面分别介绍这 3 个部分。

(1) GUI 对象选择区

打开【File】|【Preferences...】|GUIDE，勾选 show name in component palette，则在编辑界面显示 GUI 对象名称，如图 9-27 所示。

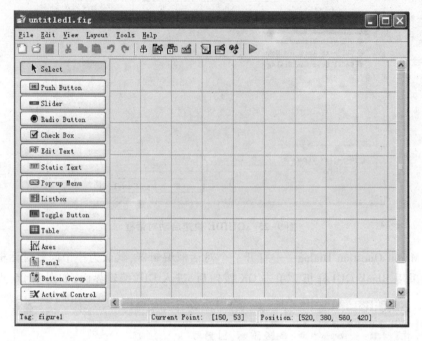

图 9-27　显示 GUI 对象名称

（2）GUI 工具栏

GUI 工具栏主要由对齐对象、菜单编辑器、Tab 顺序编辑器、M 文件编辑器、属性查看器、对象浏览器和运行界面组成。

（3）GUI 布局区

GUI 布局区用于布局 GUI 对象。在布局区单击鼠标右键，弹出的菜单如图 9-28 所示。

其中 View Callbacks 选项可查看或修改该对象所有的回调函数。

3. 属性查看器

属性查看器用来查看、设置或修改对象的属性，是 GUI 编辑器的主要功能，如图 9-29 所示。

图 9-28　GUI 功能菜单

调用对象属性查看器有四种方法：

（1）在对象上双击；

（2）在对象上右击，选择 Property Inspector；

（3）选中对象后，单击工具栏上的 ![icon]（Property Inspector）按钮；

（4）菜单栏选择：【View】| Property Inspecto。

对象的属性可直接在属性查看器中修改，修改完成后需重新运行 GUI 来应用新设置。

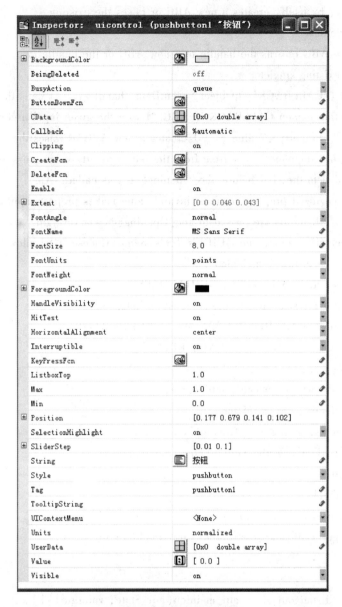

图 9-29 对象属性查看器

二、GUI 的 M 文件

由 GUIDE 生成的 M 文件,控制并决定 GUI 对用户操作的响应。它包含运行 GUI 所需要的所有代码。GUIDE 自动生成 M 文件的框架,用户在该框架下编写 GUI 组件的回调函数。

M 文件由一系列子函数构成,包含主函数、Opening 函数、Output 函数和回调函数。其中主函数不能修改,否则容易导致 GUI 界面初始化失败。例如,新建一个只包含一个按钮(按钮名称为"确定")的文件名为 abc 的 GUI,如图 9-30 所示,其 M 文件如下:

function varargout = abc(varargin)
% ABC M-file for abc.fig

```
%       ABC, by itself, creates a new ABC or raises the existing
%       singleton*.
%       H = ABC returns the handle to a new ABC or the handle to
%       the existing singleton*.
%       ABC('CALLBACK', hObject, eventData, handles,...) calls the local
%       function named CALLBACK in ABC.M with the given input arguments.
%       ABC('Property','Value',...) creates a new ABC or raises the
%       existing singleton*. Starting from the left, property value pairs are
%       applied to the GUI before abc_OpeningFcn gets called. An
%       unrecognized property name or invalid value makes property application
%       stop. All inputs are passed to abc_OpeningFcn via varargin.
%       *See GUI Options on GUIDE's Tools menu. Choose "GUI allows only one
%       instance to run (singleton)".
% See also: GUIDE, GUIDATA, GUIHANDLES
% Edit the above text to modify the response to help abc
% Last Modified by GUIDE v2.5 30-Mar-2010 13:22:20
% Begin initialization code - DO NOT EDIT
gui_Singleton = 1;
gui_State = struct('gui_Name', mfilename, ...
    'gui_Singleton', gui_Singleton, ...
    'gui_OpeningFcn', @abc_OpeningFcn, ...
    'gui_OutputFcn', @abc_OutputFcn, ...
    'gui_LayoutFcn', [], ...
    'gui_Callback', []);
if nargin && ischar(varargin{1})
    gui_State.gui_Callback = str2func(varargin{1});
end
if nargout
    [varargout{1:nargout}] = gui_mainfcn(gui_State, varargin{:});
else
    gui_mainfcn(gui_State, varargin{:});
end
% End initialization code - DO NOT EDIT
% --- Executes just before abc is made visible.
function abc_OpeningFcn(hObject, eventdata, handles, varargin)
% This function has no output args, see OutputFcn.
% hObject      handle to figure
% eventdata    reserved - to be defined in a future version of MATLAB
% handles      structure with handles and user data (see GUIDATA)
```

% varargin   command line arguments to abc (see VARARGIN)
% Choose default command line output for abc
handles.output = hObject;
% Update handles structure
guidata(hObject, handles);
% UIWAIT makes abc wait for user response (see UIRESUME)
% uiwait(handles.figure1);
% --- Outputs from this function are returned to the command line.
function varargout = abc_OutputFcn(hObject, eventdata, handles)
% varargout   cell array for returning output args (see VARARGOUT);
% hObject   handle to figure
% eventdata   reserved - to be defined in a future version of MATLAB
% handles   structure with handles and user data (see GUIDATA)
% Get default command line output from handles structure
varargout{1} = handles.output;
% --- Executes on button press in pushbutton.
function pushbutton_Callback(hObject, eventdata, handles)
% hObject   handle to pushbutton (see GCBO)
% eventdata   reserved - to be defined in a future version of MATLAB
% handles   structure with handles and user data (see GUIDATA)

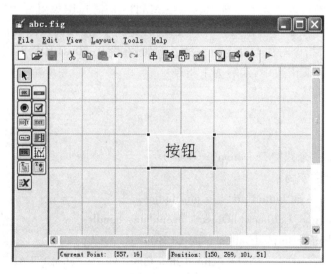

图 9-30　GUI 编辑窗口

在主函数中,gui_State 是一个结构体,指定了 GUI 的 Opening 函数和 Output 函数;开始 gui_Callback 为空,此时创建 GUI;如果输入参数个数大于 1,且第 1 个输入参数为字符串,第 2 个参数为句柄值,则将输入的第 1 个参数传递给 gui_State.callback,此时执行回调函数。

第一行为主函数声明,abc 为函数名,varargin 为输入参数,varargout 为输出参数。当创建 GUI 时,varargin 为空;当用户触发 GUI 对象时,varargin 为一个 1×4 的单元数组:第一个单元为所要执行回调函数的函数名。例如,用户单击了 Tag 值为 pushbutton 的 pushbutton 对象,此时 varargin{1} = 'pushbutton_Callback',即为要执行的回调函数 pushbutton_Callback 的函数名。第 2~4 个单元为该回调函数的输入参数:hObject、eventdata 和 handles。hObject 为当前回调函数对应的 GUI 对象的句柄,eventdata 为未定义的保留参数,handles 为当前 GUI 所有数据的结构体,包含所有 GUI 对象的句柄和用户定义的数据。

GUIDE 创建的 GUI 的 M 文件中,除主函数外的所有函数都有如下两个输入参数:

(1) hObject——在 Opening 函数和 Output 函数中,表示当前 figure 对象的句柄;在 Callback 函数中,表示该 Callback 函数所属对象的句柄。

(2) handles——GUI 数据。包含所有对象信息和用户数据的结构体,相当于一个 GUI 对象和用户数据的"容器"。

Opening 函数是在 GUI 开始运行但还不可见的时候执行,主要进行一些初始化操作,为 GUI 第一个执行的函数;Output 函数是必要时可输出数据到命令行,是第二个执行的函数,以上两个函数只会执行一次。Callback 函数是当用户每次触发 GUI 对象时,一般都会执行一个相应的回调函数。

三、回调函数

用户对控件进行操作(如鼠标单击、双击或移动,键盘输入等)的时候,控件对该操作进行响应,所指定执行的函数,就是该控件的回调函数,也称 Callback 函数。该函数不会主动执行,只在用户对控件执行特定操作时执行。

采用函数编写的 GUI 中,控件回调属性的值一般为字符串单元数组,每个单元均为一条 MATLAB 语句,语句按单元顺序排列。每条 MATLAB 语句用单引号引起来,语句本身含有的单引号改为两个单引号。采用 GUIDE 创建的 GUI 中,控件回调函数指令可直接放在该对应控件的函数中,指令写法与命令行一致。例如,在图 9-30 GUIDE 界面生成的 M 文件中的 pushbutton_Callback 函数中,编写如下指令:

```
figure
t = 0:0.1:2*pi;
plot(t, sin(t), '--', t, cos(t))
legend('正弦', '余弦', 'Location', 'Best')
```

完整的回调函数变为:

```
% --- Executes on button press in pushbutton.
function pushbutton_Callback(hObject, eventdata, handles)
% hObject    handle to pushbutton (see GCBO)
% eventdata  reserved - to be defined in a future version of MATLAB
% handles    structure with handles and user data (see GUIDATA)
figure
t = 0:0.1:2*pi;
plot(t, sin(t),'--', t, cos(t))
legend('正弦','余弦','Location','Best')
```

运行 GUI,点击"按钮",则会执行所编写的指令,结果如图 9-31 所示。

第九章　MATLAB 用户界面设计

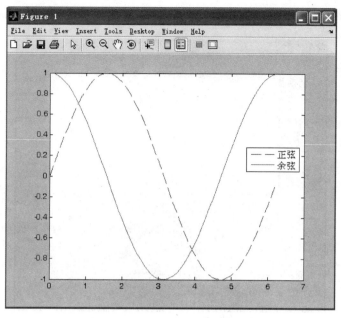

图 9-31　正弦曲线和余弦曲线

四、采用 GUIDE 创建 GUI 的步骤

采用 GUIDE 创建一个完整的 GUI 图形界面，步骤如下：
（1）GUI 对象布局；
（2）打开对象的属性查看器，设置对象的相应属性；
（3）编写必需的回调函数。
若要生成独立可执行的 *.EXE 文件，还要进行 mcc 编译。

练　习　题

1. 编制程序实现如下功能：
   创建一个标签为 Tool，快捷键为 Alt+T 的菜单。菜单选择 grid on 时，绘图区显示网格，且该菜单选项前添加一个√；菜单选择 grid off 时，绘图区不显示网格，且该菜单选项前添加一个√。任何时候只能显示一个√，默认 grid off 选项前加√，如图 9-32 所示。

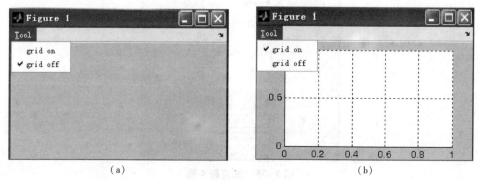

图 9-32　练习题 1 图

2. 编写 M 文件程序,实现如图 9-33 所示的 GUI 界面及相关功能。

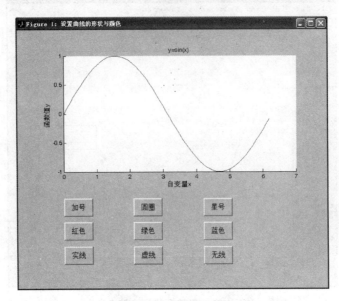

图 9-33 练习题 2 图

3. 编程实现简易的时钟,能显示年、月、日、时、分和秒,如图 9-34 所示。

图 9-34 练习题 3 图

4. 编程实现如下功能:在一个编辑框中输入任意英文字母,在另一个编辑框中显示英文字母的大写或小写形式,如图 9-35 所示。

图 9-35 练习题 4 图

5. 设计一个弹出菜单,分别绘出 sin(x)、cos(x)、sin(x) + cos(x)、exp(− sin(x))曲线,如图 9-36 所示。

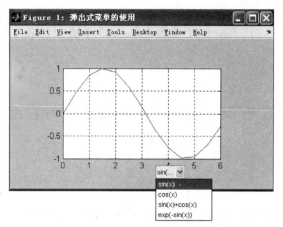

图 9-36 练习题 5 图

6. 绘制一三维曲面,并通过列表框来实现色彩处理,包括 default、spring(品红和黄阴影彩色图)、summer(绿和黄阴影彩色图)、autumn(红和黄阴影彩色图)、winter(蓝和绿阴影彩色图),如图 9-37 所示。

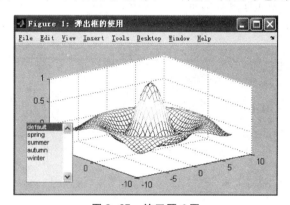

图 9-37 练习题 6 图

7. 对于传递函数为 $G = \dfrac{1}{s^2 + 2\zeta s + 1}$ 的归一化二阶系统,制作一个能绘制该系统单位阶跃响应的图形用户界面。要求:(1)输入阻尼系数,可得单位阶跃响应曲线,如图 9-38(a)所示;(2)输入阻尼系数数组,可得一组单位阶跃响应曲线,如图 9-38(b)所示。

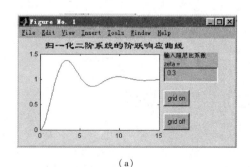

(a)

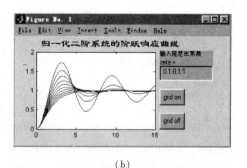

(b)

图 9-38 练习题 7 图

第十章 MATLAB 应用案例

第一节 用迭代法解方程和方程组

一、一般迭代法

1. 解非线性方程

对于非线性方程,用迭代法求解是常用方法之一,只要迭代格式是收敛的,一般经过有限次迭代,可得到满意的结果,程序编写简单。

【例10-1】 用迭代法求解 $x^3 - e^x + x - 1 = 0$ 的一个实根,迭代格式为 $x = \sqrt[3]{e^x - x + 1}$ (本系统可适用于任何非线性方程的解)(exam10_1.m)。

(1) 算法及计算结果演示

```
format long g
x0 = 1; r = 1; n = 0;
while r > 1e - 15
    x1 = (exp(x0) - x0 + 1)^(1/3);
    r = abs(x1 - x0);
    x0 = x1;
    n = n + 1;
end
x1, n
>> exam10_1
x1 =
    1.6662193315026
n =
    51
```

(2) 系统设计

① 主程序及界面设计

```
clf reset
set(gcf,'unit','normalized','position',[0.02, 0.15, 0.28, 0.40]);
set(gcf,'defaultuicontrolunits','normalized');
set(gcf,'defaultuicontrolfontsize',10);
set(gcf,'defaultuicontrolfontname','黑体');
set(gcf,'defaultuicontrolhorizontal','left');
str = '非线性方程计算系统';
```

```
set(gcf,'MenuBar','none','name',str,'numbertitle','off');
set(gcf,'NextPlot','new');
colormenug = uimenu(gcf,'label','文件操作');
colormenuh = uimenu(gcf,'label','输入输出文件格式');
colormenun = uimenu(gcf,'label','辅助功能')
uimenu(colormenuh,'label','文件格式查看', 'callback','uiopen("*")');
uimenu(colormenug,'label','退出系统', 'callback','close;clear');
uimenu(colormenun,'label','清理内存变量','callback','clear');
uimenu(colormenun,'label','M 文件编辑窗口','callback','edit');
H = 0.001;str = '(exp(x) - x + 1)^(1/3)';x = 1;
uicontrol(gcf,'Style','text',...
    'position',[0.1,0.5,0.28,0.045],...
    'String','输入迭代函数');
hpopf = uicontrol(gcf,'style','edit',...
    'position',[0.5,0.5,0.40,0.04],...
    'string','(exp(x) - x + 1)^(1/3)',...
    'callback',[...
    'str = get(gcbo,"string");']);
uicontrol(gcf,'Style','text',...
    'position',[0.1,0.6,0.28,0.04],...
    'String','输入计算精度');
hpopi = uicontrol(gcf,'Style','edit',...
    'position',[0.5,0.6,0.4,0.04],...
    'string','0.001',...
    'callback',[...
    'H = str2num(get(gcbo,"string"));']);
uicontrol(gcf,'Style','text',...
    'position',[0.1,0.4,0.28,0.04],...
    'String','输入迭代初值');
hpopj = uicontrol(gcf,'Style','edit',...
    'position',[0.5,0.4,0.40,0.04],...
    'string','1',...
    'callback',[...
    'x = str2num(get(gcbo,"string"));']);
uicontrol(gcf,'Style','text',...
    'position',[0.05,0.72,0.63,0.05],...
    'foregroundcolor','red',...
    'fontsize',12,...
    'String','输入迭代函数    然后');
```

```
hpushk = uicontrol(gcf,'Style','push',...
    'position',[0.7, 0.73, 0.26, 0.05],...
    'String','计算');
set(hpushk,'callback','sub2(x, H, str)');
He_ver = uicontrol(gcf,'Style','text',...
    'BackgroundColor',[1 1 0],'ForegroundColor',[0 0 1],...
    'HorizontalAlignment','center','FontWeight','bold',...
'Position',[0.050 0.87 0.75 0.07],'String',...
    ['非线性方程计算系统'],'FontName','黑体','FontSize',12)
He_vee = uicontrol(gcf,'Position',[0.010 0.010 0.090 0.04],'String',...
    ['关闭'],'FontName','MS Sans Serif','FontSize', 5,'Callback','close; clear')
s = datestr(now, 26);
uicontrol(gcf,'style','text','Position',[0.760 0.020 0.16 0.03],'String',...
    s,'FontName','MS Sans Serif','FontSize', 6,'ForegroundColor','m',...
    'HorizontalAlignment','center','BackgroundColor',[0.68 0.68 0.68])
```

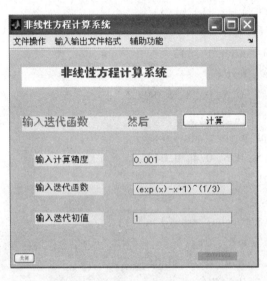

图 10-1 非线性方程计算系统

② 函数

```
function sub2(x, H, str)
k = 0; dr = 1;
while abs(dr) > H;
    xk = eval(str);
    dr = abs(x - xk);
    k = k + 1;
    x = xk
end;
```

2. 解方程组

【例10-2】 用迭代法解方程组 $\begin{cases} 7x_1 - 3x_2 + 2x_3 = 17 \\ 4x_1 + 9x_2 - x_3 = 29 \\ 6x_1 + 3x_2 + 11x_3 = 35 \end{cases}$ (exam10_2.m)。

(1) 迭代形式

$\begin{cases} x_1 = 3x_2/7 - 2x_3/7 + 17/7 \\ x_2 = -4x_1/9 + x_3/9 + 29/9 \\ x_3 = -6x_1/11 - 3x_2/11 + 35/11 \end{cases}$

由此写成矩阵迭代形式为：

$X_1 = A_1 X_0 + B_1$

(2) 程序设计

```
format short
A1 = [0 3/7 -2/7; -4/9 0 1/9; -6/11 -3/11 0];
B1 = [17/7; 29/9; 35/11];
X0 = [0; 0; 0]; X1 = [1; 1; 1]; n = 0;
while norm(X1 - X0) > 1e-5
    X0 = X1;
    X1 = A1 * X0 + B1;
    n = n + 1;
end
X1, n
>> exam10_2
X1 =
    3.0000
    2.0000
    1.0000
n =
    16
```

二、牛顿迭代法

1. 平均增长率计算模型

【例10-3】 在交通工程运量预测中，计算某段时间内某种货源(或出行量)的平均增长率是很重要的一个指标，在其他研究领域也有类似需求，如研究 GDP 平均增长率或人口的自然增长率。已知 n 年内已有的实测资料，a_0，a_1，a_2，a_3，…，a_n，其中 a_0 为计算起始年份的交通量，a_n 为 $n+1$ 年后的交通量。设平均增长率为 x，则已知 $n+1$ 年内交通量总和为

$$a_0 + a_0 x^1 + a_0 x^2 + a_0 x^3 + \cdots + a_0 x^n = a_0 + a_1 + a_2 + \cdots + a_n = sum$$

201

其中 x 为待求未知数，sum 为已知交通量的总和（exam10_3.m）。

2. 牛顿迭代法

计算模型可表示为如下方程：

$$a_0(1 + x^1 + x^2 + x^3 + \cdots + x^n) - sum = 0$$

设 $f(x) = 1 + x^1 + x^2 + x^3 + \cdots + x^n - \dfrac{sum}{a_0}$

上式为非线性方程，可用牛顿迭代法求解，迭代格式为：

$x_{k+1} = x_k - \dfrac{f(x_k)}{f'(x_k)}$，其中

$$f'(x) = 1 + 2x^1 + 3x^2 + 4x^3 + \cdots + nx^{n-1}$$

3. 计算实例及计算程序

a = [12.8, 27.85, 20.33, 117.4, 139.7, 151.5, 241, 382, 220, 260, 315, 354.6, 371.5, 393.4, 153, 304, 304];   %已知年份港口吞吐量(万吨)
n = length(a); a0 = a(1); suma = sum(a); x1 = (a(2) - a(1))/a(1);
ss = 1; dd = 1; dr = 10; k = 0; H = 0.001;
while abs(dr) > H;
  for i = 1:n;
    ss(i+1) = ss(i) * x1;   %计算 $1, x^1, x^2, x^3, \cdots, x^n$ 各项和
  end
  for j = 1:n-1;
    dd(j+1) = dd(j) * x1 * (j+1)/j;   %计算 $1, 2x^1, 3x^2, 4x^3, \cdots, nx^{n-1}$ 各项和
  end
  x2 = x1;   %保留原上一次迭代值
  x1 = x1 - (sum(ss) - suma/a0)/sum(dd);   %重新计算 x_{k+1}
  dr = x1 - x2;   %两次迭代值差
  k = k + 1;
end;
k, dr, x1
>> exam10_3
k =
    5
dr =
    -0.00074255
x1 =
    1.3033

4. 界面设计

已知 $n+1$ 年内的港口吞吐量可由数据文件提供，通过菜单或编辑框可将数据文件打开

并赋值给相应变量,然后通过牛顿迭代法主程序可计算出港口吞吐量年平均增长率,系统界面如图10-2所示(程序略)。

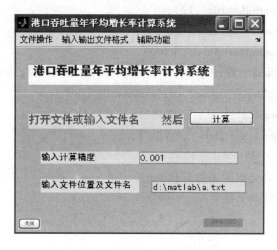

图10-2 平均增长率计算系统

第二节 辅助设计与优化

一、道路平面线形辅助设计

1. 实际问题

【例10-4】 道路由直线和曲线组成,其中圆曲线(圆曲线段长度,circular curve)指的是道路平面走向改变方向时所设置的连接两相邻直线段的圆弧形曲线。为了缓和行车方向的突变和离心力的突然产生与消失,确保高速行车安全与舒适,需要在直线和圆曲线之间插入一段曲率半径由无穷大逐渐变化至圆曲线半径的过渡性曲线,此曲线称为缓和曲线(transition curve)。缓和曲线是道路平面线形要素之一,它是设置在直线与圆曲线之间或半径相差较大的两个转向相同的圆曲线之间的一种曲率连续变化的曲线。在现代高速公路上,有时缓和曲线所占的比例超过了直线和圆曲线,成为平面线形的主要组成部分。在城市道路上,缓和曲线也被广泛地使用。

在道路设计中,曲线偏角(转向角)、曲线半径 R、缓和曲线长度 L_s、切线长度 T 和曲线

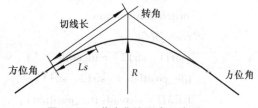

图10-3 道路曲线要素示意图

长度 L 统称为曲线要素。这些要素的确定及里程的推算是曲线设计的主要内容,如图10-3所示。实际设计过程中,R 和 L_s 需要多次修改,以获得最佳效果,计算量很大。通过编程,可以大大提高曲线设计效率并对曲线要素进行优化(exam10_4.m)。

2. 系统设计及应用

(1) 主程序(界面)

```
clf reset
```

```
set(gcf,'unit','normalized','position',[0.1, 0.25, 0.55, 0.5]);
set(gcf,'defaultuicontrolunits','normalized');
set(gcf,'defaultuicontrolfontsize',12);
set(gcf,'defaultuicontrolfontname','隶书');
set(gcf,'defaultuicontrolhorizontal','left');
str = '道路平面线形辅助设计';
set(gcf,'MenuBar','none','name',str,'numbertitle','off');
colormenug = uimenu(gcf,'label','文件');
colormenuh = uimenu(gcf,'label','帮助');
global num;%交点个数
global JD;%JD 存放交点的坐标等信息
global JD_num;%交点个数
global i;
isopen = 0;
i = 2;
CallBack_Open = [...
    '[str11, str12] = uigetfile({"*.*"}),',...
    'file_position = [str12, str11],',...
    'READ = xlsread(file_position),',...
    'JD_num = size(READ),',...
    'num = JD_num(1),',...
    'if num > = 3,',...
    'isopen = 1,',...
    'end,',...
    'while(isopen~ = 1&isopen~ = -1),',...
    'ButtonName = questdlg("所选文件中交点数少于 3！是否重新选择文件?","提示","是","否","是"),',...
    'switch ButtonName,'...
    'case "是",',...
    '[str11, str12] = uigetfile({"*.*"}),',...
    'file_position = [str12, str11],',...
    'READ = xlsread(file_position),',...
    'JD_num = size(READ),',...
    'num = JD_num(1),',...
    'if num > = 3,',...
    'isopen = 1,',...
    'end,',...
    'case "否",',...
    'isopen = -1,',...
```

```
            'end,',...
            'end,',...
            'if isopen = = 1,',...
            'Plot_Line(READ),',...
            'Plot_PresentJD(i, READ, num),',...
            '[JD] = Read_JD(READ, num),',...
            'JD_Xuhao = ["JD", num2str(i)],',...
            'set(Out_PJD, "string", JD_Xuhao),',...
            'elseif isopen = = -1,',...
            'close,',...
            'clear,',...
            'end,',...
            ]
CallBack_Close = [...
            'if isopen = = 1,',...
            'for i = 1:num,',...
            'isave(i) = JD(i).flag,',...
            'end,',...
            'issave = max(isave(2:num-1)),',...
            'if issave = = 0,',...
            'close,',...
            'clear,',...
            'elseif issave = = 1,',...
            'ButtonName = questdlg("是否保存结果?","提示","是","否","取消","是"),',...
            'switch ButtonName,'...
            'case "是",',...
            'Save_JD(JD, num),',...
            'close,',...
            'clear,',...
            'case "否",',...
            'close,',...
            'clear,',...
            'case "取消",',...
            'end,',...
            'end,',...
            'elseif isopen = = 0,',...
            'close,',...
            'clear,',...
            'end,',...
```

```
        ]
CallBack_Save = [...
    'if isopen = =1,',...
    'for i=1:num,',...
    'isave(i) = JD(i).flag,',...
    'end,',...
    'issave = max(isave(2:num-1)),',...
    'if issave = =0,',...
    'close,',...
    'clear,',...
    'elseif issave = =1,',...
    'Save_JD(JD, num),',...
    'end,',...
    'elseif isopen = =0,',...
    'Hd_help = helpdlg("无内容保存!","提示"),',...
    'end,',...
    ]
uimenu(colormenug,'label','打开','callback',CallBack_Open);
uimenu(colormenug,'label','保存','callback',CallBack_Save);
uimenu(colormenug,'label','退出','callback',CallBack_Close);
uimenu(colormenuh,'label','帮助','callback','JD_Help');
text1 = uicontrol(gcf,'Style','text',...
    'position',[0.6,0.9,0.2,0.05],...
    'fontsize',15,...
    'String','当前交点序号');
text2 = uicontrol(gcf,'Style','text',...
    'position',[0.6,0.775,0.5,0.05],...
    'fontsize',18,...
    'foregroundcolor','red',...
    'String','请输入交点处平曲线参数');
text3 = uicontrol(gcf,'Style','text',...
    'position',[0.6,0.724,0.2,0.05],...
    'fontsize',15,...
    'String','圆曲线半径');
mtext3 = uicontrol(gcf,'Style','text',...
    'position',[0.950,0.724,0.025,0.05],...
    'fontsize',15,...
    'String','m');
text4 = uicontrol(gcf,'Style','text',...
```

```
            'position',[0.6,0.673,0.2,0.05],...
            'fontsize',15,...
            'String','缓和曲线长');
    mtext4 = uicontrol(gcf,'Style','text',...
            'position',[0.950,0.673,0.025,0.05],...
            'fontsize',15,...
            'String','m');
    text5 = uicontrol(gcf,'Style','text',...
            'position',[0.6,0.55,0.4,0.05],...
            'fontsize',18,...
            'foregroundcolor','red',...
            'String','直线长度(初步检核)');
    text6 = uicontrol(gcf,'Style','text',...
            'position',[0.6,0.499,0.2,0.05],...
            'fontsize',15,...
            'String','与前一个交点');
    mtext6 = uicontrol(gcf,'Style','text',...
            'position',[0.950,0.499,0.025,0.05],...
            'fontsize',15,...
            'String','m');
    text7 = uicontrol(gcf,'Style','text',...
            'position',[0.6,0.447,0.2,0.05],...
            'fontsize',15,...
            'String','与后一个交点');
    mtext7 = uicontrol(gcf,'Style','text',...
            'position',[0.950,0.447,0.025,0.05],...
            'fontsize',15,...
            'String','m');
    Out_PJD = uicontrol(gcf,'style','edit',...
            'position',[0.825,0.9,0.12,0.05],...
            'string','');
    Out_LOFL = uicontrol(gcf,'style','edit',...
            'position',[0.825,0.499,0.12,0.05],...
            'string','');
    Out_LOLL = uicontrol(gcf,'style','edit',...
            'position',[0.825,0.447,0.12,0.05],...
            'string','');
    Get_R = uicontrol(gcf,'style','edit',...
            'position',[0.825,0.724,0.12,0.05],...
```

```
            'string','');
    Get_Ls = uicontrol(gcf,'Style','edit',...
            'position',[0.825,0.673,0.12,0.05],...
            'string','');
    CallBack_Previous = [...
            'if i > 1,',...
            'if i = = num,',...
            'set(Button_Next,"foregroundcolor","black"),',...        %将【下一个】字体恢复为黑色
            'elseif i = = 2,',...
            'set(Button_Previous,"foregroundcolor","w"),',...        %将【上一个】字体设置为白色
            'end,',...
            'i = i - 1,',...
            'JD_Xuhao = ["JD",num2str(i)],',...
            'set(Out_PJD,"string",JD_Xuhao),',...        %输出当前交点编号
            'Plot_PresentJD(i,READ,num),',...        %绘出当前交点及其前后各一个交点的相对位置关系
            'set(Get_R,"string",num2str(JD(i).Key.R)),',...        %输出当前交点的 R(默认为空白)
            'set(Get_Ls,"string",num2str(JD(i).Key.Ls)),',...        %输出当前交点的 Ls(默认为空白)
            'set(Out_LOFL,"string",num2str(JD(i).Dis.FDis)),',...        %输出当前交点与前一个交点间的直线长度(默认为空白)
            'set(Out_LOLL,"string",num2str(JD(i).Dis.LDis)),',...        %输出当前交点与后一个交点间的直线长度(默认为空白)
            'elseif i = = 1,',...
            'Hd_help = helpdlg("当前交点已经为第一个交点!","注意"),',...
            'end'];
    CallBack_Next = [...
            'if i < num,',...
            'if i = = 1,',...
            'set(Button_Previous,"foregroundcolor","black"),',...        %将【上一个】字体恢复为黑色
            'elseif i = = num - 1,',...
            'set(Button_Next,"foregroundcolor","w"),',...        %将【下一个】字体设置为白色
            'end,',...
            'i = i + 1,',...
            'JD_Xuhao = ["JD",num2str(i)],',...
```

```
        'set(Out_PJD,"string",JD_Xuhao),',...        %(同 CallBack_Previous)
        'Plot_PresentJD(i,READ,num),',...
        'set(Get_R,"string",num2str(JD(i).Key.R)),',...     %(同 CallBack_Previous)
        'set(Get_Ls,"string",num2str(JD(i).Key.Ls)),',...
        'set(Out_LOFL,"string",num2str(JD(i).Dis.FDis)),',...
        'set(Out_LOLL,"string",num2str(JD(i).Dis.LDis)),',...
        'elseif i = = num,',...
        'Hd_help = helpdlg("当前交点已经为最后一个交点!","注意"),',...
        'end'];
CallBack_Confirm = [...
        'if i = = 1,',...
        'set(Out_LOLL,"string",num2str(JD(i).Dis.LDis)),',...
        'set(Out_LOFL,"string",num2str(JD(i).Dis.FDis)),',...
        'Hd_help = helpdlg("路线起点无需设计!","注意"),',...
        'elseif i = = num,',...
        'set(Out_LOLL,"string",num2str(JD(i).Dis.LDis)),',...
        'set(Out_LOFL,"string",num2str(JD(i).Dis.FDis)),',...
        'Hd_help = helpdlg("路线终点无需设计!","注意"),',...
        'else,',...
        'Temp_JD_R = str2num(get(Get_R,"string")),',...
        'Temp_Ls = str2num(get(Get_Ls,"string")),',...
        'if Temp_JD_R < 0,',...      % 非法输入时报错
        'Hd_help = helpdlg("圆曲线半径和缓和曲线可以为负数!?","错误"),',...
        'elseif Temp_Ls < 0,',...     % 非法输入时报错
        'Hd_help = helpdlg("圆曲线半径和缓和曲线可以为负数!?","错误"),',...
        'elseif Temp_Ls = = 0&&Temp_JD_R = = 0,',...     % 非法输入时报错
        'Hd_help = helpdlg("圆曲线半径和缓和曲线均为零!?","注意"),',...
        'else,',...
        'JD(i).flag = 1,',...      % 输入的 R 和 Ls 合理时,标记为【已输入】
        '[JD(i)] = JD_KEY(JD(i),Temp_JD_R,Temp_Ls),',...     % 计算曲线要素
        '[sumJ] = sum_J(JD,i),',...
        '[JD(i)] = JD_ZHao(JD(i),sumJ),',...     % 计算各点桩号
        '[JD] = Calculate_FLDis(JD,i,num),',...     % 计算已设置曲线的两交点间的直线段的长度
        'set(Out_LOFL,"string",num2str(JD(i).Dis.FDis)),',...
        'set(Out_LOLL,"string",num2str(JD(i).Dis.LDis)),',...     % 实时输出 JD(i).Dis.FDis 和 JD(i).Dis.LDis,以便初步检验输入是否符合要求
        'end,',...
        'end,',...
```

```
    ];
Button_Previous = uicontrol(gcf,'Style','pushbutton',...
    'position',[0.625,0.84,0.15,0.05],...
    'String','上一个',...
    'callback',CallBack_Previous);
Button_Next = uicontrol(gcf,'Style','pushbutton',...
    'position',[0.825,0.84,0.15,0.05],...
    'String','下一个',...
    'callback',CallBack_Next);
Button_Confirm = uicontrol(gcf,'Style','pushbutton',...
    'position',[0.825,0.615,0.12,0.05],...
    'String','确定',...
    'callback',CallBack_Confirm);
Button_Exit = uicontrol(gcf,'Style','pushbutton',...
    'position',[0.825,0.20,0.12,0.05],...
    'String','退出',...
    'callback',CallBack_Close);
```
设计界面如图 10-4 所示。

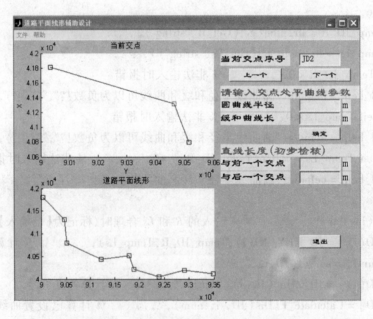

图 10-4　道路曲线要素优化设计界面

（2）系统使用方法及帮助菜单
① 如图 10-5 所示，把交点坐标录入 Excel 表中。

X	Y	桩号
41808.204	90033.595	0
41317.589	90464.099	
40796.308	90515.912	
40441.519	91219.007	
40520.204	91796.474	
40221.113	91898.700	
40047.399	92390.466	
40190.108	92905.941	
40120.034	93480.920	

图 10-5　在 Excel 中输入交点坐标

② 通过系统文件菜单,打开 Excel 文件,如图 10-6。

图 10-6　打开交点坐标文件

③ 选择计算交点,输入 R 和 Ls,见图 10-7,并点击"确定"按钮进行计算。

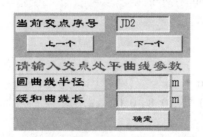

图 10-7　选择交点,输入 R 和 Ls 并计算

④ 通过菜单【文件】或界面按钮【退出】保存结果。文件名为:Result@ 年-月-日 时分秒.xls(如 Result@ 2009-11-22 17145.xls)′],文件内容见图 10-8。

Resulte@2009-11-22 171457.xls

横坐标	纵坐标	交点桩号	转角值		
41808.2	90033.6	K0+0			
41317.59	90464.1	K0+652.715	右35	35	23.8
40796.31	90515.91	K1+159.945	左57	32	51.8
40441.52	91219.01	K1+923.545	左34	32	6.9
40520.2	91796.47	K2+503.232	右78	53	21.9
40221.11	91898.7	K2+764.905	左51	40	28.6
40047.4	92390.47	K3+271.247	左34	55	48.9
40190.11	92905.94	K3+802.89	右22	25	23.6
40120.03	93480.92	K0+0			

图 10-8　保存在 Excel 中的计算结果

[JD_Help.m]

```matlab
function f = JD_Help
htext1 = ['第 1 步:如图所示,把交点坐标录入 Excel 表中。'];
htext2 = ['第 2 步:通过菜单【文件】,打开 Excel 文件。'];
htext3 = ['第 3 步:选择交点,输入 R 和 Ls。'];
htext4 = ['第 4 步:通过菜单【文件】或界面按钮【退出】保存结果。文件名为:Result@ 年-月-日 时分秒. xls( 如 Result@ 22009-11-22 17145. xls)'];
H = figure('MenuBar','none','numbertitle','off','name','帮助');
set(H,'unit','normalized','position',[0.65, 0.05, 0.3, 0.9]);
set(H,'defaultuicontrolunits','normalized');
set(H,'defaultuicontrolfontsize', 12);
set(H,'defaultuicontrolfontname','隶书');
set(H,'defaultuicontrolhorizontal','left');
uicontrol(gcf,'Style','text',...
    'position',[0.01, 0.975, 0.8, 0.02],...
    'fontsize',10,...
    'String',htext1,...
    'FontName','楷体');
axes('position',[0.1, 0.775, 0.8, 0.2]);
[x, cmap] = imread('help_1.bmp');
image(x);
colormap(cmap);
axis image off;
uicontrol(gcf,'Style','text',...
    'position',[0.01, 0.75, 0.8, 0.02],...
    'fontsize',10,...
    'String', htext2,...
    'FontName','楷体');
axes('position',[0.1, 0.55, 0.8, 0.2]);
[x, cmap] = imread('help_2.bmp');
image(x);
colormap(cmap);
axis image off;
uicontrol(gcf,'Style','text',...
    'position',[0.01, 0.53, 0.8, 0.02],...
    'fontsize',10,...
    'String', htext3,...
    'FontName','楷体');
h_axes1 = axes('position',[0.1, 0.33, 0.8, 0.2]);
```

```
[x, cmap] = imread('help_3.bmp');
image(x);
colormap(cmap);
axis image off;
uicontrol(gcf,'Style','text',...
    'position',[0.01, 0.28, 0.8, 0.055],...
    'fontsize',10,...
    'String',htext4,...
    'FontName','楷体');
h_axes1 = axes('position',[0.1, 0.08, 0.8, 0.2]);
[x, cmap] = imread('help_4.bmp');
image(x);
colormap(cmap);
axis image off;
h_CConfirm = [...
    'clear htext * h_ * H x cmap ii picture,',...
    'close,',...
    ]
h_Confirm = uicontrol(gcf,'Style','pushbutton',...
    'position',[0.67, 0.04, 0.2, 0.025],...
    'String','确定',...
    'callback',h_CConfirm);
```

(3) 系统计算及优化函数

[Plot_Line.m]
```
function plotline = Plot_Line(READ)
subplot(2, 1, 2);
set(gca,'position',[0.08 0.08 0.5 0.35]);
x = READ(1:end, 1);
y = READ(1:end, 2);
plot(y, x, 'b - ', y, x, 'bs');
title('道路平面线形');
box off;
```

[Plot_PresentJD.m]
```
function f = Plot_PresentJD(i, READ, num)
subplot(2, 1, 1);
set(gca,'position',[0.08 0.55 0.5 0.40]);
if i = =1
    x = READ(i:i+1, 1);
    y = READ(i:i+1, 2);
```

```
    elseif i = = num
        x = READ(i-1:i, 1);
        y = READ(i-1:i, 2);
    else
        x = READ(i-1:i+1, 1);
        y = READ(i-1:i+1, 2);
    end
    plot(y, x, 'b-', y, x, 'bs');
    hold on;
    if 1 < i < num
        plot(y(2), x(2), 'rs');
    elseif i = = 1
        plot(y(1), x(1), 'rs');
    elseif i = = num
        plot(y(2), x(2), 'rs');
    end
    title('当前交点');
    box off;
    xlabel('Y');
    ylabel('X');
[Read_JD.m]
function [JD] = Read_JD(READ, num)    %将计算所需坐标读入结构数组JD中
for i = 1:num
    JD(i).x = READ(i, 1);
    JD(i).y = READ(i, 2);
    JD(i).ZJ = 0; %
    JD(i).FLine.FWJ = 0; %
    JD(i).FLine.Dis = 0; %
    JD(i).LLine.FWJ = 0; %
    JD(i).LLine.Dis = 0; %
    JD(i).Dis.FDis = [''];
    JD(i).Dis.LDis = [''];
    JD(i).flag = 0;        % JD(i).flag 表征交点是否已经输入 R 和 Ls
    JD(i).Key.R = [''];
    JD(i).Key.Ls = [''];
    JD(i).Key.T = 0;
    JD(i).Key.L = 0;
    JD(i).Key.E = 0;
    JD(i).Key.J = 0;
```

```
    JD(i).Key.CL = 0;
    JD(i).ZHao.ZH = 0;
    JD(i).ZHao.HY = 0;
    JD(i).ZHao.QZ = 0;
    JD(i).ZHao.YH = 0;
    JD(i).ZHao.HZ = 0;
    JD(i).ZHao.JD1 = READ(i,3);
    JD(i).ZHao.JD2 = 0
    JD(i).Temp.ZH.x = 0;
    JD(i).Temp.ZH.y = 0;
    JD(i).Temp.HZ.x = 0;
    JD(i).Temp.HZ.y = 0;
    JD(i).Temp.CCPoint.x = 0;
    JD(i).Temp.CCPoint.y = 0;
end
JD(1).flag = 1;
JD(num).flag = 1;
for i = 1:num        % 计算直线的方位角
    if  i = = 1
        JD(i).FLine.FWJ = 0;
    else
        [JD(i-1).LLine.FWJ] = JD_FWJ(JD(i-1),JD(i));
        [JD(i).FLine.FWJ] = JD_FWJ(JD(i),JD(i-1));
    end
    if  i = = num
        JD(i).LLine.FWJ = 0;
    end
end
for  i = 1:num       % 计算交点的转角
    if  i = = 1||i = = num
        JD(i).ZJ = 0;
    else
        [JD(i).ZJ] = JD_ZJ(JD(i).FLine.FWJ,JD(i).LLine.FWJ);
    end
end
for  i = 1:num       % 同时计算两交点之间的直线距离
    if  i = = 1
        JD(i).FLine.Dis = 0;
    else
```

```
        JD(i-1).LLine.Dis = sqrt((JD(i).x - JD(i-1).x).^2 + (JD(i).y - JD(i-1).y).^2);
        JD(i).FLine.Dis = JD(i-1).LLine.Dis;
        JD(i).ZHao.JD1 = JD(i-1).ZHao.JD1 + JD(i).FLine.Dis;
    end
    if i == num
        JD(i).LLine.Dis = 0;
    end
end
```

[JD_FWJ.m]
```
function [FWJ] = JD_FWJ(JD1, JD2)        % 以 X 为纵坐标, Y 为横坐标
dx = JD2.x - JD1.x;
dy = JD2.y - JD1.y;
if dx > 0 && dy > 0
    FWJ = atan(dy/dx)/pi*180;
elseif dx > 0 && dy < 0
    FWJ = atan(dy/dx)/pi*180 + 360;
else
    FWJ = atan(dy/dx)/pi*180 + 180;
end
```

[JD_ZJ.m]
```
function [JDu] = JD_ZJ(FWJ1, FWJ2)        % 沿直线的前进方向, 交点处后面直线的方位角减去前面直线的方位角
JDu = FWJ2 - FWJ1;
if JDu > 0 && JDu < 180
        Judge = -1;% 左转
        JDu = (180 + JDu) * Judge;
elseif JDu < 0 && abs(JDu) > 180
        Judge = -1;
        JDu = abs(180 + JDu) * Judge;
elseif JDu < 0 && abs(JDu) < 180
        Judge = 1;% 右转
        JDu = (180 - abs(JDu)) * Judge;
elseif JDu > 0 && JDu > 180
        Judge = 1;
        JDu = (JDu - 180) * Judge;
end
```

[Save_JD.m]
```
function S = Save_JD(JD, num)
```

```matlab
[JD] = Check_Space(JD,num);
now = fix(clock);
Result_Name = ['Resulte','@',num2str(now(1),4),'-',num2str(now(2),2),'-',num2str(now(3),2),' ',num2str(now(4),2),num2str(now(5),2),num2str(now(6),2),'.xls'];
save(Result_Name,'Result_Name','-ascii');
fid  = fopen(Result_Name,'w');
fprintf(fid,'%s \n',Result_Name);
fprintf(fid,'%s \t','横坐标');
fprintf(fid,'%s \t','纵坐标');
fprintf(fid,'%s \t','交点桩号');
fprintf(fid,'%s \t','转角值');
fprintf(fid,'%s \t','半径');
fprintf(fid,'%s \t','缓和曲线');
fprintf(fid,'%s \t','切线长度');
fprintf(fid,'%s \t','曲线长度');
fprintf(fid,'%s \t','外距');
fprintf(fid,'%s \t','校正值');
fprintf(fid,'%s \t','第一缓和曲线起点');
fprintf(fid,'%s \t','第一缓和曲线终点或圆曲线起点');
fprintf(fid,'%s \t','曲线中点');
fprintf(fid,'%s \t','第二缓和曲线终点或圆曲线起点');
fprintf(fid,'%s \t','第二缓和曲线终点');
fprintf(fid,'%s \t','直线长度');
fprintf(fid,'%s \t','交点间距');
fprintf(fid,'%s \n','计算方位角或计算方向角');
for i = 1:num
    if i~ =1&i~ =num
        [Temp_FWJ] = JD_ToDFM(JD(i).LLine.FWJ,1);
        [Temp_ZJ] = JD_ToDFM(JD(i).ZJ,2);
    elseif i = = 1
        [Temp_FWJ] = JD_ToDFM(JD(i).LLine.FWJ,1);
        Temp_ZJ = JD(i).ZJ;
    elseif i = = num
        Temp_FWJ = JD(i).LLine.FWJ;
        Temp_ZJ = JD(i).ZJ;
    end
    Temp_x = JD(i).x;
    Temp_y = JD(i).y;
```

```
    [Temp_JD_ZH1] = Zhao_Format(JD(i).ZHao.JD1)
    if JD(i).flag = = 1
        [Temp_JD_ZH2] = Zhao_Format(JD(i).ZHao.JD2);
    else
        Temp_JD_ZH2 = Zhao_Format(0);
    end
    Temp_R = JD(i).Key.R;
    Temp_Ls = JD(i).Key.Ls;
    Temp_T = JD(i).Key.T;
    Temp_L = JD(i).Key.L;
    Temp_E = JD(i).Key.E;
    Temp_J = JD(i).Key.J;
    [Temp_ZH] = Zhao_Format(JD(i).ZHao.ZH);
    [Temp_HY] = Zhao_Format(JD(i).ZHao.HY);
    [Temp_QZ] = Zhao_Format(JD(i).ZHao.QZ);
    [Temp_YH] = Zhao_Format(JD(i).ZHao.YH);
    [Temp_HZ] = Zhao_Format(JD(i).ZHao.HZ);
    Temp_FDis = JD(i).Dis.FDis;
    Temp_Dis = JD(i).FLine.Dis;
    fprintf(fid,'%10.3f \t',Temp_x);
    fprintf(fid,'%10.3f \t',Temp_y);
    fprintf(fid,'%s \t', Temp_JD_ZH1);
    fprintf(fid,'%s \t', Temp_JD_ZH2);
    fprintf(fid,'%s \t',Temp_ZJ);
    fprintf(fid,'%10.2f \t',Temp_R);
    fprintf(fid,'%10.3f \t',Temp_Ls);
    fprintf(fid,'%10.3f \t',Temp_T);
    fprintf(fid,'%10.3f \t',Temp_L);
    fprintf(fid,'%10.3f \t',Temp_E);
    fprintf(fid,'%10.3f \t',Temp_J);
    fprintf(fid,'%s \t',Temp_ZH);
    fprintf(fid,'%s \t',Temp_HY);
    fprintf(fid,'%s \t',Temp_QZ);
    fprintf(fid,'%s \t',Temp_YH);
    fprintf(fid,'%s \t',Temp_HZ);
    fprintf(fid,'%10.3f \t',Temp_FDis);
    fprintf(fid,'%10.3f \t',Temp_Dis);
    fprintf(fid,'%s \n',Temp_FWJ);
end
```

```
clear Temp_ *
status = fclose(fid);
[JD_ToDFM.m]
function [Jd] = JD_ToDFM(Jd,flag)
if Jd < 0
    temp_1 = ['左'];
else
    temp_1 = ['右'];
end
temp_jd = abs(Jd);
temp_Du = fix(temp_jd);
temp_jd = (temp_jd - temp_Du) * 60;
temp_Fen = fix(temp_jd);
temp_jd = (temp_jd - temp_Fen) * 60;
temp_Miao = round(temp_jd * 10)/10;
temp_fuhao = [' '];
temp_2 = [num2str(temp_Du), temp_fuhao, num2str(temp_Fen),...
    temp_fuhao, num2str(temp_Miao), temp_fuhao];
if flag = = 1% 方位角
    temp_temp = temp_2;
elseif flag = = 2% 转角
temp_temp = strcat(temp_1,temp_2);
end
Jd = temp_temp;
clear temp_ *
[Zhao_Format.m]
function [Zhao] = Zhao_Format(Zhao)
temp_num_1 = fix(Zhao./1000);
temp_num_2 = Zhao - temp_num_1 * 1000;
temp_1 = ['K'];
temp_2 = [' + '];
temp = strcat(temp_1,num2str(temp_num_1),temp_2,num2str(temp_num_2,6));
Zhao = temp;
[Check_Space.m]
function [Jd] = Check_Space(Jd,num)
Space = [''];
for i = 1:num
    if strcmp(Jd(i).Key.R,Space)
        Jd(i).Key.R = 0;
```

```
        end
        if strcmp(Jd(i).Key.Ls, Space)
            Jd(i).Key.Ls = 0;
        end
        if strcmp(Jd(i).Dis.FDis, Space)
            Jd(i).Dis.FDis = 0;
        end
        if strcmp(Jd(i).FLine.Dis, Space)
            Jd(i).FLine.Dis = 0;
        end
    end
[JD_KEY.m]
function [Jd] = JD_KEY(Jd, R, Ls)
    JDU = abs(Jd.ZJ)./180*pi;              %将度转化为弧度
    q = Ls./2;                             %切线的外移距
    p = Ls.^2./(24.*R);                    %半径的内移值
    beta = 28.6479.*Ls./R;                 %螺旋角
    BETA = beta./180*pi;
    T = (R+p).*tan(JDU./2)+q;              %切线长
    L = (JDU-BETA.*2).*R+2.*Ls;            %曲线长
    CL = L-2*Ls;                           %圆曲线长
    E = (R+p).*sec(JDU/2)-R;               %外视距
    J = 2*T-L;                             %校正值
    Jd.Key.T = T;                          %切线长
    Jd.Key.Ls = Ls;                        %缓和曲线长
    Jd.Key.R = R;                          %圆曲线的半径
    Jd.Key.L = L;                          %曲线长
    Jd.Key.J = J;                          %校正值
    Jd.Key.E = E;                          %外矢距
    Jd.Key.CL = CL;                        %圆曲线长
[sum_J.m]
function [sumJ] = sum_J(JD, numm)
    sumJ = 0;
    for j = 1:numm-1
        sumJ = sumJ+JD(j).Key.J;
    end
[Calculate_FLDis.m]
function [JD] = Calculate_FLDis(JD, i, num)
    if 1 < i < num
```

```
        if JD(i-1).flag = = 1
            JD(i).Dis.FDis = JD(i).FLine.Dis - JD(i).Key.T - JD(i-1).Key.T;
            JD(i-1).Dis.LDis = JD(i).Dis.FDis;
        end
        if JD(i+1).flag = = 1
            JD(i).Dis.LDis = JD(i).LLine.Dis - JD(i).Key.T - JD(i+1).Key.T;
            JD(i+1).Dis.FDis = JD(i).Dis.LDis;
        end
    end
end
```

[JD_Zhao.m]

```
function [Jd] = JD_ZHao(Jd, sumJ)
Jd.ZHao.JD2 = Jd.ZHao.JD1 - sumJ;
Jd.ZHao.ZH = Jd.ZHao.JD2 - Jd.Key.T;
Jd.ZHao.HY = Jd.ZHao.ZH + Jd.Key.Ls;
Jd.ZHao.QZ = Jd.ZHao.HY + Jd.Key.CL./2;
Jd.ZHao.YH = Jd.ZHao.HY + Jd.Key.CL;
Jd.ZHao.HZ = Jd.ZHao.YH + Jd.Key.Ls;
```

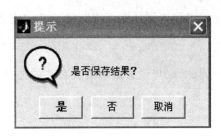

图 10-9 提问对话框

另外,程序还提供较多自动判断及提示功能,如图 10-9。

二、无约束非线性规划问题

求解无约束线性规划问题的 MATLAB 函数有:fminbnd、fminunc 和 fminsearch。

1. 函数 fminunc

函数 fminunc 的使用格式为:

[x, fval, exitflag, output, grad, hessian] = fminunc(@fun, x0, options, P1, P2)

其中,输出的参数有:

  x——是返回目标函数的最优解;

  fval——是返回目标函数在最优解 x 点的函数值;

  exitflag——是返回算法的终止标志;

  output——是返回优化算法信息的数据结构;

  grad——是返回目标函数在最优解 x 点的梯度;

  hessian——是返回目标函数在最优解 x 点的 hessian 矩阵值。

输入的函数有:

  fun——是调用目标函数的函数文件名;

  x0——是初始点;

  options——是设置优化选项参数;

  P1、P2——是传递给 fun 的附加参数。

2. 求解实例

【例 10-5】 已知梯形截面渠道的参数是:底边长度为 c,高度为 h,面积 $A = 64\,516\ mm^2$,斜边与底边的夹角为 θ(如图 10-10 所示)。渠道内液体的流速与渠道截面的

周长 s 的倒数成比例关系。试按照使液体流速最大确定该渠道的参数(exam10_5.m)。

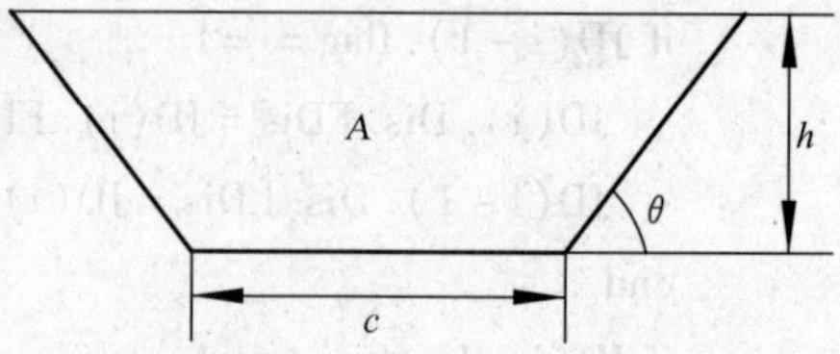

建立优化设计的数学模型(渠道上口为自由表面),渠道断面的周长

$$s = c + 2h/\sin\theta$$

由渠道断面面积

$$A = hc + h^2\cot\theta = 64\,516$$

得到底边长度的关系式

$$c = (64\,516 - h^2\cot\theta)/h$$

将它代入渠道截面周长的关系式中,得

$$s = 64\,516/h - h/\tan\theta + 2h/\sin\theta$$

因此,取与渠道截面周长有关的独立参数 h 和 θ 作为设计变量,即:

$$X = \begin{pmatrix} h \\ \theta \end{pmatrix}$$

图 10-10 梯形渠道横断面图

为使液体流速最大,取渠道截面周长最小作为目标函数,即:

$$\min f(x) = 64\,516/x_1 - x_1/\tan x_2 + 2x_1/\sin x_2$$

这个问题就归结到一个二维无约束非线性优化问题。

3. 程序设计

(1) 主程序

```
x0 = [25;45];
[x,Fmin] = fminunc('sc_wysyh',x0);
disp '输出最优解'
fprintf(1,'截面高度 h    x(1) = %3.4f mm\n', x(1))
fprintf(1,'斜边夹角 θ   x(2) = %3.4f 度 \n', x(2))
fprintf(1,'截面周长 s    f = %3.4f mm \n', Fmin)
```

其中,目标函数 sc_wysyh 由以下子函数表示:

[sc_wysyh.m]

```
function f = sc_wysyh(x)
a = 64516; hd = pi/180;
f = a/x(1) - x(1)/tan(x(2)*hd) + 2*x(1)/sin(x(2)*hd);
>> exam10_5
```

输出最优解

截面高度 h   x(1) = 192.9958 mm

斜边夹角 θ   x(2) = 60.0005 度

截面周长 s   f = 668.5656 mm

(2) 绘制渠道截面周长的等高线和曲面图

xx1 = linspace(100, 300, 25);

```
xx2 = linspace(30, 129, 25);
[x1, x2] = meshgrid(xx1, xx2);
a = 64516; hd = pi/180;
f = a./x1 - x1./tan(x2 * hd) + 2 * x1./sin(x2 * hd);
subplot(1, 2, 1);
h = contour(x1, x2, f);
clabel(h);
axis([100 300 30 120])
xlabel('高度 h/mm')
ylabel('倾斜角 \theta/(^{。})')
title('目标函数等值线')
subplot(1, 2, 2);
meshc(x1, x2, f);
axis([100 300 30 120 600 1200])
title('目标函数网格曲面图')
```

图形输出如图 10-11。

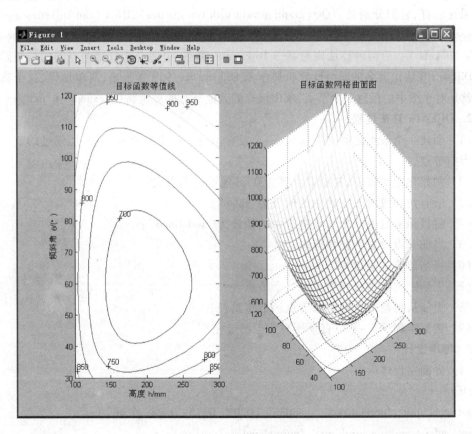

图 10-11 目标函数可视化

三、最短路径计算

1. 实际问题

【例 10-6】 随着计算机的普及以及地理信息科学的发展,GIS 因其强大的功能得到日益广泛和深入的应用。网络分析作为 GIS 最主要的功能之一,在电子导航、交通旅游、城市规划以及电力、通讯等各种管网、管线的布局设计中发挥了重要的作用,而网络分析中最基本最关键的问题是最短路径问题。最短路径不仅仅指一般地理意义上的距离最短,还可以引申到其他的度量,如时间、费用、线路容量等。相应地,最短路径问题就成为最快路径问题、最低费用问题等。由于最短路径问题在实际中常用于汽车导航系统以及各种应急系统等(如 110 报警、119 火警以及 120 医疗救护系统),这些系统一般要求快速计算出出发地到出事地点的最佳路线,计算时间应该在 1~3s 内,在行车过程中还需要实时计算出车辆前方的行驶路线,这就决定了最短路径问题的实现应该是高效率的。其实,无论是距离最短、时间最快还是费用最低,它们的核心算法都是最短路径算法。

经典的最短路径算法——Dijkstra 算法是目前多数系统解决最短路径问题采用的理论基础,只是不同系统对 Dijkstra 算法采用了不同的实现方法。据统计,目前提出的此类最短路径的算法大约有 17 种。F. Benjamin Zhan 等人对其中的 15 种进行了测试,结果显示有 3 种效果比较好,它们分别是:TQQ(graph growth with two queues)、DKA(the Dijkstras algorithm implemented with approximate buckets)以及 DKD(the Dijkstra's algorithm implemented with double buckets)。后两种算法则是基于 Dijkstra 的算法,更适合于计算两点间的最短路径问题。Dijkstra 算法由著名的荷兰计算机科学家 Dijkstra 于 1959 年提出,简单地说,这个算法解决的就是对于图中的任意一个节点,求出该点到其他节点的最短路径(exam10_6.m)。

2. Dijkstra 算法过程

(1) 创建一个节点之间的距离表,一个目标节点上一个节点表,一个访问过的节点表和一个当前节点;

(2) 初始化距离表值,初始节点设为 0,其他设为无穷大;

(3) 所有访问过的节点表中的值设为"false";

(4) 将目标节点上一个节点链表中的值设为"undefined";

(5) 当前节点设置为初始节点;

(6) 将当前节点设置为"visited";

(7) 更新距离表与目标节点上一个节点表;

(8) 更新从初始节点到目标节点的最短路径;

(9) 重复步骤(6)~(8)直至所有节点都走完。

3. 程序设计

(1) 界面主程序

```
clf reset
set(gcf,'unit','normalized','position',[0.02, 0.15, 0.28, 0.40]);
set(gcf,'defaultuicontrolunits','normalized');
set(gcf,'defaultuicontrolfontsize',10);
set(gcf,'defaultuicontrolfontname','黑体');
```

```
set(gcf,'defaultuicontrolhorizontal','left');
str = '最短路径计算';
set(gcf,'MenuBar','none','name',str,'numbertitle','off');
c = [ inf inf 10 inf 30 100;
      inf inf 5 inf inf inf;
      inf 5 inf 50 inf inf;
      inf inf inf inf inf 10;
      inf inf inf 20 inf 60;
      inf inf inf inf inf inf];        % 初始化
G = c;
endpoint = 4;
uicontrol(gcf,'Style','text',...
    'BackgroundColor',[1 1 0],'ForegroundColor',[0 0 1],...
    'HorizontalAlignment','center','FontWeight','bold',...
    'Position',[0.050 0.87 0.75 0.07],'String',...
    ['最短路径计算'],'FontName','黑体','FontSize',15)
uicontrol(gcf,'Style','text','position',[0.05,0.78,0.3,0.07],...
    'HorizontalAlignment','center','FontWeight','bold',...
    'String','输入邻接矩阵','FontName','黑体');
input = uicontrol(gcf,'Style','edit','position',[0.05,0.15,0.5,0.6],...
    'Max',2,'string',num2str(c),'callback','G = str2num(get(gcbo,"string"));');
hinput = uicontrol(gcf,'Style','push','HorizontalAlignment','center',...
    'position',[0.37,0.78,0.26,0.07],...
    'String','输入样例');
set(hinput,'callback','msgbox(num2str(c))');
uicontrol(gcf,'Style','text','position',[0.6,0.6,0.35,0.07],...
    'HorizontalAlignment','center','FontWeight','bold',...
    'String','出发点为第一个点','FontName','黑体');
uicontrol(gcf,'Style','text','position',[0.6,0.5,0.2,0.07],...
    'HorizontalAlignment','center','FontWeight','bold',...
    'String','输入终点','FontName','黑体');
hend = uicontrol(gcf,'Style','edit','position',[0.82,0.5,0.1,0.07],...
    'HorizontalAlignment','center','callback',...          % 获取结束点位置
    'endpoint = str2num(get(gcbo,"string"));');
hresult = uicontrol(gcf,'Style','push','HorizontalAlignment','center',...
    'position',[0.6,0.4,0.2,0.07],'String','结果');
set(hresult,'callback','cal(G,endpoint);');
help = uicontrol(gcf,'Style','push','HorizontalAlignment','center',...
    'position',[0.7,0.78,0.2,0.07],'String','帮助');
```

str2 ='本程序是用来计算最短路径的,输入数据为一邻接矩阵,inf 表示不相邻。';
set(help,'callback','msgbox(str2)');

图 10-12 是刚运行程序的界面,初始邻接矩阵就是样例矩阵。程序还可以对输入终点数据不合法等非法输入进行异常处理。

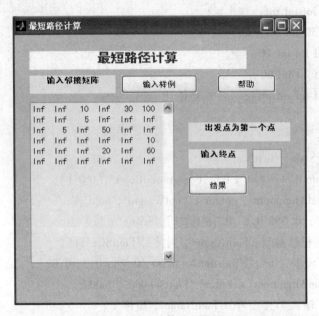

图 10-12　计算分析界面

当输入终点 5 时,点"结果"按钮,则出现计算结果对话框,如图 10-13 所示。

图 10-13　一种计算结果

(2) 计算子函数

[cal.m]　　% dijsk 最短路径算法(此算法来自数据结构里面 dijsk 最短路径算法)

```
function cal(G, endpoint)
G;
endpoint;
N = size(G, 1);      % 顶点数
if endpoint > N
    errordlg({'error:','不存在的终点.'},'Error');
elseif endpoint = = 1
    str = '终点即为源点最短距离为 0';
    msgbox(str);
else
    v0 = 1; % 源点
    v1 = ones(1, N);     % 除去原点后的集合
    v1(v0) = 0;
    D = G(v0,:);     % 计算和源点最近的点
    while 1
        D2 = D;
        for i = 1:N
            if v1(i) = = 0
                D2(i) = inf;
            end
        end
        [Dmin id] = min(D2);
        if isinf(Dmin), error, end
        v0 = [v0 id];     % 将最近的点加入 v0 集合,并从 v1 集合中删除
        v1(id) = 0;
        if size(v0, 2) = = N, break; end
    id = 0;     % 计算 v0(1) 到 v1 各点的最近距离
    for j = 1:N     % 计算到 j 的最近距离
        if v1(j)
            for i = 1:N
                if ~v1(i)     % i 在 v0 中
                    D(j) = min(D(j), D(i) + G(i, j));
                end
                D(j) = min(D(j),G(v0(1), i) + G(i, j));
            end
        end
    end
    if isinf(Dmin), error, end
end
```

```
str = '从源点到点 ';
str = [str, num2str(endpoint),' 的最短距离是：',num2str(D(endpoint))];
msgbox(str);
end
```

第三节 数据分析与统计

一、学分管理计算系统

1. 平均学分绩点计算方法

【例10-7】 学分,是用于计算学生学习量的一种计量单位,按学期计算,每门课程及实践环节的具体学分数以专业教学计划的规定为准。部分学校也有按学分收费的制度。大学里每一门课程都有一定的学分。只有通过这门课的考试,才能获得相应的学分。只有总学分积累到专业培养计划的要求后才能毕业。

绩点是根据成绩给出的。单科学分乘以成绩的绩点,然后把各科的结果加起来除以总学分得到的结果就是平均学分绩点,用于衡量学生成绩的优劣(exam10_7.m)。

2. 程序设计

(1) 主程序及主界面

```
clf reset
global z score a
H = axes('unit','normalized','position',[0, 0, 1, 1],'visible','off');
set(gcf,'currentaxes', H);
str = '\fontname{楷体}欢迎使用学分计算系统!';
set(gcf,'defaultuicontrolunits','normalized');
set(gcf,'defaultuicontrolfontsize',11);
set(gcf,'defaultuicontrolhorizontal','left');
set(gcf,'menubar','none');
str1 = '学分计算系统';
set(gcf,'name',str1,'numbertitle','off');
colormenug = uimenu(gcf,'label','文件(&F)');
colormenun = uimenu(gcf,'label','辅助功能(&E)');
colormenuh = uimenu(gcf,'label','帮助(&H)');
uimenu(colormenuh,'label','显示当前处理文件的位置(&L)',...
     'callback','set(h_edit1,"string", z)');
uimenu(colormenug,'label','打开文件', 'callback',...
     '[str11, str12] = uigetfile({"*.*"});...
      a = [str12, str11];z = a; set(h_edit1,"string", a);');
uimenu(colormenug,'label','退出系统', 'callback','close; clear');
uimenu(colormenun,'label','添加 M 函数到工程','callback','edit');
```

```
text(0.12, 0.93, str,'fontsize', 13);
h_fig = get(H,'parent');
set(h_fig,'unit','normalized','position',[0.1, 0.2, 0.7, 0.4]);
h_axes = axes('parent',h_fig,...
    'unit','normalized','position',[0.1, 0.15, 0.55, 0.7],...
    'xlim',[0 100],'ylim',[0 100],'fontsize', 8);
h_text1 = uicontrol(h_fig,'style','text',...
    'unit','normalized','position',[0.67, 0.73, 0.25, 0.07],...
    'horizontal','left','string','请在下方输入要处理数据的路径:','fontsize',10);
h_push1 = uicontrol(h_fig,'style','push',...
    'unit','normalized','position',[0.67, 0.30, 0.12, 0.15],...
    'string','grid on','callback','grid on');
h_push2 = uicontrol(h_fig,'style','push',...
    'unit','normalized','position',[0.67, 0.15, 0.12, 0.15],...
    'string','grid off','callback','grid off');
h_push3 = uicontrol(h_fig,'style','push',...
    'unit','normalized','position',[0.67, 0.45, 0.12, 0.15],...
    'string','计算学分','callback',[...
    'score = load(z);',...
    'zf = 0; xf = 0;',...
    'for k = 1:length(score(:,1));',...
    'xf = xf + score(k,1); zf = zf + score(k,1).*score(k,2); end;',...
    'jf = zf./xf;',...
    'set(h_edit2,"string",["均分为:",num2str(jf)]);'...
    ]);
h_push4 = uicontrol(h_fig,'style','push',...
    'unit','normalized','position',[0.80, 0.30, 0.12, 0.15],...
    'string','计算绩点','callback',[...
    'score = load(z);',...
    'jd = 0; zjf = 0; for k = 1:length(score(:,2));'...
    'j = credit(score(k,2)); jd = jd + score(k,1); zjf = zjf + j.*score(k,1);end;'...
    'pjd = zjf./jd; set(h_edit2,"string",["绩点为:",num2str(pjd)]);']);
h_push5 = uicontrol(h_fig,'style','push',...
    'unit','normalized','position',[0.80, 0.15, 0.12, 0.15],...
    'string','显示成绩','callback',['score = load(z);'...
    't = 1:1:length(score(:,2));',...
    'h_line = plot(t, score(:,2));']);
h_edit1 = uicontrol(h_fig,'style','edit',...
    'unit','normalized',...
```

```
    'position',[0.67,0.65,0.25,0.07],...
    'horizontal','left',...
    'callback', 'z = get(gcbo,"string");'...
    );
h_edit2 = uicontrol(h_fig,'style','edit',...
    'unit','normalized',...
    'string','输出口',...
    'position',[0.80,0.45,0.12,0.15],...
    'horizontal','left');
```

运行程序后会出现如图 10-14 所示的主界面。

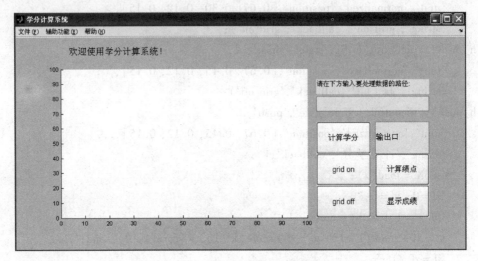

图 10-14　学分绩点分析计算系统

可以从【文件】菜单打开分数数据文件或者可以直接在编辑框里输入路径和文件名。当输入完之后,点击相应按钮,会进行计算和处理,并绘制分数分布的曲线图,见图 10-15。

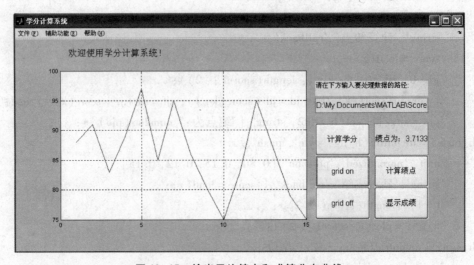

图 10-15　输出平均绩点和成绩分布曲线

(2) 函数文件[credit.m]
```
function jf = credit(a)
if a>100||a<0 jf = -1;
elseif 0<a&&a<60 jf=0;
elseif 60<=a&&a<=62 jf=1.0;
elseif 63<=a&&a<=65 jf=1.5;
elseif 66<=a&&a<=69 jf=1.8;
elseif 70<=a&&a<=72 jf=2.0;
elseif 73<=a&&a<=75 jf=2.5;
elseif 76<=a&&a<=79 jf=2.8;
elseif 80<=a&&a<=82 jf=3.0;
elseif 83<=a&&a<=85 jf=3.5;
elseif 86<=a&&a<=89 jf=3.8;
elseif 90<=a&&a<=92 jf=4.0;
elseif 93<=a&&a<=95 jf=4.5;
elseif 96<=a&&a<=100 jf=4.8;
end
```

(3) 成绩文件[Score.txt]

1.0	88.0
2.5	91.0
3.0	83.0
5.0	89.0
5.0	97.0
3.0	85.0
3.5	95.0
2.0	86.0
0.5	80.0
3.0	75.0
3.0	83.0
1.0	95.0
1.0	87.0
1.0	79.0
3.0	75.0

二、设计通航水位推求

港航工程规划、设计和施工所依据的流量或水位称为设计流量或设计水位。设计流量或设计水位通常分两类：(1)关于正常通航的设计流量和设计水位。如保证河道有足够水深和跨河或通航建筑不碍航的设计流量和水位；洪水期桥梁净空不碍航的设计流量和水位，通常是推求某一保证率的流量或水位(exam10_8.m)。(2)与工程安全和经济有关的洪水流量与水位。如确定拦河坝所需的断面洪水流量,太大不经济,太小又不安全;又如确定码头陆域标高的设计水位,定得过低可能被淹没,过高又将浪费且运营不便。这类设计流量和水位,常以累积频率为标准(exam10_9.m)。

1. 设计最低通航水位

【例10-8】 目前,设计最低通航水位多采用历时曲线法及保证率频率法。历时曲线一般用综合法,称综合历时曲线:①依据统计年份中日平均最高和最低水位变动范围,把逐日平均水位分为若干级。②编制水位历时统计表,将历年逐日平均水位出现的日数,按其所属的水位级,进行统计。③从高水位至低水位计算累积天数,累积到最下一级的天数,应等于参加统计的总天数。④将各水位发生的累积天数除以统计年份的总天数,得各级水位的保证率。⑤以水位为纵坐标,以保证率为横坐标,点绘在图上,便可得到综合历时曲线(又称保证率曲线,年保证率曲线见图3-2)。

函数 zhls.m 为实现这一功能的程序,其中已知水位资料保存为文本文件(*.txt),文件名由字母加数字组成,字母部分由参数 yeswj 指定,数字部分代表统计起讫年份,起始年份由参数 yess 指定,结束年份由参数 yesf 指定,水文站名称由参数 str 指定。

```
function zhls(yess, yesf, yeswj, str)
for j = yess: yesf;
   www = [yeswj, num2str(j),'.txt'];         % 对于每个文件组成完整文件名
   fid = fopen(www,'r');
   x = fscanf(fid,'%g');                      % 读取某一年的逐日水位资料
   status = fclose(fid);
   fid = fopen('ww.txt','a');
   fprintf(fid,'%6.2f\n', x);                 % 将读取的资料保存在一个文件中
   status = fclose(fid);
end
Hf_1 = figure('NumberTitle','off','name','综合历时曲线',...
       'Position',[50, 50, 700, 500])
fid = fopen('ww.txt','r');
x = fscanf(fid,'%g');            % 读取统计年份的全部水位资料
[K, X] = hist(x, 20);            % 分级统计,分20级
y = 0;
for i = 20: -1:1;
   if K(i) == 0;
      y = y;
   else
      y = y + K(i);
   end
   W(i) = y * 100/(sum(K) + 1);   % 从高水位到低水位累加后求保证率
end
st = fclose(fid);
```

```
delete ww.txt
pyy = [90, 95, 98, 99];        % 同时求出四种保证率的水位
yyy = interp1(W, X, pyy, 'linear');
yy = round(yyy.*100)./100
plot(W, X, 'r-')
abc = [str, '站', num2str(yess), '-', num2str(yesf), '年综合历时曲线'];
title(abc, 'FontSize', 16, 'color', 'red');
xlabel('保证率 P%');
ylabel('水位(米)');
string = ['各保证率水位为:'];
string1 = ['90% 水位:', num2str(yy(1)), '米'];
string2 = ['95% 水位:', num2str(yy(2)), '米'];
string3 = ['98% 水位:', num2str(yy(3)), '米'];
string4 = ['99% 水位:', num2str(yy(4)), '米'];
a = {string, string1, string2, string3, string4};
text(50, max(X)-1.5, a, 'FontSize', 12, 'color', 'red');
set(gca, 'XGrid', 'on', 'YGrid', 'on');
clear x K X y i W pyy yy string1 string2 string3 string4 yyy abc a;
>> zhls(47, 87, sw, 长江大通)
```

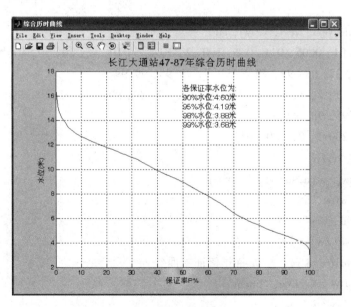

图 10-16　综合历时曲线

2. 水文频率计算

【例 10-9】　水利、水电和航运工程的规划设计中,往往需要推求某种水文特征值(如工程所处河段断面洪峰流量、最低水位等)及其在工程使用期内可能出现的概率(累积频率);或要求提供规定设计标准(累积频率)的某一水文特征值,作为确定建筑物规模的依

据。这些特征值一般可通过频率计算求得,其计算核心是求累积频率曲线。

假定水文特征资料足够长,接近于总体样本,完全可以用式 $P = \dfrac{m}{N+1} \times 100\%$ 计算系列累积频率,并按数据绘制出累积频率曲线。但是水文资料的实测系列一般都比较短,难以符合上述假定,若要推求稀有累积频率(如设计标准累积频率 $P = 0.1\%$、校核标准累积频率 $P = 0.01\%$ 等)的设计值,则必须将有限资料点绘的经验累积频率曲线向外延伸。而主观地顺势外延,任意性强。为了减少任意性,通常需借助某种概率分布曲线(如皮尔逊Ⅲ型)作为确定累积频率曲线和外延经验累积频率曲线的重要参考。下面以保证率频率法推求设计最低通航水位的方法来说明水文频率计算过程。

保证率频率法在保证率中引进频率概念。例如,n 年可绘出 n 条保证率曲线,任一指定保证率 P_i,各年均有与其相对应的水位 $Z_i(P_i)$,$i = 1, 2, \cdots, n$。保证率频率法是将这些水位看作随机变量,进行频率分析,然后在累积频率曲线上求得指定频率下的水位(设计洪水或最高通航水位以年最高洪水位为样本,方法相同),作为设计水位。其步骤是:①根据通航要求,按规范确定频率和保证率。②在每年的水位(流量)历时曲线中,根据选定的保证率摘取水位(流量)值。③将选取的各年水位(流量)作为样本进行频率分析计算,并进行理论频率曲线(PⅢ曲线)适线。最后根据指定的频率(如 $P = 0.1\%$)在曲线上查得相应的设计水位(流量)。

函数 bplh 为实现这一功能的程序,同时计算保证率为 90%、95%、98%、99%,重现期为 2 年一遇、3 年一遇、4 年一遇、5 年一遇、10 年一遇所有组合的设计水位。其中函数的参数同前例。

```
function bplh(yess, yesf, yeswj, str)
HSBZ = [0.01, 0.05, 0.1, 0.5, 1.0, 2, 3, 4, 5, 10, 15, 20, 30, 40, 50, 60, 70, 80,
85, 90, 95, 96, 97, 98, 99, 99.5, 99.9, 99.95, 99.99];
FIP = [0.1, 1, 2, 3, 5, 10, 20, 30, 50, 70, 80, 90, 95, 97, 98, 99, 99.9];
byy = [90, 95, 98, 99];
pyy = [50, 200/3, 75, 80, 90];
for j = yess: yesf;
    www = [yeswj, num2str(j), '.txt'];
    fid = fopen(www, 'r');
    x = fscanf(fid, '%g');
    status = fclose(fid);
    [W, X] = bzl(x, k);      % 每年保证率曲线
    yy = interp1(W, X, byy, 'linear');
    fid = fopen('ww.txt', 'a');
    fprintf(fid, '%10.5f %10.5f %10.5f %10.5f \n', yy);
    status = fclose(fid);
    clear www k W X yy x;
end
load ww.txt;     % 每年对应保证率为 90%、95%、98%、99% 的水位
```

```
for i = 1:4
    x = [ww(:,i)];       % 对其中一种保证率水位进行频率计算
    v = sort(x);
    n = length(x);
    for j = n: -1: 1;
        T(j) = (n - j + 1). * 100./(n + 1);
    end
    cv = std(v)./mean(v);
    px = mean(v);
    [k, kk, fc] = minfc(px, cv, x, v, FIP, T);    % 最小二乘法确定 PⅢ 曲线参数
    figure     % 参数确定可视化,该图可省略
    plot(kk, fc);
    title('根据 Cs 与 Cv 不同的倍比关系确定最佳值示意图',...
        'FontSize',12,'color','red')
    xlabel('Cs 与 Cv 不同的倍比系数')
    ylabel('经验点与对应皮尔逊曲线点差值的平方和再开方')
    string1 = ['最小点在 Cs = ',num2str(k),'Cv 处'];
    text(4.5, max(fc) - 0.1,string1,'FontSize',11,'color','black');
    clear Kp Xp fc kk cs n;
    pause
    cs = k. * cv;
    [Kp,Xp] = pesin(cs, cv, px);     % 根据选定的 cs、cv 计算 PⅢ 曲线参数,函数略
    yy = interp1(FIP, Xp, pyy,'linear');    % 求出四种频率的水位值
    fid = fopen('www.txt','a');
    fprintf(fid,'%8.2f %8.2f %8.2f %8.2f %8.2f %8.5f %8.5f \n', yy, cv, cs);
    status = fclose(fid);
    clear cs cv px x
    hspd = haisin(T);      % 转换为海森坐标,函数略
    hspx = haisin(FIP);
    hsbz = haisin(HSBZ);
    plot(hspd, v,' + ',hspx, Xp,'r - ');
    set(gca,'XGrid','on','YGrid','on');
    set(gca,'Xdir','Normal','Ydir','Normal','Box','off');
    set(gca,'XTick', hsbz);
    set(gca,'XTickLabel',HSBZ);
    o = int2str(i);
    switch o
    case '1'
        gg = [str,'站',num2str(yess),' - ',num2str(yesf),'年保证率90% 频率曲线'];
```

```
case '2'
    gg = [str,'站',num2str(yess),'-',num2str(yesf),'年保证率95%频率曲线'];
case '3'
    gg = [str,'站',num2str(yess),'-',num2str(yesf),'年保证率98%频率曲线'];
otherwise
    gg = [str,'站',num2str(yess),'-',num2str(yesf),'年保证率99%频率曲线'];
end
title(gg,'FontSize',14,'color','red')
xlabel('频率t%')
ylabel('水位(米)')
legend('经验点','皮尔逊Ⅲ型曲线')
string1 = ['各特征水位分别为:','2年一遇水位:',num2str(yy(1)),'米'];
string2 = ['3年一遇水位:',num2str((round(yy(2).*100))./100),'米'];
string3 = ['4年一遇水位:',num2str((round(yy(3).*100))./100),'米'];
string4 = ['5年一遇水位:',num2str((round(yy(4).*100))./100),'米'];
string5 = ['10年一遇水位:',num2str((round(yy(5).*100))./100),'米'];
strp = strvcat(string1,string2,string3,string4,string5);
text(30,max(Xp)-0.5,strp,'FontSize',12,'color','red');
clear string1 string2 string3 string4 string5 strp Kp gg yy
figure(100);
switch o
case '1'
    plot(hspd, v, 'mx', hspx, Xp,'m')
    clear hspd hspx
case '2'
    hold on
    plot(hspd, v, 'bo', hspx, Xp, 'b')
    clear hspd hspx
case '3'
    hold on
    plot(hspd, v, 'r*', hspx, Xp,'r')
    clear hspd hspx
case '4'
    hold on
    plot(hspd, v, 'k+', hspx, Xp,'k')
    clear hspd hspx
    hold off
    set(gca,'XGrid','on','YGrid','on');
    set(gca,'Xdir','Normal','Ydir','Normal','Box','on');
```

```
set(gca,'XTick',hsbz)
set(gca,'XTickLabel',HSBZ);
abc = [str,'站',num2str(yess),'-',num2str(yesf),'年保证率频率曲线'];
title(abc,'FontSize',14,'color','red')
xlabel('频率 t%')
ylabel('水位(米)')
legend('经验点','皮尔逊Ⅲ型曲线')
load www.txt;
sw = www';
tt1 = num2str(sw);
tt2 = strvcat('2 年一遇','3 年一遇','4 年一遇','5 年一遇',...
    '10 年一遇','Cv = ','Cs = ');
tt3 = ['90%','95%','98%','99%'];
text(60,max(Xp),tt1,'FontSize',12,'color','black');
text(50,max(Xp),tt2,'FontSize',12,'color','black');
text(60,max(Xp),tt3,'FontSize',12,'color','black');
```

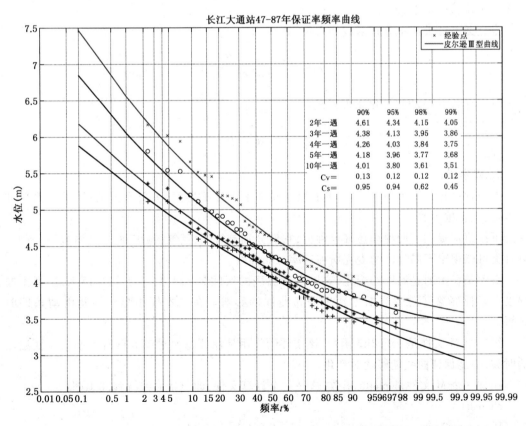

图 10-17　海森坐标皮尔逊Ⅲ型曲线

otherwise

```
        a = 1;
    end
    clear tt1 tt2 tt3 v Xp abc
end
delete ww.txt
delete www.txt
clear FIP HSBZ T byy pyy i j k str titlet o hsbz
>> bplh(47,87,sw,长江大通)
```

三、麦克斯韦速率概率曲线

1. 麦克斯韦速率分布

【例 10-10】 在气体内部,所有的分子都以不同的速率运动着,有的分子速率大,有的分子速率小;即使是对同一个分子,它的速度在频繁的碰撞下也是不断在变化的。所以,研究单个分子的速度究竟是多少是没有意义的。但是,麦克斯韦认为处于平衡态的气体分子的速率有一个确定的分布,未达到平衡的气体,它的分子速率偏离这个分布,而碰撞的结果就由偏离这个分布到达这个分布,1859 年麦克斯韦用概率论的方法得到了平衡态气体分子速率分布律(exam10_10.m)。

麦克斯韦分子速率分布函数如式:

$$f(v) = 4\pi \left(\frac{m}{2\pi kT}\right)^{3/2} e^{\frac{mv^2}{2kT}} v^2$$

分布函数 $f(v)$ 的归一化条件式是:

$$\int_0^\infty f(v)\,dv = 1$$

2. 程序设计

整个程序包含 3 个 M 文件。在主程序文件中设计了界面,主要有滑动条、下拉菜单和文本框、编辑框等等。

下拉菜单提供了四种理想气体种类,它们分别是氧气、氢气、氦气和空气,选择不同的气体种类可以得出不同气体的麦克斯韦速率分布曲线。

滑动条显示的是温度的变化,这里定义温度的区间是 273.15 ~ 1 773.15 K,选择不同温度可以观察温度对麦克斯韦速率分布曲线的影响。在文本框中显示的是滑动条即时结果。

第二个 M 文件是 calledit2 函数,该文件的作用是保证每次滑动温度滑动条来改变温度的时候,都能保证曲线能够随时变化。

还有一个 M 文件是 plottu 函数,这是一个计算文件,即包括曲线方程和画图命令。

```
clf reset
H = axes('unit','normalized','position',[0 0 1 1],'visible','off');
global str1 str2 str3 str4 str5 str6 k1 k2 k3 k4 k5 k6 k7 axis_width
set(gcf,'currentaxes', H);
```

```
str3 = '理想气体不同温度下的微观参量和宏观参量';
set(gcf,'name',str3,'numbertitle','off');
str = '\fontname{标楷体}M 氏曲线';
text(0.28,0.93,str,'fontsize',13);
h_fig = get(H,'parent');
set(h_fig,'unit','normalized','position',[0 0 0.6 0.5]);
k1 = 32;
k2 = 273.15;
k4 = sqrt(2.*8.31451.*10^3.*k2/k1);
k5 = sqrt(8.*8.31451.*10^3.*k2/k1/pi);
k6 = sqrt(3.*8.31451.*10^3.*k2/k1);
axis_width = 4000;
h_axes = axes('parent',h_fig,...
    'unit','normalized','position',[0.1 0.15 0.55 0.7],...
    'xlim',[0 axis_width],'ylim',[0 0.6],'fontsize',8);
str1 = ['请选择气体种类',' 分子量:'];
str4 = ['最概然速率','vp = '];
str5 = ['平均速率','V 平均 = '];
str6 = ['均方根速率','Vrms = '];
h_text = uicontrol(h_fig,'style','text',...
    'unit','normalized','position',[0.67 0.80 0.29 0.05],...
    'horizontal','left','string',[str1, sprintf('%s', num2str(k1))],...
    'background',[0.1 0.4 0.90]);
str2 = ['输入温度','T(K) = :'];
h_text2 = uicontrol(h_fig,'style','text',...
    'unit','normalized','position',[0.67 0.50 0.14 0.08],...2
    'horizontal','left','string',[str2, sprintf('%s', num2str(k2))],...
    'background',[0.1 0.4 0.90]);
point_text = uicontrol(h_fig,'style','text',...
    'unit','normalized','position',[0.82 0.50 0.14 0.08],...
    'horizontal','left','string','输入温度 T(K)',...
    'background',[0.1 0.4 0.90]);
h_slide2 = uicontrol(h_fig,'style','slide',...
    'unit','normalized','string','10','position',[0.67 0.4 0.14 0.08],...
    'max',1773.15,'min',273.15,...
    'sliderstep',[0.001 0.002],...
    'value',273.15,'visible','on');
point_edit2 = uicontrol(h_fig,'style','edit',...
    'unit','normalized','string','273.15','position',[0.82 0.4 0.14 0.08],...
```

```
        'horizontal','left','tag','point');
    hpop = uicontrol(h_fig,'Style','popup','string','氧气|氢气|氦气|空气',...
        'unit','normalized','value',1,...
        'Position',[0.67 0.70 0.29 0.05],'Callback',...
        ['hpop_val = get(hpop,"Value");',...
        'if hpop_val = = 1',...
        'k1 = 32;',...
        'elseif hpop_val = = 2',...
        'k1 = 2;',...
        'elseif hpop_val = = 3',...
        'k1 = 8;',...
        'elseif hpop_val = = 4',...
        'k1 = 28.965;',...
        'end']);
    text3 = uicontrol(h_fig,'style','text',...
        'unit','normalized','position',[0.67 0.30 0.29 0.05],...
        'horizontal','left','string',[str4,sprintf('%s',num2str(k4)),'m/s'],...
        'background',[0.1 0.4 0.90]);
    text4 = uicontrol(h_fig,'style','text',...
        'unit','normalized','position',[0.67 0.25 0.29 0.05],...
        'horizontal','left','string',[str5, sprintf('%s', num2str(k5)),'m/s'],...
        'background',[0.1 0.4 0.90]);
    text5 = uicontrol(h_fig,'style','text',...
        'unit','normalized','position',[0.67 0.20 0.29 0.05],...
        'horizontal','left','string',[str6, sprintf('%s', num2str(k6)),'m/s'],...
        'background',[0.1 0.4 0.90]);
    plottu;
    set(h_slide2,'callback',[...
        'k2 = get(gcbo,"value");',...
        'calledit2(h_slide2, point_edit2, h_text2, h_text, text3, text4, text5)']);
    set(h_axes,'xlim',[0 axis_width]);
    callback_fcn = ['set(h_axes,"xlim", get(gcbo,"value"),...
        + [0"num2str(axis_width)"])'];
    slide_axis = uicontrol(h_fig,'style','slide',...
        'unit','normalized','string','10','position',[0.07 0.04 0.60 0.03],...
        'max', 4000,'min', 0000,...
        'callback',callback_fcn);
    selection = questdlg([ 'Welcome to ',get(h_fig,'name'),'窗口?'],...
        ['close',get(h_fig,'name'),'...'],'继续','不继续','继续');
```

```
if strcmp(selection,'继续')
    return;
else
    delete(h_fig);
end
>> exam10_10
```

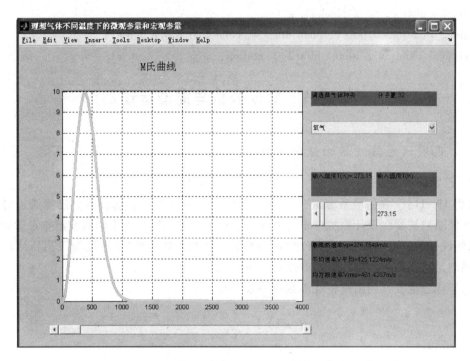

图 10-18　麦克斯韦概率曲线演示

函数 calledit2[calledit2.m]
```
function calledit2(h_slide2, point_edit2, h_text2, h_text, text3, text4, text5)
global str1 str2 str3 str4 str5 str6 k1 k2 k3 k4 k5 k6 k7
set(point_edit2,'string', num2str(k2));
cla, set(h_text2,'string',[str2, sprintf('%s', num2str(k2))]);
cla, set(h_text,'string',[str1, sprintf('%s', num2str(k1))]);
cla, set(text3,'string',[str4, sprintf('%s', num2str(k4)),'m/s']);
cla, set(text4,'string',[str5, sprintf('%s', num2str(k5)),'m/s']);
cla, set(text5,'string',[str6, sprintf('%s', num2str(k6)),'m/s']);
plottu
```

函数 plottu[plottu.m]
```
function plottu
global str1 str2 str3 str4 str5 str6 k1 k2 k3 k4 k5 k6 k7
k = 1.38 * 10.^(-23);
```

```
k4 = sqrt(2. * 8.31451. * 10^3. * k2/k1);
k5 = sqrt(8. * 8.31451. * 10^3. * k2/k1/pi);
k6 = sqrt(3. * 8.31451. * 10^3. * k2/k1);
n = k1 * 10.^( -3)/(6.022 * 10.^23);
x = linspace(0, 3900)
y = 4. * pi. * (n/(2. * pi. * k)).^(1.5). * exp( -n. * x.^2/(k. * 2. * k2)). * x.^2;
hline1 = plot(x, y, 'k', 'color', 'g');
hline2 = line(x + 0.06, y, 'linewidth', 4, 'color', [0.8 0.8 0.8]);
set(gca, 'children', [hline1 hline2]); grid on;
```

第四节 频率分析与简谐运动

一、巴特沃思滤波器的频率响应

1. 巴特沃思滤波器

【例10-11】 在信号系统课程中,有一类滤波器叫巴特沃思滤波器。巴特沃思滤波器是一类低通滤波器。设计模拟电子滤波器的工程师为了获得与理想的滤波器非常逼近的滤波器,所设计的频率响应要在通带内"足够平坦",在截止频率处"足够陡峭",巴特沃思滤波器就是满足这些准则的常用滤波器设计之一。

巴特沃思滤波器的幅频特性函数的一般形式为

$$|H(w)| = \frac{1}{\sqrt{1 + (w/w_c)^{2N}}}$$

其中 N 称为滤波器的阶数,即 N 为时域中描述滤波器动态特征的微分方程的阶数。其中 RC 滤波器就是一个一阶巴特沃思滤波器。

2. 程序设计

通过可视化界面设计,可以求出任意阶巴特沃思滤波器的频率响应。且可以自由设置阶数 N 的值,绘制不同的曲线(exam10_11.m)。

```
clf reset
H = axes('unit', 'normalized', 'position', [0, 0, 1, 1], 'visible', 'off');
set(gcf, 'currentaxes', H);
str = '\fontname|楷书|N 巴特沃思滤波器的频率响应';
text(0.12, 0.93, str, 'fontsize', 20);
h_fig = get(H, 'parent');
set(h_fig, 'unit', 'normalized', 'position', [0.1, 0.2, 0.7, 0.4]);
h_axes = axes('parent', h_fig,...
    'unit', 'normalized', 'position', [0.1, 0.1, 0.4, 0.75],...
    'xlim', [0 5], 'ylim', [0 1.2], 'fontsize', 8);
h_text = uicontrol(h_fig, 'style', 'text',...
```

```
        'unit','normalized','position',[0.55,0.73,0.16,0.14],...
        'horizontal','left','string',{'请输入截止频率','jzpv ='});
h_edit = uicontrol(gcf,'style','edit',...
        'unit','normalized','position',[0.55,0.59,0.16,0.14]);
h_text1 = uicontrol(h_fig,'style','text',...
        'unit','normalized','position',[0.55,0.39,0.16,0.14],...
        'horizontal','left','string',{'请输入阶数','js ='});
h_edit1 = uicontrol(gcf,'style','edit',...
        'unit','normalized','position',[0.55,0.29,0.16,0.14]);
        % 'horizontal','left');
set(h_edit,'callback','calledit(h_edit,h_edit1)');
set(h_edit1,'callback','calledit(h_edit,h_edit1)');
>> exam10_11
```

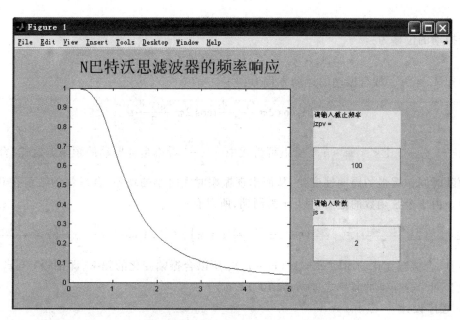

图 10-19 巴特沃思滤波器的频率响应

函数 calledit[calledit.m]
```
function calledit(h_edit,h_edit1)
ct = str2num(get(h_edit,'string'));
cm = str2num(get(h_edit1,'string'));
w = 10:10:5*ct;
t = w./ct;
y = 1./sqrt(1 + t.^(2*cm));
plot(t,y)
```

二、简谐运动的合成拍

1. 物理现象

【例10-12】 当两个同方向不同频率的简谐运动合成时,由于这两个振动的频率不同,因而它们的相位差随时间改变,合振动一般不再是简谐振动,情况比较复杂。

如有两个频率相差很小的音叉同时振动时,就会听到时而加强时而减弱的声音,叫做"拍音"。在吹奏双簧管时,由于弹簧两个簧片的频率略有差别,就能听到时强时弱的悦耳的拍音了。

这种频率较大而频率差又很小的两个同方向简谐运动合成时,其振动的振幅时而加强时而减弱的现象叫做拍。

设有两简谐运动不仅振幅相同($A_1 = A_2$),而且初相位都为零,它们的运动方程分别为:

$$x_1 = A_1 \cos 2\pi v_1 t$$
$$x_2 = A_2 \cos 2\pi v_2 t$$

合振动的位移为:

$$x = x_1 + x_2 = A_1 \cos 2\pi v_1 t + A_2 \cos 2\pi v_2 t$$

已知 $A_1 = A_2$,故合振动的运动方程为:

$$x = 2A_1 \cos 2\pi \frac{v_1 + v_2}{2} t \cos 2\pi \frac{v_1 - v_2}{2} t$$

由于 $|v_1 - v_2| << v_1 + v_2$,所以可将式中 $\frac{v_2 + v_1}{2}$ 看成是合振动的频率。这样,合振动的振幅随时间作缓慢的周期性变化,从而出现振幅时大时小的现象,合振幅的数值在 $0 \sim 2A$ 范围内。由于余弦函数的绝对值以 π 为周期,所以有:

$$\left| 2A_1 \cos 2\pi \frac{v_2 - v_1}{2} t \right| = \left| 2A_1 \cos \left(2\pi \frac{v_2 - v_1}{2} t + \pi \right) \right| = \left| 2A_1 \cos 2\pi \frac{v_2 - v_1}{2} \left(t + \frac{1}{v_2 - v_1} \right) \right|$$

可见,合振幅变化的周期 $T = 1/(v_2 - v_1)$,所以合振幅变化的频率,即拍频 $v = v_2 - v_1$,数值上为两个分振动的频率之差(exam10_12.m)。

2. 程序设计

```
h0 = figure('toolbar','none',...
    'position',[198 56 608 468],...
    'name','"两个同方向不同频率简谐运动的合成拍"的研究');
h1 = axes('parent',h0,...
    'position',[0.4 0.3 0.55 0.5],...
    'visible','on');
f = uicontrol('parent',h0,...
    'style','frame',...
    'position',[5 50 200 330]);
p1 = uicontrol('parent',h0,...
    'BackgroundColor',[1 1 0],'ForegroundColor',[0 0 1],...
```

```
    'style','pushbutton',...
    'position',[310 60 80 40],...
    'string','PAINT',...
    'callback',[...
    'm = str2num(get(e1,"string"));,',...
    'n = str2num(get(e2,"string"));,',...
    'a1 = str2num(get(a3,"string"));,',...
    'w1 = str2num(get(w3,"string"));,',...
    'phi1 = str2num(get(phi3,"string"));,',...
    'a2 = str2num(get(a4,"string"));,',...
    'w2 = str2num(get(w4,"string"));,',...
    'phi2 = str2num(get(phi4,"string"));,',...
    'a = get(l1,"value");,',...
    'x = m: 0.01: n;',...
    'if a = = 1,',...
    'plot(x,a1 * cos(w1 * x + phi1)),',...
    'end,',...
    'if a = = 2,',...
    'plot(x, a2 * cos(w2 * x + phi2)),',...
    'end,',...
    'if a = = 3,',...
    'plot(x, a1 * cos(w1 * x + phi1) + a2 * cos(w2 * x + phi2)),',...
    'end']);
p2 = uicontrol('parent', h0,...
    'BackgroundColor',[1 1 0],'ForegroundColor',[0 0 1],...
    'style','pushbutton',...
    'position',[450 60 80 40],...
    'string','CLOSE',...
    'callback','close');
l1 = uicontrol('parent',h0,...
    'style','listbox',...
    'position',[10 270 80 80],...
    'string','wave1|wave2|wave0',...
    'value',1,...
    'max',0.5,...
    'min',0);
f2 = uicontrol('parent',h0,...
    'BackgroundColor',[1 1 0],'ForegroundColor',[0 0 1],...
    'style','text',...
```

```
            'string','OPTIONS:',...
            'fontsize',10,...
            'position',[10 350 80 20]);
    r1 = uicontrol('style','radio',...
            'string','grid on',...
            'value',0,...
            'position',[10 70 60 20],...
            'callback',[...
            'grid on,',...
            'set(r1,"value",1);,',...
            'set(r2,"value",0)']);
    r2 = uicontrol('style','radio',...
            'string','grid off',...
            'position',[10 90 60 20],...
            'value',1,...
            'callback',[...
            'grid off,',...
            'set(r2,"value",1);,',...
            'set(r1,"value",0)']);
    e1 = uicontrol('parent',h0,...
            'style','edit',...
            'string',0,...
            'position',[20 210 60 20],...
            'horizontalalignment','right');
    e2 = uicontrol('parent',h0,...
            'style','edit',...
            'string','20',...
            'position',[20 150 60 20],...
            'horizontalalignment','right');
    t1 = uicontrol('parent',h0,...
            'BackgroundColor',[1 1 0],'ForegroundColor',[0 0 1],...
            'style','text',...
            'string','X from',...
            'fontsize',10,...
            'position',[20 230 60 20],...
            'horizontalalignment','center');
    t2 = uicontrol('parent',h0,...
            'BackgroundColor',[1 1 0],'ForegroundColor',[0 0 1],...
            'style','text',...
```

```
        'string','To',...
        'fontsize',10,...
        'position',[20 170 60 20],...
        'horizontalalignment','center');
t3 = uicontrol('parent',h0,...
        'BackgroundColor',[1 1 0],'ForegroundColor',[0 0 1],...
        'style','text',...
        'string','Wave1:',...
        'fontsize',10,...
        'position',[130 350 60 20],...
        'horizontalalignment','center');
t4 = uicontrol('parent',h0,...
        'BackgroundColor',[1 1 0],'ForegroundColor',[0 0 1],...
        'style','text',...
        'string','a1:',...
        'fontsize',10,...
        'position',[100 330 30 20],...
        'horizontalalignment','center');
t5 = uicontrol('parent',h0,...
        'BackgroundColor',[1 1 0],'ForegroundColor',[0 0 1],...
        'style','text',...
        'string','w1:',...
        'fontsize',10,...
        'position',[100 300 30 20],...
        'horizontalalignment','center');
t6 = uicontrol('parent',h0,...
        'BackgroundColor',[1 1 0],'ForegroundColor',[0 0 1],...
        'style','text',...
        'string','phi1:',...
        'fontsize',10,...
        'position',[100 270 30 20],...
        'horizontalalignment','center');
t7 = uicontrol('parent',h0,...
        'BackgroundColor',[1 1 0],'ForegroundColor',[0 0 1],...
        'style','text',...
        'string','Wave2:',...
        'fontsize',10,...
        'position',[130 230 60 20],...
        'horizontalalignment','center');
```

```
t8 = uicontrol('parent',h0,...
    'BackgroundColor',[1 1 0],'ForegroundColor',[0 0 1],...
    'style','text',...
    'string','a2:',...
    'fontsize',10,...
    'position',[100 210 30 20],...
    'horizontalalignment','center');
t9 = uicontrol('parent', h0,...
    'BackgroundColor',[1 1 0],'ForegroundColor',[0 0 1],...
    'style','text',...
    'string','w2:',...
    'fontsize',10,...
    'position',[100 180 30 20],...
    'horizontalalignment','center');
t10 = uicontrol('parent', h0,...
    'BackgroundColor',[1 1 0],'ForegroundColor',[0 0 1],...
    'style','text',...
    'string','phi2:',...
    'fontsize', 10,...
    'position',[100 150 30 20],...
    'horizontalalignment','center');
t11 = uicontrol('parent', h0,...
    'BackgroundColor',[1 1 0],'ForegroundColor',[0 0 1],...
    'style','text',...
    'string','The Research of Vibration',...
    'fontsize', 22,...
    'position',[65 400 500 40],...
    'horizontalalignment','center');
a3 = uicontrol('parent',h0,...
    'style','edit',...
    'string', 12,...
    'position',[130 330 60 20],...
    'horizontalalignment','right');
w3 = uicontrol('parent', h0,...
    'style','edit',...
    'string', 20,...
    'position',[130 300 60 20],...
    'horizontalalignment','right');
phi3 = uicontrol('parent', h0,...
```

```
        'style','edit',...
        'string', 3.1416,...
        'position',[130 270 60 20],...
        'horizontalalignment','right');
a4 = uicontrol('parent', h0,...
        'style','edit',...
        'string', 15,...
        'position',[130 210 60 20],...
        'horizontalalignment','right');
w4 = uicontrol('parent', h0,...
        'style','edit',...
        'string', 21,...
        'position',[130 180 60 20],...
        'horizontalalignment','right');
phi4 = uicontrol('parent', h0,...
        'style','edit',...
        'string',1.0472,...
        'position',[130 150 60 20],...
        'horizontalalignment','right');
>> exam10_12
```

程序运行后出现如图 10-20 所示的界面("两个同方向不同频率简谐运动的合成拍"的研究)。正中间上方为标题栏,下面左边是振动情况的参数说明及选择。

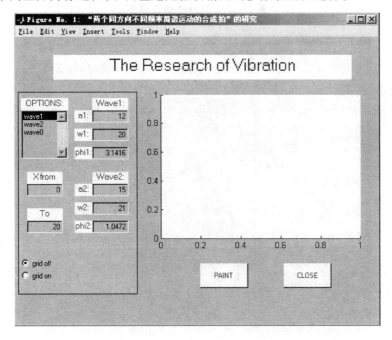

图 10-20　程序运行界面及缺省值设置

（1）OPTIONS——右边图形框中将要绘制的振动波形选择,分别是两个分振动 wave1 合 wave2 以及 wave1、wave2 的合振动 wave0;

（2）X from 和 To——即时间轴,可以通过设置来观察不同时间长度的合振动的情况,默认值为 0~20;

（3）Wave1、Wave2——分振动 1、2 的振幅、频率、初相位 3 个参数的设定,程序运行中可以自行根据需要改变各个参数的值,并给出默认值。

分别选择 wave1、wave2、wave0,点击【PAINT】按钮就能看到初始状态下的图像。

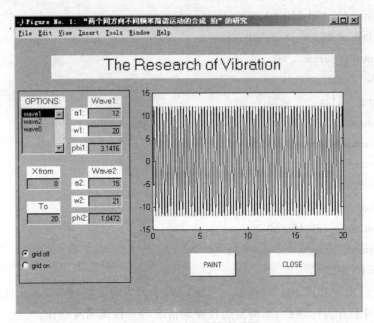

图 10-21　Wave1 的波形图

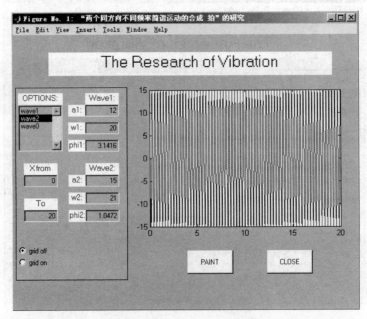

图 10-22　Wave2 的波形图

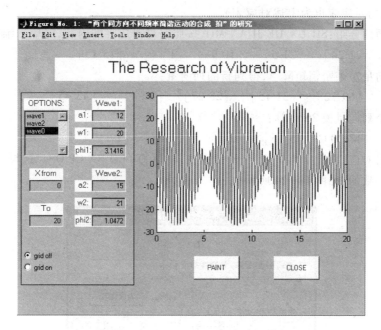

图 10-23 Wave0(即 Wave1 和 Wave2 的合振动)的波形图

也可改变编辑框中的参数,查看任一情况下振动的合成情况。

第五节 Hill 密码与蒲丰投针实验

一、Hill 密码的加密与解密

1. 关于 Hill 密码

【例 10-13】 首先介绍 Hill 密码,Hill 密码是一种传统的密码体系,在计算机高速发展的今天,Hill 密码显然已经很不可靠了,之所以设计这个 MATLAB 程序,主要还是希望通过这个设计,体现 MATLAB 强大而优越的用户界面设计和高效的矩阵运算,还有非常灵活的程序语言(exam10_13.m)。

2. 加密过程

假设甲方乙方有秘密通信,采用 Hill 密码加密,密钥为:A = [1 2 ; 0 3],首先是加密过程,假设有明文:SHUXUEJIANMO。

26 个字母与数字的对应表:

A	B	C	D	E	F	G	H	I	J	K	L	M
1	2	3	4	5	6	7	8	9	10	11	12	13
N	O	P	Q	R	S	T	U	V	W	X	Y	Z
14	15	16	17	18	19	20	21	22	23	24	25	0

这个对应表即把字母转换为数字,当然,对应表可以任意,这里简单起见,取上述对应表

（程序设计内的对应表也为上述对应表）。

将明文两两分组:SH UX UE JI AN MO,按照字母对应表的内容,对应二维列向量:

[19 8]^T [21 24]^T [21 5]^T [10 9]^T [1 14]^T [13 15]^T

将上述向量左乘密钥矩阵 A,得到新的列向量:

[35 24]^T [69 72]^T [31 15]^T [28 27]^T [29 42]^T [43 45]^T

再将每个列向量模 26 运算:

[9 24]^T [17 20]^T [5 15]^T [2 1]^T [3 16]^T [17 19]^T

与开始时对应,将数字再转回字母,得到密文:IX QT EO BA CP QS。这与设计的程序的运行结果是一致的,如图 10-24 所示。

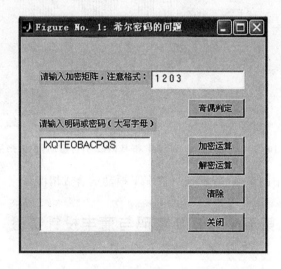

图 10-24

3. 解密过程

解密过程首先需要求密钥矩阵的逆矩阵,此逆矩阵不是一般的逆矩阵,而是模 26 下的逆矩阵,对于矩阵 A = [a b; c d],在模 26 下的逆矩阵为:B = (ad - bc)^(-1)[d - b; -c a](mod26);而且,矩阵 A 必须满足:数 26 和 detA 没有公因子,只有满足这个条件,矩阵 A 才存在模 26 下的逆矩阵,所以,这里的加密矩阵不能随便取,必须满足上述条件。

本题 A = [1 2; 0 3],在模 26 下的逆矩阵为:B = [1 8; 0 9];要求得这个结果还要提供模 26 下的倒数表:

α	1	3	5	7	9	11	15	17	19	21	23	25
倒数	1	7	21	15	2	19	7	23	11	5	17	25

类似加密过程,将密文两两分组,数字化后写成列向量,用 B 乘以这些列向量,再模 26 运算,得到结果矩阵后,字母化,即可得到明文:SH UX UE JI AN MO。

```
clear;
h0 = figure('toolbar','none',...
    'position',[200 200 350 300],...
```

```
        'name','希尔密码的问题');
set(h0,'MenuBar','none');
e1 = uicontrol('parent',h0,...
        'units','points',...
        'tag','e1',...
        'style','edit',...
        'backgroundcolor',[1 1 1],...
        'min',0,...
        'max',2,...
        'fontsize',12,...
        'horizontalalignment','left',...
        'position',[20 20 120 100]);
e2 = uicontrol('parent',h0,...
        'units','points',...
        'tag','e1',...
        'style','edit',...
        'backgroundcolor',[1 1 1],...
        'min',0,...
        'max',2,...
        'fontsize',12,...
        'horizontalalignment','left',...
        'position',[140 170 100 20]);
t1 = uicontrol('parent',h0,...
        'units','points',...
        'tag','t1',...
        'style','text',...
        'string','请输入明码或密码(大写字母)',...
        'fontsize',10,...
        'backgroundcolor',[0.75 0.75 0.75],...
        'position',[20 125 126 15]);
t2 = uicontrol('parent',h0,...
        'units','points',...
        'tag','t1',...
        'style','text',...
        'string','请输入加密矩阵,注意格式:',...
        'fontsize',10,...
        'backgroundcolor',[0.75 0.75 0.75],...
        'position',[20 175 120 15]);
b1 = uicontrol('parent',h0,...
```

```
    'units','points',...
    'tag','b1',...
    'style','pushbutton',...
    'string','加密运算',...
    'backgroundcolor',[0.75 0.75 0.75],...
    'position',[180 100 60 20],...
    'callback',[...        % 从下面起,是加密运算的算法
        'b = get(e2,"string");;',...
        'B = eye(2),',...
        'B(1,1) = b(1) - 48,',...
        'B(1,2) = b(3) - 48,',...
        'B(2,1) = b(5) - 48,',...
        'B(2,2) = b(7) - 48,',...          % 得到加密矩阵 B
        's = get(e1,"string");;',...
        'n = length(s);,',...       % n 一定是偶数,因为已经验证过了
        'A = eye(2,n/2),',...    % A 矩阵只是在这里为了生成 2×(n/2)的矩阵,
```
在这里的内容无实际意义,以下将重新赋值
```
        'for j1 = 2:2:n,',...
        'A(1,j1/2) = abs(s(j1-1)) - 64,',...
        'if A(1,j1/2) = = 26,',...
        'A(1,j1/2) = 0,',...
        'end,',...
        'A(2,j1/2) = abs(s(j1) - 64),',...
        'if A(2,j1/2) = = 26,',...
        'A(2,j1/2) = 0,',...
        'end,',...
        'end,',...        % 将输入的字母转换为对应的 0~26 数码
        'C = B * A,',...
        'D = mod(C,26),',...      % 已得到目标矩阵,下面将此矩阵转换为密文
        's_m = s,',...    % s_m 用于保存密文
        'for j2 = 2:2:n,',...      % 以下是生成密文的过程
        'if D(1,j2/2) = = 0,',...
        'D(1,j2/2) = 26,',...
        'end,',...
        'if D(2,j2/2) = = 0,',...
        'D(2,j2/2) = 26,',...
        'end,',...
        's_m(j2-1) = D(1,j2/2) + 64,',...
        's_m(j2) = D(2,j2/2) + 64,',...
```

```
            'end,',...
            'set(e1,"string",num2str(s_m));'     % 动态文本
            ]);
    b2 = uicontrol('parent',h0,...
        'units','points',...
        'tag','b2',...
        'style','pushbutton',...
        'string','解密运算',...
        'backgroundcolor',[0.75 0.75 0.75],...
        'position',[180 80 60 20],...
        'callback',[...         % 以下的是解密运算
        'b = get(e2,"string");,',...      % 这里重新获取了加密矩阵
        'B = eye(2),',...
        'B(1,1) = b(1) - 48,',...
        'B(1,2) = b(3) - 48,',...
        'B(2,1) = b(5) - 48,',...
        'B(2,2) = b(7) - 48,',...         % 加密矩阵 B
        'l = B(1,1)*B(2,2) - B(1,2)*B(2,1),',...    % 以下生成 A 矩阵的逆
```
矩阵 E,这个逆矩阵不是传统意义上的逆矩阵,而是模 26 下的逆矩阵
```
        'l = mod26(l),',...      % 模 26 下的倒数
        'E = eye(2),',...
        'E(1,1) = B(2,2),',...
        'E(1,2) = -B(1,2),',...
        'E(2,1) = -B(2,1),',...
        'E(2,2) = B(1,1),',...
        'E = l*E,',...
        'E = mod(E,26),',...      % 到此,A 矩阵在模 26 下的逆矩阵 E 已得到
        's = get(e1,"string");,',...   % 重新获得
        'n = length(s);,',...     % n 一定是偶数
        'D = eye(2,n/2),',...
        'for j1 = 2:2:n,',...
        'D(1,j1/2) = abs(s(j1-1)) - 64,',...
        'if D(1,j1/2) = = 26,',...
        'D(1,j1/2) = 0,',...
        'end,',...
        'D(2,j1/2) = abs(s(j1) - 64),',...
        'if D(2,j1/2) = = 26,',...
        'D(2,j1/2) = 0,',...
        'end,',...
```

```
    'end,',...         % 将输入框中的字母转换为对应的 0~26 数码,并加入矩阵中
    'F = E * D,',...
    'F = mod(F, 26),',...
    's_n = get(e1,"string");,',...    % 将 F 矩阵的内容写入 s_n 中
    'for j3 = 2:2:n,',...
    'if F(1, j3/2) = = 0,',...
    'F(1, j3/2) = 26,',...
    'end,',...
    'if F(2, j3/2) = = 0,',...
    'F(2, j3/2) = 26,',...
    'end,',...
    's_n(j3 - 1) = F(1, j3/2) + 64,',...
    's_n(j3) = F(2, j3/2) + 64,',...
    'end,',...
    'set(e1,"string",s_n);'...       % 输出解密后的矩阵
]);
b3 = uicontrol('parent', h0,...
    'units','points',...
    'tag','b3',...
    'style','pushbutton',...
    'string','奇偶判定',...
    'backgroundcolor',[0.75 0.75 0.75],...
    'position',[180 140 60 20],...
    'callback',[...       % 以下部分是判断输入字母是否为偶数个
        'ss = get(e1,"string");,',...
        'nn = length(ss);,',...
        'if mod(nn, 2) = = 0,',...
        'x = 0,',...
        'elseif mod(nn, 2) = = 1,',...
        'x = 1,',...
        'end,',...
        'if x = = 0,',...
        'msgbox(["输入数为偶数个,可以继续!"],"判定奇偶"),',...
        'end,',...
        'if x = = 1,',...
        'msgbox(["注意! 输入数为奇数个,不可以继续!"],"判定奇偶"),',...
        'end,',...
]);
b4 = uicontrol('parent',h0,...
```

```
            'units','points',...
            'tag','b2',...
            'style','pushbutton',...
            'string','清除',...
            'backgroundcolor',[0.75 0.75 0.75],...
            'position',[180 50 60 20],...
            'callback','set(e1,"string","")');
    b5 = uicontrol('parent',h0,...
            'units','points',...
            'tag','b3',...
            'style','pushbutton',...
            'string','关闭',...
            'backgroundcolor',[0.75 0.75 0.75],...
            'position',[180 20 60 20],...
'callback','close');
```

模 26 的倒数表函数[mod26.m]

```
function y = mod26(x)
switch x
    case 1, y = 1;
    case 3, y = 9;
    case 5, y = 21;
    case 7, y = 15;
    case 9, y = 3;
    case 11, y = 19;
    case 15, y = 7;
    case 17, y = 23;
    case 19, y = 11;
    case 21, y = 5;
    case 23, y = 17;
    case 25, y = 25;
end
```

4．注意的问题

（1）明文在加密时,必须是偶数个数,若为奇数个数,可以在最后添加任一字母,没有实际意义,完全是为了凑个数;

（2）密钥矩阵不是随便取的,必须满足一定的条件;

（3）密钥矩阵输入时一行输入,中间空格(如矩阵输入为１２０３)即可;

（4）加密之前记得要验证明文个数的奇偶性。

二、蒲丰投针实验

1. 蒲丰问题

蒲丰(George - Louis Leclerc de Buffon, 1707.9.7—1788.4.16),法国数学家、自然科学家,1707 年 9 月 7 日生于蒙巴尔,1788 年 4 月 16 日卒于巴黎。

蒲丰是几何概率的开创者,并以蒲丰投针问题闻名于世,发表在其 1777 年的论著《或然性算术试验》中。其中首先提出并解决下列问题:把一个小薄圆片投入被分为若干个小正方形的矩形域中,求使小圆片完全落入某一小正方形内部的概率是多少,接着讨论了投掷正方形薄片和针形物时的概率问题。这些问题都称为蒲丰问题。

2. 投针试验

【例 10-14】 投针问题可述为:设在平面上有一组平行线,其间距都等于 a,把一根长 $l < a$ 的针随机投上去,则这根针和一条直线相交的概率是 $2l/\pi a$。由于通过他的投针试验法可以利用很多次随机投针试验算出 π 的近似值,所以特别引人瞩目,这也是最早的几何概率问题。并且蒲丰本人对这个实验给予证明。1850 年,瑞士数学家沃尔夫在苏黎世,用一根长 36 mm 的针,平行线间距为 45 mm,投掷 5000 次,得 $\pi \approx 3.1596$;1864 年,英国人福克投掷了 1100 次,求得 $\pi \approx 3.1419$;1901 年,意大利人拉泽里尼投掷了 3408 次,得到了准确到 6 位小数的 π 值。

投针试验界面如图 10-25 所示,其中针长 $l = 0.18$ m,平行直线间距 $a = 0.20$ m,实验 1 000 次,得 $\pi = 3.174\ 6$。投针实况显示在坐标轴中。

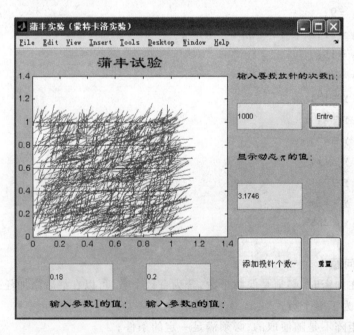

图 10-25 投针试验界面

```
clf reset
global a n k l m;
H = axes('unit','normalized','position',[0, 0, 1, 1],'visible','off');
```

```matlab
set(gcf,'currentaxes',H);
str = '蒲丰实验(蒙特卡洛实验)';
set(gcf,'name',str,'numbertitle','off');
str1 = '\fontname{隶书}蒲丰试验';
text(0.25,0.95,str1,'fontsize',20);
str2 = '\fontname{隶书}输入参数l的值:';
text(0.1,0.05,str2,'fontsize',13);
str3 = '\fontname{隶书}输入参数a的值:';
text(0.4,0.05,str3,'fontsize',13);
str4 = '\fontname{隶书}输入要投放针的次数n:';
text(0.68,0.9,str4,'fontsize',12);
str5 = '\fontname{隶书}显示动态π的值';
text(0.68,0.6,str5,'fontsize',12);
h_fig = get(H,'parent');
set(h_fig,'unit','normalized','position',[0.1,0.2,0.4,0.4]);
h_axes = axes('parent',h_fig,...              % 图像显示区域的定义
    'unit','normalized','position',[0.05,0.3,0.6,0.6],...
    'xlim',[0 1],'ylim',[0 1]);
h_edit1 = uicontrol(h_fig,'style','edit',...  % 参数l的输入框
    'unit','normalized',...
    'position',[0.1,0.1,0.2,0.1],...
    'horizontal','left',...
    'callback',...
    'l = str2num(get(gcbo,"string"));');      % 获得l的值
h_edit2 = uicontrol(h_fig,'style','edit',...  % 参数a的输入框
    'unit','normalized',...
    'position',[0.4,0.1,0.2,0.1],...
    'horizontal','left',...
    'callback',[...                            % 输入参数a进行图像分割
    'a = str2num(get(gcbo,"string"));',...
    'calledit(a)']);
h_edit3 = uicontrol(h_fig,'style','edit',...  % 参数n的输入框
    'unit','normalized',...
    'position',[0.68,0.70,0.2,0.1],...
    'horizontal','left',...
    'string',0,...
    'callback','n = str2num(get(gcbo,"string"))');   % 可以获得n的值
h_edit4 = uicontrol(h_fig,'style','push',...  % 确认n的输入值!
    'unit','normalized',...
```

```
            'position',[0.90,0.70,0.1,0.1],...
            'string','Entre',...
            'horizontal','left',...
    'callback',['n = str2num(get(h_edit3,"string"));','m = pai(n,1,a);','set(h_edit5,"string",num2str(m));','hold off']);      % 按 Enter 就可以获得 n 的值
    h_edit6 = uicontrol(h_fig,'style','push',...        % 逐个添加投针的个数
            'unit','normalized',...
            'position',[0.68,0.1,0.2,0.2],...
            'string','添加投针个数~',...
            'fontsize',10,...
            'horizontal','left',...
            'callback',[ 'n = str2num(get(h_edit3,"string"));',...
                'n = n + 1;',...
                'set(h_edit3,"string",n);',...
                'if n = = 1;m = 3.14;',...
                'end;',...
                'h = tianjia(n,m,a,l);',...
                'set(h_edit5,"string",num2str(h))']);
    h_edit5 = uicontrol(h_fig,'style','edit',...
            'unit','normalized',...
            'position',[0.68,0.4,0.2,0.1],...
            'horizontal','left');
    h_reset = uicontrol(h_fig,'style','push',...
            'unit','normalized',...
            'position',[0.9,0.1,0.1,0.2],...
            'string','重置',...
            'callback',['n = 0;',...
                'set(h_edit3,"string",0);',...
                'set(h_edit1,"string",blanks(l));',...
                'set(h_edit2,"string",blanks(a));',...
                'hold off']);
calledit 函数[calledit.m]
function calledit(a)
k = 1/a;
s = 0;
plot([0 1],[0 0]);
hold on;
for i = 1:k;
    s = s + a;
```

```
    plot([0 1],[s s]);
    hold on;
end
```
rand 函数[rand.m]
```
function k = rand(n,l,a)
k = 0;
r = rand(1);
x1 = ones(1,n);
y1 = ones(1,n);
x2 = ones(1,n);
y2 = ones(1,n);
f = ones(1,n);
rand('state',5);
x1 = rand(1,n);
rand('state',sum(100*clock));
y1 = rand(1,n);
rand('state',2);
f = pi.*rand(1,n)./2;
x2 = x1 + l.*cos(f);
y2 = y1 + l.*sin(f);
for i = 1:n;
    plot([x1(i) x2(i)],[y1(i) y2(i)],'r');
    hold on;
    if fix(y1(i)./a)~=fix(y2(i)./a);
        k = k + 1;
    end;
end;
```
pai 函数[pai.m]
```
function m = pai(n,l,a)
k = rand1(n,l,a);
m = 2.*n.*l./(k.*a);
```
tianjia 函数[tianjia.m]
```
function h = tianjia(n,m,a,l)
persistent r;
k = 2.*(n-1).*l./(m.*a);
rand('state',sum(100*clock));
y1 = rand(1);
x1 = 1000.*y1 - fix(1000.*y1);
f = rand(1).*(sqrt(n) - fix(sqrt(n)));
```

```
x2 = x1 + l. * cos(f);
y2 = y1 + l. * sin(f);
plot([x1 x2],[y1 y2]);
hold on;
if fix(y1./a)~ = fix(y2./a);
    k = k + 1;
end;
r = r + 1;
h = 2. * n. * l./(k. * a);
end
```

第六节 游 戏 设 计

一、记忆力测试

1. 程序说明

【例 10-15】 测试记忆力可以锻炼提高记忆力。操作者要在规定的时间内记住窗口显示的两组数,超过一定时间后,数据会自动消失,然后输入记下的答案,通过【check】按钮来查看是否正确(exam10_15.m)。

2. 操作说明

(1) 运行 exam10_15.m 后会出现如图 10-26 所示游戏界面。

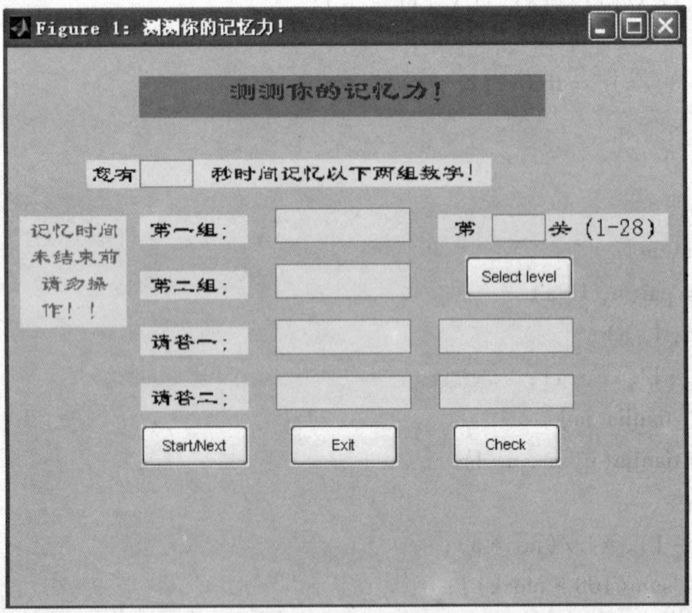

图 10-26 测试记忆力主界面

(2) 按下【Start/Next】按钮后出现两组数字,见图 10-27。

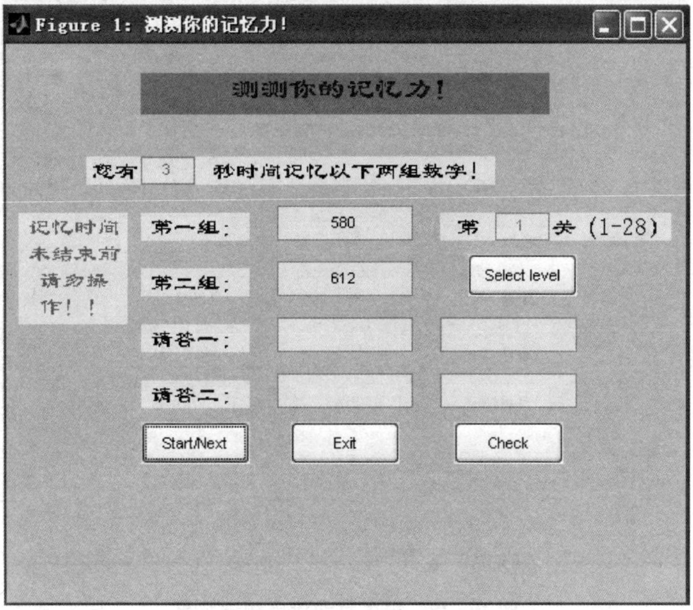

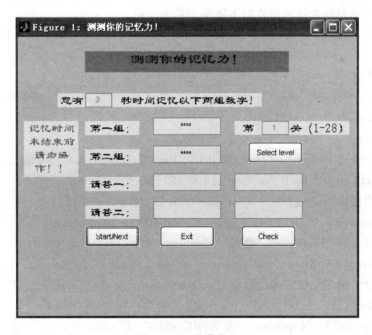

图 10-27　快速记忆两组数字

(3) 3 秒后数据隐藏,变为图 10-28 所示界面。

图 10-28　隐藏数字

若是在 3 秒延时时间内按其他的铵钮,程序会出错。

(4) 在"请答一","请答二"分别填上记下的数据后,按下【Check】按钮显示正确答案,给出评判,出现如图 10-29 所示判断结果。

263

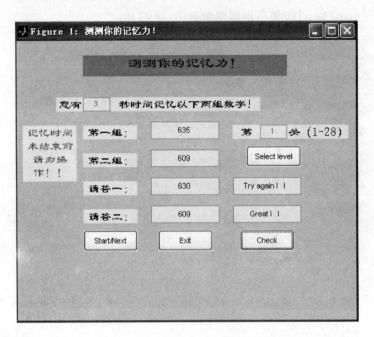

图 10-29 程序自动给出测试结果

按下【Start/Next】按钮则会进入下一关。如果输入的答案有误,则会报错,此时按下【Start/Next】按钮仍是第一关;操作者还可根据自己的需要选关,各个关卡的难度不同,所给时间也不同,但在时间未结束前依旧不能操作其他按钮。

选关步骤为:输入关数,按下【Select level】按钮,再按下【Start/Next】按钮,顺序不可乱。

3. 程序代码

```
h0 = figure('toolbar','none','position',[200 200 500 400],'name','测测你的记忆力!');
set(h0,'MenuBar','none');
h1 = uicontrol(gcf,'Style','text','BackgroundColor',...
      [1 0 1],'ForegroundColor',[0 0 1],'HorizontalAlignment','center',...
      'FontWeight','bold','position',[100 350 300 30],'String',...
      ['测测你的记忆力!'],'FontName','隶书','FontSize', 15);
h3 = uicontrol(gcf,'Style','text','position',[60 300 40 20],'String',...
      ['您有'],'FontName','隶书','FontSize', 13);
h4 = uicontrol(gcf,'Style','text','position',[140 300 220 20],'String',...
      ['秒时间记忆以下两组数字!'],'FontName','隶书','FontSize', 13);
h5 = uicontrol(gcf,'Style','text','position',[100 260 80 20],'String',...
      ['第一组:'],'FontName','隶书','FontSize', 13);
h6 = uicontrol(gcf,'Style','text','position',[100 220 80 20],'String',...
      ['第二组:'],'FontName','隶书','FontSize', 13);
h7 = uicontrol(gcf,'Style','text','position',[100 180 80 20],'String',...
      ['请答一:'],'FontName','隶书','FontSize', 13);
```

```matlab
h8 = uicontrol(gcf,'Style','text','position',[100 140 80 20],'String',...
    ['请答二:'],'FontName','隶书','FontSize',13);
h9 = uicontrol(gcf,'Style','text','ForegroundColor',[1 0 0],...
    'position',[10 200 80 80],'String',...
    ['记忆时间未结束前请勿操作!!'],'FontName','隶书','FontSize',13);
h10 = uicontrol(gcf,'Style','text','position',[320 260 40 20],'String',...
    ['第'],'FontName','隶书','FontSize',13);
h10 = uicontrol(gcf,'Style','text','position',[400 260 90 20],'String',...
    ['关(1 - 28)'],'FontName','隶书','FontSize',13);
e1 = uicontrol(gcf,'style','edit','position',[200 260 100 25]);    % 显示第一组数
e2 = uicontrol(gcf,'style','edit','position',[200 220 100 25]);    % 显示第二组数
e3 = uicontrol(gcf,'style','edit','position',[200 180 100 25]);    % 输入请答一
e4 = uicontrol(gcf,'style','edit','position',[200 140 100 25]);    % 输入请答二
e5 = uicontrol(gcf,'style','edit','ForegroundColor',[1 0 0],...    % 显示时间限制
    'position',[100 300 40 20]);
e6 = uicontrol(gcf,'style','edit','position',[320 180 100 25]);    % Check 1
e7 = uicontrol(gcf,'style','edit','position',[320 140 100 25]);    % Check 2
e8 = uicontrol(gcf,'style','edit','ForegroundColor',[1 0 1],...    % 显示第几关
    'position',[360 260 40 20]);
global t;
global b;
t = 9;
b = 1;
b1 = uicontrol(gcf,'style','pushbutton','string','Start/Next',...
    'position',[100 100 80 30],...         % [Start/Next]按钮
    'callback',['set(e8,"string",num2str(t-8));',...% 显示关数
    'set(e3,"string","");',...
    'set(e4,"string","");',...
    'set(e6,"string","");',...
    'set(e7,"string","");',...
    'k1 = round((13 + rand * 10)^(1/2) * sqrt(3)^t);',...
    'k2 = round((13 + rand * 10)^(1/2) * sqrt(3)^t);','t = t + 1;',...
            % 产生满足一定要求的两组数(与t有关),随选关不同而变
    'set(e1,"string",num2str(k1));','set(e2,"string",num2str(k2));',...
    'j = round(t/4);','set(e5,"string",num2str(j));','pause(j);'...
            % 暂停,给出记忆时间
    'set(e1,"string"," * * * * ");','set(e2,"string"," * * * * ");',...
            % 隐藏原数
    'x = str2num(get(e3,"string"));',...
```

```
        'y = str2num(get(e4,"string"))']);
    b2 = uicontrol(gcf,'style','pushbutton','string','Check','position',[330 100 80 30],...
                %【Check】按钮
        'callback',['x = str2num(get(e3,"string"));',...
        'y = str2num(get(e4,"string"));',...
        'set(e1,"string",num2str(k1));','set(e2,"string",num2str(k2));',...
```
% 显示正确答案
```
        'switch k1,',...        % 检查答案正确与否
        'case x,',...
        'set(e6,"string","Great!!");',...
        'otherwise,',...
        'set(e6,"string","Try again!!");',...
        't = t - 1;',...        % 此关未过,再来一次
        'b = 0;',...
        'end,',...
        'switch k2,',...
        'case y,',...
        'set(e7,"string","Great!!");',...
        'otherwise,',...
        'if b~=0,',...          % 保证不多退回关数
        't = t - 1;',...
        'end,',...
        'set(e7,"string","Try again!!");',...
        'end']);
    b3 = uicontrol(gcf,'style','pushbutton','string','Select level',...
        'position',[340 220 80 30],...      %【Select level】按钮
        'callback','t = str2num(get(e8,"string")) + 8;');
    b4 = uicontrol(gcf,'style','pushbutton','string','Exit',...
        'position',[210 100 80 30],...      %【Exit】按钮
        'callback','close');
```

二、贪吃蛇游戏

1. 运行说明

【例10-16】 直接运行 exam10_16.m 文件,打开游戏程序,程序界面见图10-30。

2. 游戏帮助

(1) 点击【开始游戏】按钮开始贪吃蛇游戏;

(2) 用方向键控制蛇的行进方向,用【选择难度】菜单改变游戏难度;

(3) 点击右侧相应按钮,可退出、暂停、继续、重置游戏;

(4) 右上角显示当前游戏状态。

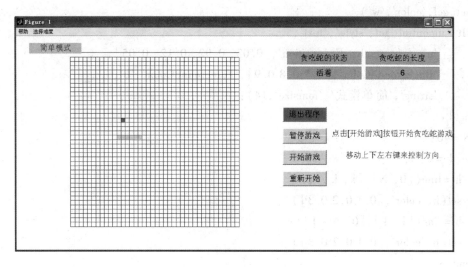

图 10-30 贪吃蛇游戏主界面

3．程序代码

（1）主程序 exam10_16.m

snake_set;

snake_run;

（2）函数文件

① snake_set 函数[snake_set.m]

```
function snake_set
clc
close all
w = 0;
St = 0;
K = 6;
S = 6;
Tp = 0.2;
app = 'rightarrow';
figure('MenuBar','none');
Hq = uimenu(gcf,'label','帮助');
uimenu(Hq,'label','玩法说明','callback',...
'msgbox({"1.点击[开始游戏]按钮开始贪吃蛇游戏","","2.用方向键控制蛇的行进方向,用[选择难度]菜单改变游戏难度","","3.点击右侧相应按钮,可退出、暂停、继续、重置游戏","","4.右上角显示当前游戏状态",""},"游戏玩法","warn")');
Kh = uimenu(gcf,'label','选择难度');
uimenu(Kh,'label','简单模式','callback','Tp = 0.2;chooseTp;');
uimenu(Kh,'label','正常模式','callback','Tp = 0.15;chooseTp;');
uimenu(Kh,'label','困难模式','callback','Tp = 0.1;chooseTp;');
```

```
set(gcf,'color','w')
Ht = uicontrol(gcf,'style','text',...
    'unit','normalized','position',[0.03, 0.92, 0.12, 0.05],...
    'BackgroundColor',[0.7 0.8 0.9],'ForegroundColor','b',...
    'string','简单模式','fontsize',14);
hold on
N = 40;
for k = 0:N;
  h = line([0, N],[k, k]);
  set(h,'color',[0.1 0.2 0.3])
  h = line([k, k],[0, N-1]);
  set(h,'color',[0.1 0.2 0.3])
end
axis square
set(gca,'Position',[-0.07 0.11 0.775 0.815])
set(gcf,'Position',[34 177 921 501])
axis off
x = 2*N/8:3*N/8;
y = N/2*ones(1, length(x));
filll(x, y,'g');
xc = N*3/10;
yc = N*6/10;
Z = xc + yc*i;
filll(xc, yc,'r');
T = [x; y];
T = fliplr(T);
set(gcf,'KeyPressFcn','app = get(gcf,"CurrentKey");direction;')
uicontrol(gcf,'style','text',...
    'unit','normalized','position',[0.71, 0.50, 0.3, 0.07],...
    'BackgroundColor','w','ForegroundColor','b',...
    'string','点击[开始游戏]按钮开始贪吃蛇游戏',...
    'fontsize',14);
uicontrol(gcf,'style','text',...
    'unit','normalized','position',[0.71, 0.40, 0.3, 0.07],...
    'BackgroundColor','w','ForegroundColor','b',...
    'string','移动上下左右键来控制方向',...
    'fontsize',14);
uicontrol(gcf,'style','push',...
    'unit','normalized','position',[0.61, 0.60, 0.10, 0.07],...
```

```
        'BackgroundColor','r','ForegroundColor','black',...
        'string','退出程序','callback',...
        'St = 0; set(gcf,"Visible","off")','fontsize',14);
uicontrol(gcf,'style','push',...
        'unit','normalized','position',[0.61,0.50,0.10,0.07],...
        'BackgroundColor','g','ForegroundColor','black',...
        'string','暂停游戏','callback','St = 0;','fontsize', 14);
uicontrol(gcf,'style','push',...
        'unit','normalized','position',[0.61,0.40,0.10,0.07],...
        'BackgroundColor','g','ForegroundColor','black',...
        'string','开始游戏','callback','St = 1; snake_run;','fontsize',14);
aaa = uicontrol(gcf,'style','push',...
        'unit','normalized','position',[0.61,0.30,0.10,0.07],...
        'BackgroundColor','g','ForegroundColor','black',...
        'string','重新开始','callback','snake','fontsize',14);
uicontrol(gcf,'style','edit',...
        'unit','normalized','position',[0.62,0.87,0.17,0.06],...
        'BackgroundColor',[0.7 0.7 0.7],'ForegroundColor','black',...
        'string','贪吃蛇的状态','fontsize',14);
hf = uicontrol(gcf,'style','edit',...
        'unit','normalized','position',[0.62,0.80,0.17,0.06],...
        'BackgroundColor',[0.7 0.7 0.7],'ForegroundColor','black',...
        'string','活着','fontsize',14);
uicontrol(gcf,'style','edit',...
        'unit','normalized','position',[0.80,0.87,0.17,0.06],...
        'BackgroundColor',[0.7 0.7 0.7],'ForegroundColor','black',...
        'string','贪吃蛇的长度','fontsize',14);
hd = uicontrol(gcf,'style','edit',...
        'unit','normalized','position',[0.80,0.80,0.17,0.06],...
        'BackgroundColor',[0.7 0.7 0.7],'ForegroundColor','black',...
        'string',num2str(K),'fontsize',14);
tx = uicontrol(gcf,'style','text',...
        'unit','normalized','position',[0.61,0.70,0.26,0.07],...
        'BackgroundColor','w','ForegroundColor','r',...
        'string','','fontsize',14);
```

② snake_run 函数[snake_run.m]

```
function snake_run
D = 1;
while w < 1;
```

```matlab
        app = get(gcf,'CurrentKey');
        direction;
        filll(T(1, 1:end),T(2, 1:end),'w');
        xv = T(1, 1) + real(D);
        yv = T(2, 1) + imag(D);
        xv = mod(xv, N);
        yv = mod(yv, N - 1);
        pu = [xv; yv];
        qt = T(1, 1:end) + T(2, 1:end) * i;
        qt = qt - pu(1) - pu(2) * i;
        if min(abs(qt)) < 0.2;
           set(hf,'string','游戏结束')
           set(tx,'string','贪吃蛇死了')
           break;
        end
        if xv + yv * i = = Z;
           T = [pu, T];
           K = K + 1;
           set(hd,'string',num2str(K))
           S = S + 1;
           Z = round((N - 1) * rand(1)) + round((N - 2) * rand(1)) * i;
           py = T(1, 1:end) + T(2, 1:end) * i - Z;
           while min(abs(py)) < 0.2
              Z = round((N - 1) * rand(1)) + round((N - 2) * rand(1)) * i;
              py = T(1, 1:end) + T(2, 1:end) * i - Z;
           end
           filll(real(Z),imag(Z),'r');
        else
           T(:, 2:end) = T(:, 1:end - 1);
           T(:, 1) = pu;
        end
        filll(T(1,1:end),T(2, 1:end),'g');
        if St = = 0;
           break;
        end
        pause(Tp);
    end
    [filll. m]
    function filll(x, y, C);
```

```
plot(x + 0.5, y + 0.5,'s','MarkerFaceColor',C,'MarkerEdgeColor',C,'EraseMode','none')
switch app        % 方向键选择
    case 'leftarrow';
        D = -1;
    case 'rightarrow';
        D = 1;
    case 'uparrow';
        D = i;
    case 'downarrow';
        D = -i;
    otherwise
end
if Tp = = 0.2;    % 难度选择
    set(Ht,'string','简单');
elseif Tp = = 0.15;
    set(Ht,'string','正常');
else
    set(Ht,'string','困难');
end
```

三、俄罗斯方块游戏

1. 游戏使用说明

【例10-17】 将目录转移到exam10_17.m存放的目录下,输入exam10_17回车,运行游戏。

控制按键:本游戏有两种按键设置

(1)使用小键盘的"4","5","6","2"(推荐不熟悉键盘的人使用)

[4]——左

[5]——翻转

[6]——右

[2]——加速下落

(2)使用大键盘的"Q","W","E","S"(推荐经常玩电脑游戏的人使用)

[Q]——左

[W]——翻转

[E]——右

[S]——加速下落

暂停键:Ctrl + P

游戏中可以使用菜单上的选项设置难度(也就是方块的下落速度),并且可以设置声音的开/关。

2. 核心算法说明

（1）将整个游戏的界面定义为一个大的矩阵，本游戏定义为 18×10 的矩阵；

（2）将每个方块定义为一个 3×3 的方阵，方阵填充的值为 1 或者 0，形成快的形状；

（3）每次下落到界面的矩阵初始化为单位矩阵(全部为 1)；

（4）下落的方块即可以在最终的下落位置和界面矩阵的相应行列的值相加；

（5）当最后一行满时自动消掉并使矩阵其他值下移一行另外补充第一行；

（6）继续循环直到第一行出现 0；

（7）各方块出现的形状和颜色由 rand 函数随机选择。

3. 程序代码

```
function exam10_17(cmd)        % 函数开始
global MODE TIMESTEP MAP POS GEO BOXOFF BOXY SNDFLAG SNDS SNDD SNDROW SHAPEIND;
global SCORE CLKSND HFIG HMODE HSCORE HCUR HMAP HPAUSE HSTOP HDIF HSND;    % 设置各个全局变量
    if nargin~ = 1 | cmd = = 'U' | cmd = = 'C',    % 游戏的主运行进程
      BoxX = 10 + 2;      % 游戏界面宽度：下落场地宽度 + 两个元素的宽度
      BOXY = 18 + 1;% 游戏界面高度：下落场地的高度 + 一个元素的高度
      BOXOFF = [BOXY,1];
      MODE = 0;       % 设置初始的默认游戏模式
      RowScore = [100, 250, 400, 600] - 5;    % 界面上需要填充的点
      Shapes = reshape([ -1 0 0 0 0 1 1 0 -1 0 0 0 1 0 2 0 -1 0 0 0 0 1 1 0 -1 ...
          0 0 0 0 1 1 1 0 0 0 1 1 0 1 1 -1 0 0 0 1 0 1 1 -1 1 -1 0 0 0 1 0], 2, 4, 7);
      % 翻转的各种形状的定义
      ShapeColors = [1 0 0; 1 1 0; 0 0.8 0; 0 0 1];       % 翻转的各种颜色的定义
      PatX = [0; -1; -1; 0];
      PatY = [0; 0; -1; -1];
      ClkV = [0; 0; 86400; 3600; 60; 1];
      if nargin~ = 1 | cmd = = 'C'
        if nargin~ = 1      % 初始化图形界面
          CLKSND = clock;       % 属实话窗口
          HFIG = figure('Name','Matlab Tetris','Numbertitle','off','Menubar','none',...
            'Color',[0.831373 0.815686 0.784314],'Resize','off','DoubleBuffer','on',...
            'Position',[150, 150, 220, 400],'CloseRequestFcn',[mfilename,'("X")'],...
            'KeyPressFcn',[mfilename,'("K")']);
          axes('Units','normalized','Position', [.05 .06 .9 .93],'Visible','off',...
            'DrawMode','fast','NextPlot','replace','XLim',[1, BoxX - 1],'YLim',[1, BOXY]);
          set(line([1,BoxX - 1,BoxX - 1, 1, 1],[1, 1, BOXY, BOXY, 1]),'Color',[0, 0, 0]);
```

```matlab
        HSCORE = uicontrol('Units','normalized','Position',[0.05,0.01,.5,.05],...
            'Style','text','HorizontalAlignment','Left','FontWeight','bold');
        HMODE = uicontrol('Units','normalized','Position',[0.1,0.7,.8,.1],...
            'Style','text','FontSize',14);      % 定义按钮和句柄
        tmp = uimenu('Label','& 游戏');         % 定义菜单
        HPAUSE = uimenu(tmp,'Label','& 暂停','Callback',[mfilename,'(''P'')']);
        HSTOP = uimenu(tmp,'Label','& 停止','Callback',[mfilename,'(''N'')']);
        HDIF(1) = uimenu(tmp,'Label','& 初级','Callback',[mfilename,'(''1'')'],...
            'Separator','on','Checked','on');
        HDIF(2) = uimenu(tmp,'Label','& 中级','Callback',[mfilename,'(''2'')']);
        HDIF(3) = uimenu(tmp,'Label','& 高级','Callback',[mfilename,'(''3'')']);
        HDIF(4) = uimenu(tmp,'Label','& 自定义...','Callback',[mfilename,'(''4'')']);
        HSND = uimenu(tmp,'Label','& 声效(开/关)',...
            'Callback',[mfilename,'(''O'')'],'Separator','on');
        uimenu(tmp,'Label','& 退出','Callback',[mfilename,'(''X'')'],'Separator','on');
        tmp = uimenu('Label','& 帮助');
        uimenu(tmp,'Label','帮助提醒','Callback',['global MODE;if~MODE,',...
        mfilename,'(''P'');end;msgbox({''控制(使用小键盘):'','',...
            '''[4]左[5]翻转[6]右'','''[2]加速下落'','''',',...
            '''使用主键盘'','''[Q]左[W]翻转[E]右'',...
            '''[S]加速下落'','''',',...
            '''[Ctrl+P]暂停/重新开始''},'Help Notes'')']);
        TIMESTEP = 0.8;     % 初级玩家难度设置
        SNDFLAG = 1;        % 音效开关 1 表示开
        GameSounds;
    else
        figure(HFIG);
    end
    set(HPAUSE,'Label','& 暂停','Accelerator','P');
    set(HMODE,'String','PAUSED','Visible','off');
    set(HSCORE,'String','分数:0');
    MAP = ones(BOXY,BoxX);
    MAP(2:BOXY,2:BoxX-1) = 0;
    HMAP = zeros(BOXY,BoxX);
    SCORE = 0;
    SHAPEIND = ceil(rand(1)*size(Shapes,3));   % 放置第一个方块
    GEO = Shapes(:,:,SHAPEIND);
```

```matlab
      POS = [ceil(BoxX/2);BOXY-2];
      Color = ShapeColors(ceil(rand(1)*size(ShapeColors,1)),:);
      for i = 1:4              % 使用 rand 函数产生随机函数
        HCUR(i) = patch(PatX + POS(1) + GEO(1,i),...
        PatY + POS(2) + GEO(2,i),Color);
      end
    else
      figure(HFIG);
    end
    LastSound = clock;
    while ~MODE       % main game loop
      FrameStart = clock * ClkV;
      if any(MAP(BOXOFF*POS + BOXOFF*GEO - BOXY - 1))
                      % 测试方块是否填满
        MAP(BOXOFF*POS + BOXOFF*GEO - BOXY) = 1;
                      % 增加当前的方块到背景矩阵中
        HMAP(BOXOFF*POS + BOXOFF*GEO - BOXY) = HCUR;
        SHAPEIND = ceil(rand(1)*size(Shapes,3));    % 产生一个新的方块
        GEO = Shapes(:,:,SHAPEIND);
        POS = [ceil(BoxX/2); BOXY-2];
        Color = ShapeColors(ceil(rand(1)*size(ShapeColors,1)),:);
        tmp = flipud(find(sum(MAP(2:BOXY,:),2) == BoxX)) + 1;
                      % 测试要填的行
        if ~isempty(tmp)
          SCORE = SCORE + RowScore(length(tmp));   % 把点加到要加的行上
          for i = 1:length(tmp)    % 擦除原来的行并将其余行下落一行
            delete(HMAP(tmp(i), 2:BoxX-1));
            HMAP = [HMAP([1:tmp(i)-1, tmp(i)+1:BOXY],:);zeros(1,BoxX)];
            MAP = [MAP([1:tmp(i)-1, tmp(i)+1:BOXY],:); 1, zeros(1,BoxX-2),1];
          end
          for k1 = 2:BOXY
            for k2 = 2:BoxX-1
              if HMAP(k1,k2) ~= 0
                set(HMAP(k1,k2),'YData',k1 + PatY);
              end
            end
          end
          tmp = clock;
          while etime(clock, tmp) < 0.2 & ~MODE, drawnow; end
```

```
            sound(SNDROW,22050);
            CLKSND = clock;
        end
        SCORE = SCORE + 5;
        set(HSCORE,'String',['分数：',num2str(SCORE)]);
        for i = 1:4            % 增加积分
            HCUR(i) = patch(PatX + POS(1) + GEO(1,i),PatY + POS(2) + GEO(2,i),Color);
        end
        if any(MAP(BOXOFF*POS + BOXOFF*GEO - BOXY))
            feval(mfilename,'N');    % 游戏结束
            break;
        end
    end
    if ~MODE
        if ~any(MAP(BOXOFF*POS + BOXOFF*GEO - BOXY - 1))
                              % 落下一个方块
            POS = POS + [0;-1];
            for i = 1:4
                set(HCUR(i),'XData',PatX + POS(1) + GEO(1,i),'YData',PatY + POS(2) + GEO(2,i));
            end
        end
    end
    while (clock)*ClkV - FrameStart < TIMESTEP & ~MODE  % 等待一个时间周期
        drawnow;
    end
    drawnow;
end
else
    if cmd == 'K' & ~MODE    % 图形界面回到主运行进程
        switch get(HFIG,'CurrentCharacter')
            case {'4','q','Q'}
                if ~any(MAP(BOXOFF*POS + BOXOFF*GEO - BOXY*2))    % 方块左移
                    POS = POS + [-1;0];
                end
            case {'6','e','E'}
                if ~any(MAP(BOXOFF*POS + BOXOFF*GEO))    % 方块右移
                    POS = POS + [1;0];
```

```matlab
            end
        case {'5','w','W'}
            if ~any(MAP(BOXOFF*POS + [-1,BOXY]*GEO - BOXY))    % 旋转方块
                if etime(clock,CLKSND) > 0.2
                    sound(SNDS, 22050);
                    CLKSND = clock;
                end
                if SHAPEIND ~= 5
                    GEO = [0,1;-1,0]*GEO;
                end
            end
        case {'2','s','S'}
            NewInd = BOXOFF*POS + BOXOFF*GEO - BOXY - 1;    % 使方块加速下落
            if ~any(MAP(NewInd))
                if etime(clock, CLKSND) > 0.2
                    sound(SNDD, 22050);
                    CLKSND = clock;
                end
                while ~any(MAP(NewInd))
                    NewInd = NewInd - 1;
                    POS = POS + [0;-1];
                end
            end
    end
    if all(ishandle(HCUR))
        for i = 1:4
            set(HCUR(i),'XData',[0;-1;-1;0] + POS(1) + GEO(1,i),...
                'YData',[0;0;-1;-1] + POS(2) + GEO(2,i));
        end
    end
    return;
end
switch(cmd)
    case 'P'
        switch MODE
            case 0    % 暂停游戏
                MODE = 1;
                set(HPAUSE,'Label','& 继续');
                set(HMODE,'Visible','on');
```

```
      set(HCUR,'Visible','off');
      set(HMAP,'Visible','off');
   case 1      %重新开始游戏
      MODE = 0;
      set(HPAUSE,'Label','&Pause');
      set(HMODE,'Visible','off');
      set(HCUR,'Visible','on');
      set(HMAP,'Visible','on');
      feval(mfilename,'U');
   case 2      %开始新的游戏
      feval(mfilename,'C');
   end          %重新开始游戏但不重新初始化窗口
case 'N'
   if MODE ~= 2      %停止游戏
      MODE = 2;
      drawnow;
      set(HPAUSE,'Label','& 新游戏','Accelerator','N');
      set(HMODE,'String','游戏结束','Visible','on');
        if all(ishandle(HCUR))
          delete(HCUR(:));
        end
        for i = 1:prod(size(HMAP))
          if HMAP(i), delete(HMAP(i)); end
        end
   end
case '1'    %设置初级玩家单位下落时间
   TIMESTEP = 0.8;    % 每800 ms下落一格
   set(HDIF(1),'Checked','on');
   set(HDIF(2:4),'Checked','off');
case '2'    %设置中级玩家单位下落时间
   TIMESTEP = 0.48;
   set(HDIF(2),'Checked','on');
   set(HDIF([1,3,4]),'Checked','off');
case '3'    %设置高级玩家单位下落时间
   TIMESTEP = 0.3;
   set(HDIF(3),'Checked','on');
   set(HDIF([1,2,4]),'Checked','off');
case '4'    %定制难度界面
   tmp = inputdlg('Time Step (decrease for faster game)',...
```

```matlab
                        'Custom Difficulty',1,{num2str(TIMESTEP*1000)});
            if ~isempty(tmp)
                tmp = str2double(tmp)/1000;
                if ~isnan(tmp) & isreal(tmp) & tmp > = 0
                    TIMESTEP = tmp;
                    set(HDIF(4),'Checked','on');
                    set(HDIF(1:3),'Checked','off');
                end
            end
        case 'O'        % 开关声效
            SNDFLAG = ~SNDFLAG;
            GameSounds;
        case 'X'        % 退出
            MODE = 2;
            drawnow;
            closereq;
        end
    end
    return;
    函数 GameSounds[GameSounds.m]
    function GameSounds        % 声效函数
        global SNDFLAG SNDLR SNDS SNDD SNDROW HSND;
        if SNDFLAG
            set(HSND,'Checked','on');
            SNDS = sin((([0:1500, 1500:-1:0]).^1.2*2*pi*70/22050)*0.6;   % 翻转声效
            SNDD = sin((3500:-1:1).^1.2*pi*200/22050).*linspace(0.6, 0.1, 3500);   % 下落声效
            SNDROW = conv(ones(1,15)/15,sin((1:5000)*pi.*interp1(...
                    [500,600,400,600,300,200],linspace(1, 6, 5000),'nearest')/22050));   % 最后一行满清除声效
        else
            set(HSND,'Checked','off');
            SNDS = 0; SNDD = 0; SNDROW = 0;
        end
    return;
    运行界面如图10-31所示。
```

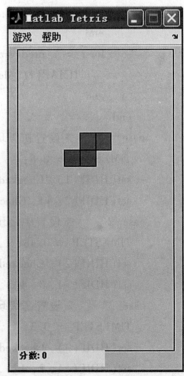

图10-31 俄罗斯方块游戏界面

附录 MATLAB 指令和函数

!	执行操作系统命令	argnames	变量名
@	建立函数句柄	asec	反正割
\and/	线性方程求解	asecd	反正割(输出参数为角度)
abs	绝对值和复数模值	asech	反双曲正割
accumarray	通过对元素的索引号创建数组	asin	反正弦
acos	反余弦	asind	反正弦(输出参数为角度)
acosd	反余弦(输出参数为角度)	asinh	反双曲正弦
acosh	反双曲余弦	assignin	分配工作空间中的变量
acot	反余切	atan	反正切
acotd	反余切(输出参数为角度)	atand	反正切(输出参数为角度)
acoth	反双曲余切	atanh	反双曲正切
acsc	反余割	audioplayer	声音播放器对象
acscd	反余割(输出参数为角度)	audiorecorder	声音记录器/录音机对象
acsch	反双曲余割	aufinfo	返回 AU 文件的信息
actxcontrol	建 ActiveX 控件	auread	读入声音文件
actxserver	建 ActiveX 服务器	autumn	红和黄阴影彩色图
addpath	在搜索路径上增加子目录	auwrite	写声音文件
addpref	增加选择项	avifile	建立新 AVI 文件
align	分配用户接口控件和坐标轴	aviinfo	返回 AVI 文件的信息
alim	透明标尺	aviread	读入 AVI 文件
all	判断所有元素是否为非零	axes	创建坐标轴
allchild	获得所有对象的子代	axis	控制坐标轴标尺和外观
alpha	透明度	axlimdlg	对话框的坐标轴范围
alphamap	透明查看表	balance	对角线的标度
and	& 逻辑与	bar	条形图
angle	相角	bar3	垂直的三维条形图
ans	预设的计算结果的变量名	bar3h	水平的三维条形图
any	判断任何一个元素是否为非零	barh	水平条形图
area	填充绘图区域	base2dec	任意进制串转换为十进制整数

(续 表)

beep	产生 beep 声音	camlookat	为特定的对象移动照相机
bicg	双共轭的梯度方法	camorbit	Orbit 照相机
bicgstab	双共轭的梯度稳定的方法	campan	全景照相
bin2dec	二进制字符串转换为十进制数	campos	照相位置
bitand	按位相与	camproj	照相投影
bitcmp	按位相非(补)	camroll	设置新的坐标轴
bitget	位的获取	camtarget	照相目标
bitmax	最大浮点整数	camup	获取当前坐标轴的向量
bitor	按位求或	camva	照相视点角度
bitset	位的设置	camzoom	缩放
bitshift	按位移动	capture	从屏幕抓取图形文件
bitxor	按位求异或	case	switch 匹配的几种情况选择
blanks	空格字符串	cat	连接数组
blkdiag	输入变量的块对角线的连接	catch	catch 块的开始
bone	蓝色色调的灰度彩色图	caxis	控制伪彩色坐标轴标度
box	封闭式坐标轴	cd	更改当前的工作目录
break	结束执行 while/for 循环语句	cdf2rdf	把复数对角转换为实数形式
brighten	改变彩色图的亮度	ceil	向 $+\infty$ 舍入为整数
btndown	在工具条按钮组中降低按钮	cell	建立单元数组
btngroup	创建工具条按钮组	cell2mat	把单元数组转换为矩阵
btnpress	为工具条按钮组按下管理	cell2struct	把单元数组变换为构架数组
btnresize	重新安排按钮组大小	celldisp	显示单元数组的内容
btnstate	工具条按钮组的查询状态	cellfun	关于单元数组内容的函数
btnup	在工具条按钮组提高按钮	cellplot	显示单元数组的图形
builtin	执行内建函数	cellstr	把字符数组组成字符阵列
bvpget	获得 bvp options 参数	cgs	共轭的梯度平方的方法
bvpset	创建/改变 bvp options 结构	char	建立字符数组(字符串)
calendar	日历	chirp	(1.6sec,8192Hz)
calllib	调用外部库的函数	chol	chol 分解
callSoapService	发送 SOAP 信息到服务器终端	cholinc	不完全 Cholesky 分解
camdolly	摄影机移动车	cholupdate	更新 Cholesky 分解
cameratoolbar	互动地熟练使用照相机	circshift	循环地替换数组
camlight	建立或设置光的位置	cla	清除当前的坐标轴

(续 表)

clabel	等高线图标注	contourf	填充的等高线图
class	返回对象类	contrast	提高对比度的灰度标尺色图
clc	清除命令窗口	conv	卷积,多项式相乘
clear	清除工作空间的变量	conv2	二维卷积
clf	清除当前的图形	convhull	壳凸面
clipboard	系统剪贴板间复制和粘贴	convhulln	n 维凸圆体
clock	当前的日期和时间	convn	n 维卷积
close	关闭图形窗口	cool	蓝绿和洋红阴影彩色图
closereq	图形关闭要求功能	copper	铜色调的线性彩色图
colamd	列近似的最小度排列	copyfile	复制文件或目录
colmmd	列最小度排列	copyobj	图形对象和子对象的复制
colon	:冒号,冒号表达式	corrcoef	相关系数
colorbar	显示颜色条(颜色标尺)	cos	余弦
colorcube	增强的彩色立方体彩色图	cosd	余弦(输入参数为角度)
colordef	设置颜色默认值	cosh	双曲余弦
colormap	彩色查询表	cot	余切
colperm	按列排列	cotd	余切(输入参数为角度)
colstyle	从字符串解析颜色和类型	coth	双曲余切
comet	彗星轨迹图	cov	协方差矩阵
comet3	三维彗星轨线	cplxpair	按复数共轭对排列元素群
compan	伴随矩阵	cputime	CPU 时间(以秒为单位)
compass	极坐标向量图	createSoapMessage	建立 SOAP 信息,准备好后发送到服务器
complex	从实部和虚部创建复数数据		
computer	返回所使用的计算机类型	csc	余割
cond	矩阵条件数	cscd	余割(输入参数为角度)
condeig	与特征值有关的条件数	csch	双曲余割
condest	1-范数条件数的估值	ctranspose	复数共轭变换
coneplot	三维锥形图	cumprod	元素的累计乘积
conj	共轭复数	cumsum	元素的累加和
contentsrpt	目录查看文件 Contents.m	cumtrapz	梯形法作不定积分
continue	继续执行循环语句	curl	向量域的卷曲和角速度
contour	等高线图	cylinder	生成圆柱体
contour3	三维等高线图	daqread	读数据采集工具箱数据文件

(续 表)

daspect	数据纵横比	det	行列式的值(必须是方阵)
date	当前日期	deval	估计微分方程问题的解
datenum	串行的日期数字	diag	提取和建立对角矩阵
datestr	日期的字符表示	dialog	创建对话框
datetick	时间格式的曲线标度	diary	把命令保存到文本文件中
datevec	日期分量	diff	差分函数和近似微分
dbclear	清除断点	diffuse	漫反射
dbcont	继续执行	dir	列出目录中的文件
dbdown	改变局部工作空间内容	disp	显示数组、矩阵或文本
dblquad	计算二重积分	display	显示数组
dbmex	调试 MEX 文件	divergence	向量域的散度
dbquit	退出调试模式	dlmread	从 ASCII 码文件读取矩阵
dbstack	列出调用的语句清单	dlmwrite	把矩阵写为 ASCII 码文件
dbstatus	列出所有断点的清单	doc	显示 HTML 工具箱
dbstep	执行一行或几行语句	docsearch	搜索 HTML 工具箱
dbstop	设置断点	dofixrpt	为 todo, fixme, note 信息
dbtype	列出带行号的 M 文件	dos	执行 DOS 命令并返回结果
dbup	改变局部工作空间内容	double	转换为双精度
ddeget	获得 dde options 参数	dragrect	用鼠标拖放矩形
ddeset	创建/改变 dde options 结构	echo	响应 M 文件的命令
deblank	去除字符串尾部的空格	edit	编辑 M 文件
debug	调试命令	edtext	坐标轴对象的交互编辑
dec2base	十进制整数转换为任意进制	eig	特征值和特征向量
dec2bin	十进制转换为二进制字符串	eigs	特征值
dec2hex	十进制转换为十六进制数	ellipsoid	生成椭面/椭(圆)球
deconv	多项式相除	else	与 if 联用
del2	离散的拉普拉斯算子	elseif	与 if 联用
delaunay	三角剖分	end	条件执行命令的结束
delete	删除对象、文件	end	下标的最后序号
demo	演示程序	eomday	月的结束日
depdir	定位 M/P 文件的独立目录	eps	正的极小值 2.2204e-016
depfun	定位 M/P 文件的独立函数	eq	= 等于
desktop	MATLAB 桌面	error	显示错误信息

（续 表）

errorbar	误差条图	fftshift	将零延迟移到频谱中心
errordlg	错误信息对话框	fgets	从格式化文件读入一行数据
etime	过去的时间	fieldnames	获取结构数组的域名
etree	为方形对称矩阵返回树	figure	创建图形窗口
etreeplot	绘制树的图	fileattrib	设置或获得文件或目录的属性
eval	执行字符串语句	filebrowser	打开当前的目录浏览器
evalc	执行 MATLAB 表达式	fileparts	文件名部分
evalin	执行工作空间中的表达式	filesep	目录分隔符
exist	检查变量或函数是否存在	fill	填充的二维多边图
exit	退出 MATLAB	fill3	在三维空间中绘制填充多边形
exp	以 e 为底的指数	fliplr	矩阵的左右翻转
expm	矩阵指数	filter	一维数字滤波
expm1	e^{-1}	filter2	二维数字滤波
eye	单位矩阵（方阵）	find	给出矩阵中不为零的元素的位置
ezcontour	画等高线图的简单形式	findall	查找所有的对象
ezcontourf	画填充的等高线图的简单形式	findobj	以指定的属性值查找对象
ezgraph3	通用目的的曲面绘图	findstr	在字符串中找另一字符串
ezmesh	画三维网格图的简单形式	finfo	根据文件句柄确定文件的类型
ezmeshc	带等高线 mesh 图的简单形式	fix	向零舍入为整数
ezplot	plot 函数的简单形式	flag	红、白、蓝、黑交互的彩色图
ezplot3	三维曲线绘制的简单形式	flipdim	以指定的维翻转矩阵
ezpolar	极坐标绘图的简单形式	flipud	矩阵的上下翻转
ezsurf	函数 surf 的简单形式	floor	向 $-\infty$ 舍入为整数
ezsurfc	带等高线 surf 图的简单形式	fminbnd	非线性函数最小值
fclose	文件关闭	fminsearch	多维的非约束的非线性最小化
feather	羽状图	fopen	文件打开
feof	测试读取指针是否在文件尾	for	确定次数的循环语句组
ferror	询问文件 I/O 的出错状态	format	设置数据的输出格式
feval	执行字符串命名的函数	formula	函数公式
fread	从文件中读取二进制数据	fplot	函数 plot 的简单形式
fft	离散傅里叶变换	fprintf	把格式化数据写入文件中
fft2	二维离散傅里叶变换	frame2im	把电影帧转换为索引图像
fftn	n 维离散傅里叶变换	freeserial	释放 MATLAB 保持的串口

(续 表)

freqspace	频率响应的间隔	gong	(5.1sec，8192Hz)
frewind	设置读取指针为文件的首部	gplot	按照图论绘制图形
fscanf	从文件中读取格式化数据	gradient	近似梯度
fseek	设置文件的读取位置指针	gray	线性灰度彩色图
ftell	获取文件的读取位置指针	graymon	设置灰度监视器的图形默认值
ftp	创建 FTP 对象	grid	图上加网格坐标
full	稀疏矩阵到全矩阵的转换	griddata	数据网格和曲面拟合
fullfile	从部分字符建立全文件名	griddata3	三维的数据网格和三维曲面拟合
func2str	函数句柄数组转换为字符串	griddatan	n 维数据网格和超曲面拟合
function	定义函数	gsvd	一般的奇异值分解
functions	列出与函数句柄有关的函数	gt	> 大于
funm	通用矩阵函数的计算	gtext	用鼠标在指定位置放置文字
fwrite	把二进制数据写入文件中	guidata	存储或恢复应用数据
fzero	非线性的零值	guide	打开设计 GUI 工具
gca	获取当前的坐标轴的句柄	guihandles	返回句柄的结构
gcbf	获得当前回调图形的句柄	hadamard	哈达玛矩阵
gcbo	获得当前回调对象的句柄	handel	(8.9sec，8192Hz)
gcf	获取当前图形的句柄	help	以命令行方式显示 M 文件帮助
gco	获得当前对象的句柄	helpbrowser	help 浏览器
ge	>＝大于等于	helpdlg	帮助对话框
genpath	产生递归的工具箱路径	helprpt	为帮助扫描文件或目录
genvanname	从字符串创建有效的变量名	helpview	显示 HTML 文件
get	获得对象的属性	helpwin	在 help 浏览器显示 M 文件帮助
getappdata	获得应用的数据的值	hex2dec	十六进制字符串转换为十进制数
getenv	获得环境变量	hex2num	十六进制字符串转换为浮点数
getfield	获取结构数组域的内容	hidden	消隐或显示被遮挡的线条
getframe	获取电影帧	hidegui	隐藏/显示字符串
getpref	获得选择项	hilb	希尔伯特矩阵
getptr	获得图形指针	hist	直方图
getstatus	获得图形中状态文本字符串	histc	直方图的统计
ginput	用鼠标获取坐标	hold	保持当前图形
global	定义全局变量	home	移光标到开始处
gmres	最小分子/分母分解方法	horzcat	水平连接

hot	黑—红—黄—白彩色图	int2str	将整数转变为字符串
hsv	色调—饱和度—亮度彩色图	int32	转换为带符号 32 位整数
i, j	虚数单位	int64	转换为带符号 64 位整数
if	条件执行命令	int8	转换为带符号 8 位整数
ifft	离散傅里叶反变换	interp1	一维插值
ifft2	二维离散傅里叶反变换	interp1q	快速一维线性插值
ifftn	n 维离散傅里叶反变换	interp2	二维插值
ifftshift	逆 FFT shift	interp3	三维插值
im2frame	把索引图像转换为电影帧	interpft	FFT 方法的一维插值
im2java	转换 image 到 Java 图像	interpn	n 维插值
imag	虚部	intersect	集合的交集
image	显示图像	intwmang	控制 4 种整数警告的状态
imageview	在图形窗口显示前面的图像	inv	逆矩阵
imfinfo	关于图形文件的信息	invhilb	逆希尔伯特矩阵
import	把数据导入到工作空间中	ipermute	数组的维的逆排列
importdata	把数据调入到 MATLAB 工作空间中	isa	判断对象是否为给定的类
		isappdata	判断定义的数据是否存在
imread	从图形文件读出图像	iscell	判断是否为单元数组
imwrite	把图像写入图形文件	iscellstr	判断是否为字符阵列
ind2rgb	转换索引图像到 RGB 图像	ischar	判断是否为字符数组
ind2sub	把矩阵元素的序号转变成下标	isdir	判断是否为目录
inf	无穷大	isempty	判断是否为空数组
inferiorto	低级的类关系	isequal	判断数组是否相等
info	关于 Mathworks 的信息	isequalwithequalnans	判断数组数字是否相等
inline	创建内联(INLINE)函数对象		
inmem	列出内存中的函数	isfield	判断域是否在结构数组中
inpumame	输入变量的名称	isfinite	判断是否为有限值
input	提示用户输入	isfloat	判断是否为浮点型数据
inputdlg	输入对话框	isglobal	判断是否为全局变量
inspect	检查对象属性	ishandle	判断是否为图形句柄
instrfind	以指定属性值查找串口对象	isinf	判断是否为无穷大
instrfindall	以指定属性值查找端口对象	isinteger	判断是否为整数数据
int16	转换为带符号 16 位整数	isjava	判断是否为 Java 对象

iskeyword	判断是否为键盘输入	le	<＝小于等于
islogical	判断是否为逻辑数组	length	向量的长度
ismember	判断是否为集合中的元素	libfunctions	返回外部库中函数的信息
isnan	判断是否为非数	libfunctions view	检查外部库的函数
isnumeric	判断是否为数值数组	libisloaded	判断是否调入指定的共享库
isobject	判断是否为 MATLAB 对象	libpointer	为使用外部库创建指针对象
ispc	判断是否为 PC(Windows)版本	libstruct	为使用外部库创建结构对象
ispref	选择项存在的测试	light	创建光源
isreal	判断是否为实数	lightangle	光的球面的位置
isscalar	判断是否为标量	lighting	光照模式
isspace	判断是否为空格	lin2mu	把线性信号转换为 u 律编码
issparse	判断是否为稀疏数组	line	创建直线
isstrprop	判断字符串是否为特定目录	lines	带颜色线的彩色图
isstruct	判断是否为构架数组	linsolve	有额外控制的线性方程组求解
isunix	判断是否为 UNIX 版本	linspace	均分向量(1×N 矩阵)
isvarname	判断是否为有效的变量名	listdlg	列项选择对话框
isvector	判断是否为向量	listfonts	在单元数组中获得系统字体列表
java	在 MATLAB 中使用 Java	lists	逗号分界的语句列表
javaaddpath	把目录增加到 Java 路径	load	把数据文件调入到工作空间
javaArray	创建 Java 数组	loadlibrary	调入共享库到 MATLAB 中
javachk	Java 支持的有效级别	log	自然对数
javaclasspath	获得和设置 Java 路径	log2	以 2 为底的对数
javaMethod	实行 Java 方法	logical	转换数值数组为逻辑数组
javaObject	实行 Java 对象创建	log10	以 10 为底的对数
javarmpath	移动 Java 路径目录	loglog	双对数 X-Y 坐标绘图
jet	hsv 彩色图的变形	logm	矩阵对数
keyboard	等待键盘输入	logspace	对数均分向量(1×N 矩阵)
kron	kron 积	lookfor	关键字方式查询
lasterr	最近的出错信息	lower	将字符串变为小写
lasterror	最近的错误信息	ls	列出目录中的文件
lastwam	最近的警告信息	lsqnonneg	约束的线性最小平方
laughter	(6.4sec, 8 192Hz)	lsqr	Normal 方程的共轭梯度
ldivide	.\数组左除	lt	<小于

（续　表）

lu	lu 分解	mlock	不允许 M/MEX 文件被清除
luinc	不完全的 lu 分解	mod	整除取余
magic	魔方矩阵	more	控制命令窗口的页面输出
makemenu	创建菜单结构	movefile	移动文件或目录
mat2cell	把矩阵分解为单元数组矩阵	movegui	移动 GUI 到屏幕指定的位置
mat2str	矩阵转换为字符串	movie	重放录下的电影帧
material	材料反射模式	movie2avi	从 MATLAB 动画建立 AVI 动画
matfinfo	MAT 文件内容的文本叙述	movieview	在图形窗口中显示动画
matlabroot	MATLAB 安装根目录	mpower	矩阵幂
max	最大元素	mrdivide	/矩阵右除
mean	平均值	msgbox	信息框
median	中值	mtimes	*矩阵乘积
memory	内存不够用限制的帮助	mu2lin	把 u 律编码转换为线性信号
menu	为用户输入产生选择菜单	munlock	允许 M/MEX 文件被清除
menubar	为 MenuBar 属性计算默认设置	namelengthmax	函数和变量名的最大长度
mesh	三维网格图	NaN	非数
meshc	带等高线的三维网格图	nargchk	检查输入变量的数目
meshgrid	生成坐标网格	nargin	输入变量的数目
meshz	三维 mesh	nargout	输出变量的数目
methods	列出类方法的名字和属性	nargoutchk	检查输出变量的数目
methodsview	查看类方法的名字和属性	native2unicode	转换字节到单代码字符
mex	编译 MEX 函数	ndgrid	n 维函数插值产生数组
mexdebug	调试 MEX 文件	ndims	数组的维数
mexext	MEX 文件名扩展	ne	~= 不等于
mfilename	当前执行的文件名	newplot	Next Plot 属性的 M 文件开头
min	最小元素	nextpow2	最接近的 2 的幂的指数
minres	最小分子/分母分解方法	nnz	非零矩阵元素的数目
minus	-矩阵减	nonzeros	非零的矩阵元素
mislocked	判断 M/MEX 文件是否被清除	norm	矩阵或向量的范数
mkdir	创建新目录	normest	矩阵 2 范数的估值
mldivide	\矩阵左除	normest1	1-范数的估值
mlint	显示 M 文件中有疑问的结构	not	~逻辑非
mlintrpt	为全部 M-Lint 信息扫描文件	notebook	在 Word 中打开 m-book

(续 表)

now	当前日期和时间	pagedlg	页面位置对话框
null	零空间正交基	pagesetupdlg	页面启动对话框
num2cell	转换数值数组为单元数组	parseSoapResponse	转换从 SOAP 服务器到 MATLAB 类型的响应
num2hex	十进制转换为十六进制字符串		
num2str	把数转换为字符串	partialpath	部分路径名
numel	数组的元素的数目	pascal	帕斯卡矩阵
nzmax	为非零的矩阵分配的存储空间	patch	建立块
ode23	低阶方法求非刚性微分方程	path	查找和改变搜索路径
ode23s	低阶方法求非刚性微分方程	pathsep	路径分隔符
ode23tb	低阶方法求非刚性微分方程	pathtool	修改和保存 MATLAB 搜索路径
ode45	中序方法求非刚性微分方程	pause	暂停
odeget	获得 ode options 参数	pbaspect	绘图盒式纵横比
odell3	变量序方法求非刚性微分方程	pcg	预条件的共轭梯度方法
odephas2	二维阶段平面 ODE 输出	pchip	三次方的 Hermite 插值多项式
odephas3	三维阶段平面 ODE 输出	pcode	建立伪码文件(P 文件)
odeplot	时间序列 ODE 的输出函数	pcolor	伪彩色图
odeprint	显示/输出 ODE 输出功能	peri	执行 Peri 命令并返回结果
odeset	创建/改变 ode options 结构	permute	重新排列矩阵维数
odextend	扩展微分方程问题的解	persistent	定义永久变量
ones	全 1 矩阵(M×N 阶)	pi	内建的 π 值
open	打开文件	pie	饼图
openvar	为图形编辑打开工作空间变量	pie3	三维饼图
optimget	从选择结构获得最优化参数	pink	线性粉红色阴影彩色图
optimset	创建/改变最优化结构	pinv	伪逆矩阵
or	|逻辑或	planerot	水平旋转
orderfields	结构数组的域的顺序	plot	线性 X-Y 坐标绘图
ordqz	QZ 分解中记录特征值	plot3	在三维空间中画线和点
ordschur	Schur 分解中记录特征值	plotedit	编辑和注释绘图工具
orient	设定打印纸方向	plotyy	用左、右两种 Y 坐标绘图
orth	正交化	plus	+矩阵加
otherwise	switch 语句中的默认情况	polar	极坐标绘图
overobj	获得对象的句柄值	poly	特征多项式
pack	紧缩工作空间	polyarea	多边形的面积

(续 表)

polyder	求多项式的微分	quiver	画向量图
polyeig	多项式的特征值	quiver3	三维射线图
polyfit	数据的多项式拟合	qz	一般的特征值的 QZ 分解
polyint	求多项式积分	rand	随机数矩阵(M×N 阶)
polyval	求多项式的值	randn	正态随机数矩阵(M×N 阶)
polyvalm	以矩阵变量求多项式的值	randperm	随机排列
popupstr	从弹出的字符串中选择字符串	rank	矩阵的秩
pow2	以 2 为底的指数	rdivide	./数组右除
power	.^数组幂	real	实部
precedence	操作过程	reallog	实数的自然对数
prefdir	选择目录名	realmax	最大的正实数
preferences	启动用户设置属性的对话框	realmin	最小的正实数
print	打印图形或把图存为 M 文件	realsqrt	非负数的平方根
printdlg	打印对话框	rectangle	创建矩形
printopt	打印机默认值	recycle	移动删除文件到循环文件夹中
printpreview	打印预览	reducepatch	减少 patch 的数目
prism	光谱彩色图	reducevolume	减少数组的体积
prod	元素之积	refresh	刷新图形
profile	分析函数的执行时间	regexp	匹配规则表达式
profreport	生成分析报告	regexpi	忽略大小写匹配规则表达式
profsave	保存 HTML 分析报告	regexprep	使用规则表达式替换字符串
profview	显示 HTML 分析接口	rehash	刷新函数和文件的缓冲区
propedit	编辑属性	rem	整除求余
pwd	显示当前的工作目录	remapfig	转换图形对象的位置
qmr	Quasi 最小分子/分母分解方法	reopen	显示打开文件对话框
qr	正交三角分解	repmat	用重复方式建立数组
qrdelete	QR 分解中删除列或行	reset	重新设置对象的属性
qrinsert	QR 分解中插入列或行	reshape	矩阵重组
qrupdate	更新 QR 分解	residue	部分分式展开式
quad	以低阶方法计算积分	rethrow	重新解决错误
quadl	以高阶方法计算积分	return	返回调用函数
questdlg	询问对话框	rgbplot	绘出色图
quit	退出 MATLAB	ribbon	类似三维彩带图的三维曲线

(续 表)

命令	说明	命令	说明
rmappdata	重新移动应用的数据	setfield	设定结构数组域的内容
rmdir	移动目录	setpref	设置选择项
rmfield	删除结构数组域	setptr	设置图形指针
rmpath	在搜索路径上删除子目录	setstatus	设置图形中文本字符串
rmpref	重新移动选择项	setxor	集合的异或集
roots	求多项式的根	shading	彩色着色方式
rose	复角直方图绘图	shg	显示图形窗口
rot90	矩阵整体反时针旋转90度	shiftdim	替换数组的维，移动维数
rotate	旋转对象	Short-circuitlogicalAND	&& 先决与
rotate3d	三维绘图视点的互动旋转
round	四舍五入为整数	Short-circuitlogicalOR	|| 先决或
rref	减少的行阶梯形式
rsf2csf	把实数块对角转换为复数对角形式	shrinkfaces	减少 patch 的大小
		sign	符号函数
run	运行脚本文件	sin	正弦
save	把工作空间的变量保存到数据文件	sind	正弦（输入参数为角度）
		single	转换为单精度
saveas	以指定格式保存图形	sinh	双曲正弦
savepath	把当前路径保存到路径文件中	size	多维数组的各维长度
scatter	scatter 图	slice	体积的侧面图
scatter3	绘制三维 scatter 图	smooth3	平滑三维数据
schur	schur 分解	sort	排序
script	MATLAB 命令文件（M 文件）	sortrows	按升序排列行
sec	正割	sound	声音的播放向量
secd	正割（输入参数为角度）	spalloc	为稀疏数组分配空间
sech	双曲正割	sparse	创建稀疏矩阵
semilogx	半对数 X 坐标绘图	spaugment	形成最小平方变量系统
semilogy	半对数 Y 坐标绘图	spconvert	从稀疏矩阵格式输入数据
sendmail	发送 E-mail	spdiags	对角形式的随机矩阵
serial	创建串口对象	specular	镜面反射
set	设置对象的属性	speye	稀疏单位矩阵
setappdata	设置应用的数据	spfun	对非零的矩阵元素应用函数
setdiff	集合的差集	sphere	生成球体

（续 表）

spinmap	旋转色图	streamribbon	彩带图
splat	(1.2sec, 8192Hz)	streamtube	管状图
spline	样条插值	strfind	在字符串中找另一字符串
spones	用1替换非零的矩阵元素	strings	字符串
spparms	为稀疏矩阵路径设置参数	strjust	调整字符串
sprand	稀疏随机矩阵	strmatch	查找匹配的字符串
sprandn	稀疏正态随机矩阵	strread	从字符串读格式化数据
sprandsym	稀疏随机对称的矩阵	strrep	字符串的替换
sprank	结构秩	strtok	在字符串中找一个标志
spring	品红和黄阴影彩色图	strtrim	删除空格
sprintf	格式控制下把数转换为字符串	struct	建立或变换为结构数组
spy	可视化稀疏形式	struct2cell	把结构数组变换为单元数组
sqrt	平方根	strvcat	竖向链接字符串
sqrtm	矩阵开方	sub2ind	把矩阵元素的下标转变成序号
squeeze	移动数组的单独的维	subplot	创建子窗口
sscanf	格式控制下把字符串转换为数	subsasgn	(),{},.下标的赋值
stairs	阶梯图	subsindex	下标序号
standardrpt	可视的目录浏览器	subspace	两个子空间的夹角
std	标准差	subsref	(),{},.下标的关系
stem	离散序列图	substruct	建立结构数组
stem3	绘制三维stem图	subvolume	开平方体积的数据集合的子集
stmcmp	比较字符串的前N个字符	sum	元素之和
stmcmpi	忽略大小写比较前N个字符	summer	绿和黄阴影彩色图
stmct	转换为结构数组	superiorto	高级的类关系
str2double	转换字符到双精度值	support	打开Mathworks技术支持网页
str2func	转换字符串为函数句柄数组	surf	三维曲面
str2num	转换字符矩阵到数字矩阵	surf2patch	转换曲面数据到块数据
str2rng	转换延伸页字符为数字数组	surface	创建面
strcat	链接字符串	surfc	带等高线的三维曲面图
strcmp	字符串比较	surfl	带照明的三维曲面图
strcmpi	忽略大小写比较字符串	surfnorm	曲面法线
stream2	二维流线	svd	奇异值分解
stream3	三维流线	svds	奇异值和奇异向量

(续 表)

switch	分支结构	trisurf	三角(形)曲面绘制
symamd	对称的近似的最小度排列	triu	取矩阵的上三角部分
symbfact	符号的分解分析	try	try 块的开始
symmlq	对称的 LQ 方法	type	显示 M 文件的内容
symmmd	对称的最小度排列	uiclearmode	获取当前的活跃的交互模式
syntax	命令的语法帮助	uicontextmenu	创建用户接口 context 菜单
system	执行系统命令并返回结果	uicontrol	创建用户界面控件
tan	正切	uigetdir	标准的打开目录对话框
tand	正切(输入参数为角度)	uigetfile	标准的打开文件对话框
tanh	双曲正切	uigetpref	用选择支持询问对话框
tempdir	获得临时的目录	uiload	显示调入文件对话框
tempname	获得临时的文件	uimenu	创建用户界面菜单
texlabel	从字符串格式产生 Tex 格式	uint16	转换为无符号 16 位整数
text	文本注释,创建文字	uint32	转换为无符号 32 位整数
textread	从文本文件读取格式化数据	uint64	转换为无符号 64 位整数
textscan	从文本文件读取格式化数据	uint8	变换为无符号 8 位整数
tic	启动定时器	uiputfile	标准的保存文件对话框
timer	创建时间对象	uirestore	恢复图形的交互状态
timerfind	以指定属性值查找可视时间对象	uiresume	恢复 M 文件块的恢复执行
timerfindall	以指定属性值查找所有时间对象	uisave	显示保存文件对话框
times	.*数组乘积	uisetcolor	颜色选择对话框
title	图形标题	uisetfont	字体选择对话框
toc	结束定时器	uistack	控制对象的栈序号
toeplitz	托普利兹矩阵	uisuspend	暂停图形的交互状态
trace	主对角线上元素的和	uiwait	块执行和等待恢复
train	(1.5sec,8192Hz)	umtoggle	uimenu 对象的 checked 状态
transpose	.'转置	unicode2native	转换单代码字符到字节
trapz	用梯形法作定积分	union	集合的并集
treelayout	设计树或图	unique	去除集合中的重复元素
treeplot	作树图	unix	执行 UNIX 命令并返回结果
tril	取矩阵的下三角部分	unloadlibrary	不调入共享库
trimesh	三角(形)曲面绘制	unwrap	去掉相角突变
triplequad	计算三重积分	unzip	解压缩 zip 文件的内容

(续表)

uplus	+	weekday	星期几
upper	将字符串变为大写	what	列出目录中的 M 文件名
urlread	返回 URL 作为字符的内容	whatsnew	访问 Release 更新内容
urlwrite	保存 URL 的内容到文件	which	查找函数和文件所在的子目录
usejava	判断是否支持指定的 Java 特征	while	不定次数循环语句组
vander	范得蒙矩阵	white	全白彩色图
var	方差	who	列出工作空间的变量名
varargin	长度可变的输入变量清单	whos	列出工作空间的变量的详细信息
varargout	长度可变的输出变量清单	winmenu	为 Windows 菜单项创建子菜单
ver	版本信息	winter	蓝和绿阴影彩色图
version	版本号	wk1finfo	Lotus 文件信息
vertcat	垂直连接	wk1read	读 WK1 文件
vga	16 色的 Windows 色图	wk1wrec	写 WK1 记录的开头
view	三维图形的视点	wk1write	写 WK1 文件
viewmtx	视点转换矩阵	workspace	查看工作空间的内容
volumebounds	返回 x，y，z 和颜色限制	xlabel	X 轴标记
voronoi	voronoi 图	xlim	X 轴的范围
voronoin	n 维 voronoi 图	xlsfinfo	Excel 文件信息
vrml	保存图形到 VRML2.0 文件	xlsread	从 Excel 工作表里获得数据
waitbar	显示等待条	xlswrite	往 Excel 工作表里存储数据数组
waitfor	块执行和等待事件	xmlread	读取 XML 文档
waitforbuttonpress	等待图形上键盘/鼠标的输入	xmlwrite	写 XML 文档对象
warndlg	警告对话框	xor	异或
warning	显示警告信息	xslt	使用 XSLT 引擎转换 XML 文档
waterfall	瀑布图	ylabel	Y 轴标记
wavfinfo	返回声音文件的信息	ylim	Y 轴的范围
wavplay	用 Windows 声音播放器播放声音	zeros	创建全零矩阵($M \times N$ 阶)
wavread	读入 wav 声音文件	zip	压缩文件到 zip 文件
wavrecord	用 Windows 声音录音机记录声音	zlabel	Z 轴标记
wavwrite	写 wav 声音文件	zlim	Z 轴的范围
web	打开网页浏览器	zoom	二维图形的缩放

参 考 文 献

[1] 张志涌,刘瑞桢,杨祖樱.掌握和精通 MATLAB.北京:北京航空航天大学出版社,1997.8
[2] 蒙以正.MATLAB 应用与技巧.北京:科学出版社,1999.11
[3] 张志涌.精通 MATLAB.北京:北京航空航天大学出版社,2003.3
[4] 曹弋.MATLAB 教程及实训.北京:机械工业出版社,2008
[5] 张威.MATLAB 基础与编程入门.第 2 版.西安:西安电子科技大学出版社,2008
[6] 周建兴.MATLAB 从入门到精通.北京:人民邮电出版社,2008
[7] 刘慧颖.MATLAB R2007 基础教程.北京:清华大学出版社,2008
[8] 苏金明,阮沈勇.MATLAB 实用教程.第 2 版.北京:电子工业出版社,2008
[9] 景振毅,张泽兵,董霖.MATLAB 7.0 实用宝典.北京:中国铁道出版社,2009
[10] 罗华飞.MATLABGUI 设计学习手册.北京:北京航空航天大学出版社,2009.8
[11] 刘宏友,彭锋等.MATLAB 6.x 符号运算及其应用.北京:机械工业出版社,2003.2
[12] 江世宏.MATLAB 语言与数学实验.北京:科学出版社,2007
[13] 贺兴华.MATLAB 7.x 图像处理.北京:人民邮电出版社,2006
[14] 张威.MATLAB 外部接口编程.西安:西安电子科技大学出版社,2004
[15] 朱衡君.MATLAB 语言及实践教程.北京:清华大学出版社,2009
[16] 谢进,李大美.MATLAB 与计算方法实验.武汉:武汉大学出版社,2009